最新版

▼

乙級美容師學科證照考試指南

〔第三版〕

周玫 編著

作者之言

政府推行證照制度後，即提倡凡屬於技術性的行業皆有證照制度之規定，甚至部分行業又有級數之分，例如：烹飪廚師、裁縫師、建築師、汽車修護、美髮師、美容師……等各行業，就美容這一行業來說，自中華民國80年起舉辦美容丙級檢定考試，至今已有數個年頭；而自中華民國85年起亦開始辦理美容乙級檢定考試，甚至將來亦會舉辦美容甲級檢定考試。

政府所開辦的美容乙級學科檢定考試的範圍除了包含美容丙級應有的基本知識外，尚增加許多項目，例如：(1)經營管理；(2)化妝品的成份與功效；(3)人體生理學概要；(4)細胞學；(5)營養學；(6)專業護膚；(7)儀器的認識與運用；(8)手部保養；(9)修眉；(10)新娘妝；(11)黑白、彩色攝影妝；(12)脫毛；(13)大、小舞臺妝；(14)物理消毒；(15)化學消毒；(16)急救常識；(17)傳染病防治；(18)化妝品管理與辨識；(19)洗手；(20)個人衛生及營業場所衛生；(21)公共安全。

由於美容乙級學科考試所設定的範圍遠比美容丙級學科考試多出許多科目，一時之間讓許多有心要參與檢定考試的美容從業人員不知從何準備起？且歷屆所出的考題大都屬於觀念題，因此各考生在作答時必須先仔細閱讀題目內容，才能選出正確的答案，否則很容易失誤，為有助於各考生準備學科考試，作者特別花了一年多的時間收集與美容有相關的訊息再經過整理，終於將《乙級美容師學科證照考試指南》完成，希望能在政府一致強調「丙級從寬、乙級從嚴」的號令下，為將來要參與美容乙級學科檢定考試者盡一份心力。

祝　金榜題名

周玫謹識

目　　錄

經 營 管 理 學

一位美容從業人員要計畫經營美容護膚中心時，首先應該謹慎的考慮何者地點最為適合？例如：商業區、高級住宅區、文教區、風化區……等。

商業區：人潮較多，收費較容易，大多屬於流動客戶而主顧客較少，相對的租金及裝潢費用也提高，所以，季節活動亦需常有明顯變化。

高級住宅區：由於此區屬於高級消費群區，裝潢必須符合高格調及歐式化，因此訂價及收費相對可提高。

文教區：此區屬於一般住宅區，所以裝潢不需太華麗，一切以高雅為主，訂價與收費也不宜太高。

風化區：此區域屬於不安定區，護膚保養較少而以化妝顧客較多。

不論是屬於哪一種區域及型態，為了吸引人的注意，美容中心的地點應該是清楚及易見到的。

美容中心的基本設備應有哪些呢？在美容營業場所中的基本設備應具有下列：來賓接待室；一間藥品處理室；化妝室光度應在50米燭光以上，並開適當窗戶；室內光線應在200米燭光以上；良好的服務品質；整潔的櫥窗展示；經檢定合格並領有相關證照的專業美容人員；顧客個人專用置物櫃……等。

美容中心負責人的基本責任：營業執照核准、熟悉衛生法規

條例、營業場所需有保險、合格化妝品的選擇與運用、療程設計與規劃、合理的收費、良好的售後服務、適度的回饋。

美容中心從業人員可藉由電話為顧客做好預約及良好的個人護膚計畫，且接聽電話時，需輕聲細語並耐心地聆聽顧客之需求；結束電話交談後，必須待顧客先掛電話後，才可掛下電話。

美容從業人員必須擁有專業美容執照才可執行美容之工作，且必須懸掛在明顯處，在為顧客服務時亦秉持顧客實際所需才與之介紹，萬萬不可為眼前實際利益而抱著賺了再說的心態，否則會有因小失大的結果產生，所以要銷售產品給顧客時，必須視顧客之需要與興趣再給予介紹。

美容中心為招來新顧客適度媒體廣告是必要的，但過份誇大且不實之廣告是會因違反衛生條例而受到罰款的，嚴重時將有可能會斷送掉營業場所永續經營之機會。

皮膚保養及事前準備工作

美容營業場所營業前應該將所有專業準備物備妥，例如：營業場所外周圍兩公尺內與連接之騎樓及人行道要每天打掃；保持乾淨衛生的環境，以防惡臭及蚊蠅孳生；乾淨的化妝棉及眼墊（足夠大到可以蓋住整個眼部）、化妝面紙、顧客長袍、美容床罩、枕巾；美容器具之消毒完整；顧客資料卡整理；顧客電話拜訪預約；美容從業人員自身打理（頭髮、指甲、衣服、面部整潔與笑容）；室內與室外溫度不要相差10℃以上，且相對濕度應保持在60％～80％之間。

　　顧客上門時，必須以和藹可親之笑容來迎接顧客與帶領顧客更衣，但顧客的重要物品（金錢、手飾）……等，務必請顧客自行妥善保管，美容人員切勿幫其保管，以免造成不必要之誤會。

　　為顧客做清潔工作時，必須先將清潔乳（霜）倒在手掌上，不可直接倒於顧客面部，另外，在進行清潔或按摩時，必須順肌肉原理以向上向外之動作，讓顧客達到完全放鬆最為理想。

　　美容從業人員為減少疲勞的發生應該維持正確的姿勢，在進行按摩時，應儘量用指腹和手掌，並以緩慢的按摩動作進行，稱之為撫摸按摩。定期進行臉部按摩對顧客的好處包括生理與心理，例如：除了可促進肌肉放鬆外，亦可達到減輕疼痛之效果。在進行臉部按摩時，手部動作除了要保持有規律的節奏外，若有事時亦不可突然離開顧客的臉部。

美容儀器的使用與認識

　　美容儀器是為促進身體各部之健康及令皮膚更加美麗所設計的儀器，大致可分為二種：

電氣美容儀器：利用電氣原理直接或間接地促進身體健康與美麗之儀器。

非電氣美容儀器：不是利用電器原理而是利用機械或任何器具使皮膚更加健康與美麗。

美容從業人員使用蒸臉器的操作方法

1. 將蒸餾水由入水口注入儲水玻璃瓶，水量必須超過加熱管，但不可超過紅線位置。
2. 先檢視水量再插上插頭然後打開電源總開關，待儀器開始加熱約5～7分鐘後，蒸氣會自動由「噴出口」噴出。
3. 蒸氣噴出後，即打開「OZONE」臭離子開關，此時必須依顧客的皮膚性質來調整所需時間與距離。
4. 蒸氣可由顧客的下巴吹向整臉或以能均勻噴到整臉為原則。

清潔蒸臉器的方式

1. 轉動儲水玻璃瓶下方的固定鈕（黑色的）即可將玻璃瓶卸下（清洗玻璃瓶時，切勿使用清潔劑）。
2. 在玻璃瓶內的加熱器上如有黏著石灰質時，可用軟性的金屬線刷子將其刷落，或者用白醋加水浸泡一夜後，即可清除。另外，為防止玻璃瓶中的水質受到污染，入水口應經常保持清潔。

皮膚檢查燈：是一種特殊的紫外線放大鏡，能將肉眼無法分辨的皮膚類型與皮膚異常狀態明確指示，讓美容從業人員能針對症狀做最有效果的處理與治療，其操作方法如下：

1. 先插上插頭，再按下電源開關，待數秒後顯示燈即亮。
2. 在較暗的美容室中透過放大鏡來檢查皮膚狀況最為理想，

但檢查前，需先將皮膚徹底清洗乾淨。

3.依皮膚狀況不同所呈現的燈顏色亦不同，例如：

　　藍白色——代表健康、中性的皮膚。

　　紫　色——過敏性的皮膚。

　　暗褐色——色素沉澱的現象。

　　藍紫色——乾燥性皮膚。

　　橘黃色——青春痘皮脂及脂漏（粉刺）。

　　泛白的表層——表面老化的角質層。

高週波儀器：是一種利用特殊的紫外線做局部或點狀的照射，有良好殺菌功能並可加速異常皮膚的復原，其操作方法如下：

1.將導線插入電療線插座，再將紫外線玻璃管套入手持握棒中，但紫外線玻璃管應隨時保持乾淨與清潔，玻璃管又有：點狀型、湯匙型、直線型（此電流最強）以及圓型（電療用）等。

2.先打開電源再轉動電波強弱調整鈕（ADJUST），調至適當的強度即可開始進行工作，切記，在同一部位絕不可停留過久，以免造成疤痕產生。

3.使用高週波儀器完畢後，必須先關閉電源，再抽出紫外線玻璃管並且做好清潔消毒之工作，再放入乾淨櫥櫃內。

皮膚與季節性護理之關係

　　每個人的皮膚皆會隨著季節之不同與濕度、溫度、紫外線的影響而發生明顯變化，使皮膚產生不同的情形與狀況，例如，在夏季皮膚皮脂分泌較旺盛，皮膚較傾向於油性，而在冬季因氣候寒冷，皮膚油脂分泌較少，皮膚易呈現乾性狀態，因此在保養皮膚時就應配合季節變化而選擇不同的產品。例如：

　　夏季：在夏季不論皮膚是受到那一種傷害，以陽光的光線為最強，因它易使皮膚造成曬傷也易使皮膚引起黑斑、雀斑等色素沉澱及角質變硬、皮膚老化等現象產生，而陽光中含不同的光線，又可分為：紫外線、紅外線、可見光。

　　紫外線會對皮膚造成傷害，依波長的不同，可分為長波長紫外線UV—A（320nm～400nm）、中波長紫外線UV—B（280nm～320nm）、短波長紫外線UV—C（200nm～280nm）等3種波長。

波長對皮膚的影響

　　紫外線A──可增強紫外線B的反應，造成真皮層內纖維變性，並讓皮膚曬黑及造成老化。

　　紫外線B──可讓皮膚曬黑及曬傷並造成真皮層內纖維變性

及皮膚老化，甚至導致皮膚癌。

紫外線C——由於在大氣層中即被臭氧層吸收，所以未能達到地面，因此對皮膚不會造成傷害，但是當大氣層被破壞時則會使人體皮膚受到極大的傷害，甚至造成皮膚癌。

紫外線對皮膚的好處：適度的紫外線能讓皮膚擁有小麥色皮膚及製造出維他命D使骨骼強壯，增強身體的抵抗力，並具有抑菌殺菌的作用。

紫外線過量時對皮膚的壞處：會讓皮膚產生乾燥並加速老化且易產生黑斑、雀斑及皺紋，倘若過度曬傷會變成如燒傷般的狀態，嚴重時甚至會形成皮膚癌。

何謂曬傷？就是當日曬後，皮膚會產生紅腫、刺痛，嚴重時甚至會造成水腫的現象，簡稱為曬傷。

何謂曬黑？就是當妳因日曬使得皮膚發紅時，由於麥拉寧色素激增，紫外線深入皮膚內部的緣故所致，一般日曬後的第三天膚色會開始變黑，尤其在第七天時皮膚最黑，十四天後即開始脫皮，若要完全恢復則需二十八天。

正常皮膚與日曬後皮膚之差異點如下：

正常皮膚	日曬後皮膚
◎皮膚柔軟度高	◎皮膚粗硬
◎抵抗力良好	◎過氧化脂質增加
◎毛孔小且膚紋細	◎膚色變黑
◎有適度的水份、油份	◎皮膚表面乾燥、粗糙

紅外線的特性：紅外線的滲透力很強，能使皮膚血液循環良好，並可治療局部腫脹或疼痛，因此有所謂人工紅外線燈之稱，其中波長760nm（奈米）以上的波長稱做熱線。

可見光的特性：用肉眼可看見的光線，其波長大約是400—700nm，由於波長的不同，肉眼能感受到的顏色有紅、橙、黃、綠、藍、靛、紫等七種。

是非題 （經營管理）

（×）1.美容從業人員進行銷售時，可為達到目的而不擇手段，管它適不適合顧客皮膚使用。　　　　　　　　　〔不可〕

（×）2.美容營業場所的燈光光線應在30米燭光，化妝室光度應在200米燭光。

　　　　　　〔營業場所光線200米燭光，化妝室光線50米燭光〕

（×）3.美容中心為吸引顧客上門所做的廣告，是越大越好，可不用考慮效果的真實性，反正又不會受罰。

　　　　　　　　　　　　　　　　　　〔會受到衛生署罰款〕

（○）4.美容從業人員為顧客進行護膚保養時，最好不要幫顧客保管重要物品，可請顧客放置在專用櫥櫃內或讓顧客看得見的地方，以免造成不必要之誤會。

（○）5.美容營業場所為防止惡臭及蚊蠅孳生，因此在營業場所外周兩公尺及人行道須每天打掃。

（×）6.美容從業人員只要技術超群，自身的頭髮、指甲、衣服、面部整潔，皆在其次並不很重要。　　　　　　〔亦很重要〕

（○）7.美容營業場所室內與室外溫度不可相差10度以上，而相對濕度最好保持在60％～80％之間。

（○）8.美容從業人員因為有業績壓力，為節省時間，也不可馬虎了事，還是必須按部就班，認真的為顧客服務。

（×）9.為顧客進行按摩時，只要手法是柔軟且服貼，並不一定要順著肌肉紋理。　　　　　　　　　　　　　〔需順肌肉紋理〕

（○）10.美容從業人員為顧客進行臉部按摩，最大的目的是讓顧客皮膚、肌肉皆得到放鬆，但自身也應該維持正確姿勢，

以免造成自己的疲勞。

（×）11.在為顧客進行按摩的同時，美容師忽然有事可任意離開
顧客的臉部，不必待按摩到一個段落。

〔不可任意離開顧客臉部〕

（○）12.為顧客進行皮膚保養時應先判斷皮膚類型與性質，再依
膚質來選擇適合之保養品。

（○）13.臉部進行按摩時，須先考慮顧客的年齡與目前狀況，再
來決定按摩時間之長短。

（○）14.為說服顧客購買你所銷售之產品，不可惡意批評顧客之
前所使用的產品品質不良。

（×）15.「換膚」不涉及醫療行為，美容師可以從事，只有割雙
眼皮，美容人員才不得從事。　　〔不可涉及醫療行為〕

（○）16.美容儀器基本可分電器與非電器兩種儀器。

（○）17.蒸臉器正確使用法為：先加蒸餾水（視需要）→插插頭
→開電源總開關→待蒸氣噴出再開臭氧。

（○）18.蒸臉器在使用時，必須依顧客的皮膚性質來調整所需的
時間，蒸氣可由顧客的下巴吹向整臉或以能均勻噴到全
臉為原則。

（○）19.蒸臉儀器玻璃瓶內的加熱器如有黏著石灰質時，可用白
醋加水浸泡一夜後再清洗或者用軟性金屬線刷子將其刷
落。

（×）20.皮膚檢查燈是一種特殊的紅外線放大鏡，能將肉眼無法
分辨的皮膚異常之現象與類型顯示出來，方便美容從業
人員做最快速的處理。　　　　　　　　　〔紫外線〕

（○）21.皮膚檢查燈依皮膚狀況不同所呈現的燈顏色亦有不同。

（○）22.蒸臉器是一種可促進血液循環並可補充細胞中的水份，
　　　因屬於離子化的蒸氣並含豐富活性氧，具有殺菌作用，
　　　是美容從業人員不可缺少的最佳儀器。

（×）23.高週波儀器是利用特殊的可見光做局部或點狀的照射，
　　　有良好殺菌功能並可加速傷口的癒合。　　　〔紫外線〕

（×）24.皮膚會隨著季節的改變而產生變化，與濕度、溫度、紫
　　　外線皆息息相關，例如：夏季易呈現乾燥，冬季易呈現
　　　出油等現象。　　　　　　〔夏季呈現出油，冬季呈現乾燥〕

（×）25.夏季陽光中含不同的光線，可分紫外線、紅外線、可見
　　　光等三種，尤其以可見光的傷害為最大。　　〔紫外線〕

（○）26.紫外線因波長之不同可分：長波長UV—A（320nm～
　　　400nm）、中波長UV—B（280nm～320nm）以及短波長
　　　UV—C（200nm～280nm）等三種波長。

（○）27.能造成皮膚曬黑、曬傷、甚至可導致皮膚癌的是紫外線B
　　　段。

（○）28.當過份日曬後，皮膚會產生紅腫、刺痛，若是嚴重時甚
　　　至會造成水腫等現象產生，簡稱為「曬傷」。

（○）29.何謂曬黑？就是當妳的皮膚接受日曬後使得皮膚發紅
　　　時，由於麥拉寧色素細胞增加，紫外線又深入皮膚內部
　　　的緣故所致。

（○）30.紅外線能促使皮膚血液循環良好，亦可治療局部腫脹或
　　　疼痛，因此又有人工紅外線燈之稱。

選擇題

（3）1. 美容從業人員除了需擁有技術證外，還受到什麼限制：❶身高；❷體重；❸視力；❹學歷。

（1）2. 美容營業場所，室內與室外溫度不可相差：❶10°C；❷15°C；❸20°C；❹25°C。

（4）3. 美容從業人員兩眼視力經過矯正後，應該為：❶0.1；❷0.2；❸0.3；❹0.4 以上。

（3）4. 每一位美容從業人員基本上皆該擁有白色或素色的工作服：❶四套；❷三套；❸二套；❹一套 以上。

（1）5. 美容從業人員要為顧客進行保養時，發現顧客有嚴重青春痘時，應：❶告知顧客去看皮膚科醫生；❷假裝沒看到；❸建議顧客靠化妝來掩飾；❹告訴顧客多運動。

（3）6. 營業場所美容人員除了須有和藹可親的笑容外，擁有專業知識是：❶不需要；❷不一定；❸需要；❹視狀況運用。

（2）7. 美容營業場所室內光線應在：❶100米；❷200米；❸90米；❹80米 燭光以上。

（3）8. 美容從業人員為顧客進行按摩時，手部動作要保持有規律的節奏，且須順著肌肉紋理以：❶向上向內；❷向下向外；❸向上向外；❹向下向內 的按摩動作。

（4）9. 蒸臉器的運用何者最為正確？❶插插頭→開總電源開關→噴氣口轉向顧客→開臭氧開關；❷檢視水量→插插頭→開總電源及臭氧開關→噴氣口轉向顧客；❸檢視水量→插插頭→開總電源開關→噴氣口轉向顧客→開臭氧開關❹檢視水量→插插頭→開總電源開關→待蒸氣由噴氣口噴出再開

臭氧開關→噴氣口轉向顧客。

（4）10.蒸臉器必須依顧客的皮膚性質來調整所需的時間與距離，下列何者不正確？❶油性皮膚蒸臉距離約30公分，時間約15分鐘；❷中性皮膚蒸臉距離約40公分，時間約10分鐘；❸毛細血管擴張症蒸臉距離約40公分，時間約5分鐘；❹乾性皮膚蒸臉距離約40公分，時間約20分鐘。

（1）11.皮膚會隨著季節與：❶濕度、溫度、紫外線；❷情緒；❸年齡；❹飲食習慣的影響　而發生明顯變化。

（3）12.適度的紫外線對皮膚有什麼好處？下列何者正確？❶達到減肥的功效；❷呼吸更新鮮的空氣；❸能製造出維他命D使骨骼強壯，並有抑菌殺菌的功能；❹令膠原纖維更活躍，可永遠青春美麗。

（2）13.有關紫外線下列何者不正確？❶紫外線B可讓皮膚曬黑及曬傷，並造成真皮層內纖維變性，甚至導致皮膚癌；❷紫外線因波長的不同又可分為：UV-A、UV-B、UV-C等三種波長，而以UV-A的傷害性最小；❸紫外線A波長為：320nm～400nm、紫外線B波長為：280nm～320nm、紫外線C波長為：200nm～280nm；❹適度地照射紫外線，可達到殺菌及抑菌的效果。

（2）14.撫摩按摩就是用指腹與手掌的部位來進行：❶快速；❷緩慢；❸拍打；❹捏　的按摩動做。

（1）15.美容從業人員面對顧客臉部有擦傷的情形時：❶不可以；❷可視情況而定；❸不一定；❹可以　進行按摩工作。

（2）16.美容從業人員工作非常辛苦，為預防疲勞的情形發生，應

該儘量維持：❶任意；❷正確；❸彎曲；❹隨便　的姿勢。

（3）17.美容營業場所應：❶視情況；❷不需要；❸需要；❹不一定　用長袍來保護女性顧客。

（4）18.長期接受紫外線照射而造成日曬過久的皮膚，易呈現紅腫、刺痛的皮膚，最好的處理方式是：❶敷面；❷蒸臉；❸按摩；❹鎮定。

（3）19.專業的美容從業人員除了要具備有良好的職業道德外，更應該避免：❶誠實；❷認真與負責；❸敷衍了事；❹準時上、下班　等情形產生。

（4）20.美容從業人員應該明白告知顧客專業的皮膚保養是多久做一次？❶每星期；❷每天；❸每月；❹視顧客皮膚狀況需要才決定時間與日期。

人體生理學概要

人類屬於脊椎動物，具有脊柱，表面兩側對稱，依人體的外形可分為頭、頸、軀幹和四肢。

頭頸、軀幹與四肢

頭分：

1.顱部：外生毛髮，內藏腦髓。

2.顏面：有眼、耳、鼻、口等器官。

頸部上承頭部，下接軀幹，軀幹分為：

1.腹面：包括胸部與腹部。

2.背面：包括背部、腰部、臀部。

腹面與背面之間的內部稱為「體腔」，藏有重要的臟器，所謂的「四肢」是指上肢（包括：肩胛、上臂、肘、前臂、手）和下肢（包括髖部、大腿、膝、小腿、踝及足部）的總稱，左右成對。

體腔是由骨骼和肌肉所構成的空腔，體腔內所藏的器官，通稱為心臟，身體內部有兩大體腔：

1.背側體腔：分顱腔（由顱骨形成，包括：大腦、中腦、小腦及延髓）和脊髓腔（其在脊柱管內，脊柱管由脊椎骨重疊形成，內藏有脊髓）。

2.腹側體腔分：

(1)胸腔：位在橫膈膜之上，內有心臟和肺臟。

(2)腹腔：位在橫膈膜之下，內有胃、腸、肝臟、胰臟、脾臟和腎臟等器官。

(3)骨盆腔：內有直腸、膀胱和生殖器官等。

人體構造最基本的單位是**細胞**，人體由多種形態和功能不同的細胞集合而成為**組織**，而人體組織又可分：

1.上皮組織：形成身體的外皮。

2.結締組織：形成身體的支架。

3.肌肉組織：具有收縮作用，能移動身體，產生動作。

4.神經組織：能接受刺激，傳遞消息到身體各部。

器官是由兩種以上的組織結合而構成，以負責身體某一種特殊的機能，例：心臟是由肌肉組織、結締組織、神經組織所構成的器官，負責血液循環作用。

系統是由身體內數個器官聯合而成，負責體內某一高度特殊化的功能，例：呼吸系統、血液循環系統。

運動器官是指人體的骨骼和肌肉而言，人體骨骼按部位可分為：

1.頭骨：又可分顱骨和顏面骨。

2.軀幹骨：有脊柱骨、胸骨、肋骨。

3.四肢骨：是上肢骨和下肢骨的總稱。

骨可分長骨、短骨、扁平骨和不規則骨，主要是由膠質（能使骨有韌性）和礦物質（能使骨質堅硬）構成，骨和骨連接的部位叫做關節，關節可分為不動關節、少動關節和可動關節等三

種，附著於骨骼和關節外面的肌肉，叫做骨骼肌，人體的骨骼肌藉肌腱附著於骨骼，骨骼肌受神經的支配，可作各種隨意的動作，因此又稱隨意肌。

血液

血液的種類

血液可分為：

1. 血漿：水約佔90％，其他為溶解或懸浮於血漿中的固體物質。

2. 血球：可分

   (1)紅血球：內含血紅素，是血液輸送氧的主要工具。

   (2)白血球：能吞噬侵入人體的細菌來保護身體。

   (3)血小板：內含促進血液凝固所需要的重要物質。

血液的功能

血液的功能可分為：

1. 呼吸方面：血液由肺運輸氧到組織細胞以供細胞利用，又從組織細胞運輸二氧化碳到肺由肺排出。

2. 營養方面：消化道所吸收的營養素，由血液運到組織細胞供其利用，或運到適當的組織或器官儲存。

3. 排泄方面：組織細胞活動時所產生的廢物，由血液運送到排泄器官排出體外。

4.體溫調節方面：血液能將身體某部位的細胞於活動時所產生的熱運送到全身，以維持體溫。

5.身體各部聯繫方面：血液運輸內分泌腺的分泌物，影響及聯繫身體各部的功能。

6.保護作用方面：血液運輸抗體、白血球或其他防禦疾病的物質，對身體有保護作用。

人體的血量約佔體重的十三分之一，血液流出血管之外叫失血，少量的失血由於身體有調節作用因而並無危險。倘若大量出血時，即需要輸血以補充所失去的血液，否則可能會危及生命。但輸血時所輸的血液與受血人的血液必須能夠配合否則會發生血凝塊的現象亦會使血管發生堵塞的情形，也因此會危及生命。

血液可分為許多型別，主要的血型有Ａ型、Ｂ型、Ｏ型、ＡＢ型，當血液流出血管外，會自動凝成血塊時就稱之為血液凝固，而血友病就是一種血液不易凝固的遺傳性疾病。「貧血」是由於血紅素不足或紅血球數目減少所引起的血液病，其通常是因為營養不良或食物中缺乏製造紅血球的原料所引起的。「白血病」又名「血癌」，是血液內白血球數目大量增加，且血液內有很多不成熟白血球的疾病。

心臟和血管及在心臟血管內流動的血液，統稱循環系統，心臟由心肌構成，其空腔可分為右心房、右心室、左心房、左心室，血管是輸送血液的密閉環形管道。血管和心臟相連，負責輸送血液離開心臟的血管叫做「動脈」，運輸血液流向心臟的血管叫做「靜脈」；「大動脈」（包括：主動脈和肺動脈）由心室發出後，不斷分支，管徑也逐漸變小，最後變成小動脈；和小動脈相

連的血管很微細，叫做「微血管」或「毛細血管」，微血管的另一端接小靜脈，很多的小靜脈匯合而成較大的靜脈，最後成為「大靜脈」，和心房相連接。

補充題

1. 人的脊柱排列順序為：胸椎、腱椎、腰椎。

2. 胸廓是由肋骨與胸骨相連，而胸骨又與胸椎相連所形成。

3. 人的神經系統可分為：中樞神經系統、周圍神經系統、自律神經系統。

4. 神經系統構造的單位就是神經細胞，稱之為「神經元」。

5. 神經系統可協調身體各部的活動是因為具有激發性、傳導性、統合性，而兩個神經元間的連接部分稱為「突觸」。

6. 神經元依其功能可分為：連絡神經元、中樞神經元、運動神經元。

7. 中樞神經元由腦及脊髓構成可控制身體各部的活動。

8. 人的周圍神經系統可為：腦神經12對、和脊神經31對。

9. 脊神經由上至下可分為五個部分：(1)頸神經8對；(2)胸椎12對；(3)腰椎5對；(4)腱神經5對；(5)尾神經1對。

10. 自律神經系統可分為：交感神經與副交感神經兩部分。

11. 交感神經發自脊髓、頸胸及腰的脊神經，而副交感神經則發自腦神經脊髓及腱椎的脊神經。

12. 血管包括：心臟、動脈、靜脈及微血管。

13. 血型共可分為：A、B、AB、O型等四種血型。

14. 血液可分為：血漿約佔55％；細胞沉澱約佔45％。

15. 負責頭、臉、頸部營養的血液來源是總頸動脈。

16. 外頸動脈自頭顱骨進入顱腔，負責腦中血液的供應。

17. 負責頭、臉、頸部皮膚的血液供應是外頸動脈。

18. 外頸動脈將血液由頭、臉、頸部送回心臟。

19. 太陽穴表面動脈有前動脈、顱動脈、臉膜動脈、中太陽穴、前耳動脈。

20. 將純淨的血液帶至身體各部的是動脈血管。

21. 心臟的功能是維持人體血液循環系統的正常。

22. 心臟之中可容納血液的四個空腔為：(1)左心房；(2)右心房；(3)左心室；(4)右心室。

23. 所謂大循環（體循環）的路徑為：血液經由左心室→主動脈→小動脈→微血管→小靜脈→大靜脈→右心房。

24. 所謂小循環（肺循環）的路徑為：右心室→肺動脈→小動脈→微血管→小靜脈→肺靜脈→左心房。

是非題 （人體生理學概要）

（×）1.人類屬於脊椎動物，但不具有脊柱，表面兩側對稱，依人體的外形可分為頭、頸、軀幹和四肢。　　〔具有脊柱〕

（○）2.所謂體腔是由骨骼和肌肉所構成的空腔，亦是指腹面與背面之間的內部，內藏有重要的器官，此器官稱之為心臟。

（×）3.人體構造最基本的單位是細胞，由多種形態和功能不同的細胞集合而成為器官。　　〔組織〕

（×）4.器官是由兩種以上的細胞所結合而構成，能負責身體某一種特殊的機能，例如：心臟是由肌肉組織、結締組織、神經組織所構成的器官。　　〔組織〕

（○）5.負責形成身體支架的是結締組織。

（○）6.具有收縮作用且能移動身體，使其產生動作的是肌肉組織。

（×）7.上皮組織能接受刺激，並把消息傳遞到身體各部。

〔神經組織〕

（×）8.由身體內數個器官聯合而成，稱之為系統，專門負責體內某一高度特殊化的功能，例如，神經系統、肌肉系統。

〔呼吸系統、血液循環系統〕

（○）9.人體的骨骼可分為頭骨、軀幹骨、四肢骨。

（○）10.骨是由膠質和礦物質所構成，可分為長骨、短骨、扁平骨和不規則骨。

（×）11.骨與骨連接的部分叫做關節，可分為不動關節和少動關節等兩種。　　〔還有可動關節〕

（○）12.血液可分為血漿與血球等兩種。

（×）13.血漿內水約佔90％，其它為溶解或懸浮於血漿中的固體
物質，而血球又可分白血球、紅血球及黑血球。

〔血小板〕

（×）14.血液在呼吸方面的功能是指由肺運輸二氧化碳到組織細
胞以供細胞利用，又從組織細胞運輸氧到肺，由肺排
出。

〔肺運輸氧至組織細胞，組織細胞運輸二氧化碳至肺〕

（×）15.貧血是由於白血球數目不足所引起的疾病，大部分都是
因為營養不良或所攝取的食物中缺乏製造紅血球的原料
引起的。　　　　　　　　　　　　　　　〔血紅素不足〕

（○）16.白血病又稱血癌，是因為血液內白血球數目大量增加，
且血液內有很多不成熟白血球的疾病。

（○）17.心臟由心肌構成，其空腔可分為：右心房、右心室、左
心房、左心室。

（×）18.負責輸送血液流向心臟的血管叫做動脈，而將血液輸送
離開心臟的血管叫做靜脈。

〔運輸血液流向心臟的血管稱之靜脈、運輸血液離開心臟
的血管稱之動脈〕

（×）19.血液可分為許多血型，主要的血型有A型、B型、AB型等
三種血型。　　　　　　　　　　　　　　　〔尚有O型〕

（○）20.自律神經系統可分為交感神經與副交感神經兩個部份。

（×）21.人的周圍神經系統可分為腦神經31對和脊神經12對。

〔腦神經12對、脊神經31對〕

（○）22.神經系統可協調身體各部的活動，是因具有刺激性與傳

導性和統合性,而兩個神經元間的連接部份稱為突觸。

(×)23.可控制身體各部的活動是中樞神經元,由腦和肌肉所構成。　　　　　　　　　　〔中樞神經由腦和脊髓構成〕

(×)24.負責頭臉頸部皮膚的血液供應是總頸動脈,而負責頭、臉、頸部營養的血液來源是外頸動脈。　　　　〔相反〕

(×)25.交感神經發自腦神經脊髓及腱椎的脊神經,而副交感神經則發自脊髓、頸胸及腰的脊神經。

〔交感神經發自脊髓、頸、胸及腰的脊神經,而副交感神經發自腦神經脊髓及腱椎的脊神經〕

選擇題

（2）1.下列述說何者為誤？❶ 太陽穴表面動脈有前動脈、顳動脈、臉膜動脈、中太陽穴、前耳動脈；❷ 所謂大循環亦稱為肺循環；❸ 心臟中有四個空腔，分別為左心房、左心室、右心房、右心室；❹ 背側體腔又分顱腔和脊髓腔。

（3）2.下列述說何者為是？❶ 系統是由身體內數個組織聯合而成；❷ 器官是由兩種以上的系統結合而成；❸ 形成身體的外皮稱之為上皮組織；❹ 人體構造最基本的單位是血液。

（3）3.下列述說何者為誤？❶ 兩種以上的組織會結合成器官；❷ 能接受刺激，並傳遞消息到身體各部的為神經組織；❸ 軀幹骨是指上肢骨和下肢骨；❹ 許多不同形狀和功能不同的細胞集合而成為組織。

（1）4.下列述說何者為誤？❶ 骨主要是由能使骨有韌性的礦物質和能使骨質堅硬的膠質所構成；❷ 骨可分為長骨、短骨、扁平骨和不規則骨等；❸ 人體的骨骼肌藉肌腱附著於骨骼，骨骼肌受經神的支配，可做各種隨意的動作，又稱隨意肌；❹ 白血球能吞噬侵入人體的細菌來保護身體。

（2）5.下列述說何者為誤？❶ 脊神經可分頸神經8對、胸椎12對、腰椎5對、腱神經5對、尾神經1對；❷ 人的周圍神經系統可分腦神經12對和脊神經8對；❸ 外頸動脈自頭顱骨進入顱腔，負責腦中血液的供應；❹ 人的周圍神經系統可分腦神經12對和脊神經31對。

（3）6.下列述說何者為是？❶ 心臟的功能是維持人體神經系統的正常；❷ 血液經由左心室→主動脈→小動脈→微血管→小

靜脈→大靜脈→右心房是小循環的路徑；❸大循環又稱為
體循環；❹大循環又稱為肺循環。

（3）7.下列述說何者為誤？❶動脈血管能將純淨的血液帶至身體
各部；❷能維持人體血液循環系統的正常功能是心臟；❸
能將血液由頭、臉、頸部送回心臟的是總動脈；❹人的脊
柱排列順序為胸椎、腱椎、腰椎。

（1）8.下列述說何者為是？❶胸廓是由肋骨與胸骨相連，而胸骨
又與胸椎相連所形成；❷神經系統構造的單位就是神經組
織又稱為組織系統；❸白血病又名血癌，是由於血液裡的
血紅素不足之關係所引起的；❹身體內部有背側體腔和腹
側體腔，而腹側體腔又可分為顱腔和脊髓腔。

（3）9.下列述說何者為誤？❶人體中共有206塊骨頭；❷頭骨可分
為8塊顱骨和14塊顏面骨。肌肉具有收縮性的纖維組織，
身體的各種運動必須依靠肌肉反應及變化；❸與美容從業
人員有關係的肌肉是頭部、臉部、手臂、手部的不隨意
肌；❹神經系統主要由腦、脊索與神經所組成。

（2）10.下列述說何者為誤？❶神經元即神經細胞是由細胞體與細
胞突所組成；❷腦神經是人體最大的神經組織，31對的腦
神經延伸到頭部、臉部及頸部的各個部位；❸與臉部最有
關係的腦神經為第5對三叉神經、第7對顏面神經及第11對
副神經；❹血管可分為動脈、靜脈及微血管。

（4）11.下列述說何者為誤？❶第5對三叉神經是指眼神經、下頜
神經及上頜神經；❷第11對副神經影響頸部及背部的肌
肉；❸第7對顏面神經為臉部主要的運動神經；❹12對的

脊神經由脊索延伸並分佈至驅幹及四肢的肌肉與皮膚。

（4）12. 下列述說何者為誤？❶負責身體各部組織、器官和系統的協調，並行使整體的工作為神經系統；❷神經系統可分為中樞神經系統、末梢神經系統及自主神經系統；❸自主神經又可分交感神經與副交感神經；❹皮膚覆蓋全身並保護身體，因為皮膚是一種組織，但不是一種器官。

（2）13. 下列述說何者為誤？❶神經可由血管、淋巴空間以及環繞它們的結構組織中的淋巴腺而獲得滋養；❷美容從業人員為顧客按摩是有助於減輕神經疲勞，但不需避開神經中心；❸刺激神經會造成肌肉的收縮與伸長，皮膚遇冷時會收縮，皮膚遇熱時會伸長；❹自主神經的交感神經與副交感神經最主要的功能是以相互的作用來調節心跳、血壓、呼吸快慢、體溫等體內的作用，使人體內部得以保持平衡。

（1）14. 下列述說何者為誤？❶神經系統由細胞體和細胞突所組成，細胞突可以替細胞儲存能量與養份，而細胞體則傳送神經衝動至全身；❷神經系統又可分知覺神經與運動神經；❸知覺神經可從知覺器官將衝動或訊息傳送到大腦，感受觸覺、冷、熱、視覺、嗅覺及痛覺；❹運動神經可將衝動或訊息從腦部傳送到肌肉，而由傳入衝動產生運動。

（4）15. 下列何者述說為誤？❶所謂肺循環是指血液從心臟流至肺部，淨化後再流回心臟；❷所謂體循環是指血液從心臟流至全身，再流回心臟；❸總頸動脈是頭部、臉部及頸部血液供應的主要來源；❹幫助平衡體內體溫，能在特別冷或

特別熱的情況下保護身體並不屬於血液的功能。

（4）16.下列何者並非屬於血液的功能？❶攜帶水份、氧氣、養份及分泌物到體內各細胞；❷經由白血球的殺菌作用可幫助人體抵抗細菌；❸從肺、皮膚、腎臟及大腸中帶走二氧化碳和廢物；❹血液可分白血球、紅血球、血小板。

（3）17.下列述說何者為誤？❶紅血球的功能是攜帶氧氣至體內各部；❷白血球的功能為消滅入侵的細菌；❸血小板的功能為使傷口的血液分解；❹血漿中有90％是水份，能帶走養份及分泌物至身體各細胞，也能從細胞中帶走二氧化碳。

（3）18.下列述說何者為誤？❶人體組織的廢物處理與排水系統是淋巴系統；❷某些細胞的生成物順著液體流入淋巴細管，稱為淋巴液；❸有良好的知覺神經對全身的皮膚、頭髮及指甲的美容相當有幫助；❹淋巴組織主要的功能為除去細菌及異物，並製造淋巴細胞、產生抗體、抵抗傳染病，扁桃腺即是淋巴組織的一個例子。

（2）19.有關排泄系統，下列述說何者為誤？❶腎臟可排出尿液；❷肺可排出氧氣；❸肝臟可排出膽汁色素；❹大腸可排出已分解及未消化之食物。

（2）20.有關消化系統下列述說何者為誤？❶將食物變成可溶形態，適於身體細胞吸收利用；❷食物在口腔咬碎後，經由腺體的濕潤後隨即開始消化的過程；❸皮膚要保持健康、漂亮，良好的消化器官是非常重要的；❹無法消化的食物及廢物會進入大腸中，形成糞便再由排泄系統排出體外。

細 胞 學

人是一種構造複雜的動物，有強烈的求知慾與好奇心，就是構成人類進步之要素。地球之形成至今約有45億年，根據科學家之研究，原始生命是從藍綠藻單一細胞生物形成的，而後由於雨水的累積變成海洋，形成孕育生命的溫床。

細胞是構成生物體最基本的單位，人類生命的開端是一個單細胞，就是由受精卵細胞開始的，這個細胞不斷的分裂，依照不同的需要發育繁殖成為各種不同功能的細胞，同類的細胞聚合成組織，不同的組織聚合成器官，許多器官聚合成系統，各種系統再結合起來成為完整的人體。

人體是由60萬億至70萬億細胞組合而成的，細胞是沒有固定的形式，因為它的形狀會隨著功能的不同而有多元化的延伸，例如：有圓形、球形、扁平形、菱形、星形等。而它的大小也不相同，細胞的基本構造雖然相差無幾，但功能的幅度、變化相差卻很大。

組織

許多功能相同的細胞會發展成一個組織，人體大致分為四種機能組織：

　　1.上皮組織：就是身體表面，體內的管腔囊內外壁的表皮組

織，亦是一種包裝。

2.結締組織：就是甲組織連接乙組織。

3.肌肉組織：是使肌膚產生收放動力，每一個都是細細長長的像纖維一樣，又叫肌纖維。

4.神經組織：又稱神經元，能接收刺激及傳導訊息的功能。

細胞

細胞形狀有許多種構造差不多，外表都有一層細薄膜保護，內部的球狀核叫細胞核，在細胞膜之間的膠狀物質叫細胞質。

細胞的功能

1.吸收、排泄的功能。

2.感應功能：它們之間好像有精密的通訊網，失去部分作用時將變得麻木不仁。

3.產生能量：在細胞質內的粒腺體進行，我們的養份在粒腺體藉著酵素的催化作用氧化而產生能量，並暫時保存起來等到需要時再放出來，假如沒有這種功能，心臟就會停止，為掌握人體能源之樞鈕。

4.貯藏功能：許多代謝物都暫時儲存在細胞裏，等到需要時再分解成新的物質轉運到身體各個部門。

5.運動功能：細胞是活的，是活的都會動，動是一切生命的起源使人們生存成長。

6.繁殖功能：細胞生長一段時間後就會分裂繁殖，而繁殖功

能使人類生生不息。

7. 呼吸功能。

8. 消化功能。

細胞的分類

細胞的分類也是人體組織的分類，它的功能也是人體組織的功能，其實人就是由一大群細胞巧妙合成，最重要的功能是能量與蛋白質的製造。

細胞是生命的基本單位與構造，由於功能不同因而形成各種不同的外形，但它的內部構造卻十分相似，像一個獨立城市，有供應能源的發電廠、運輸系統和通訊網路、日夜加班的工廠、有高效率的政府、也有負責治安的衛屬部隊，這麼複雜龐大的組織，它的功能被包括在一層構造特殊的防護膜中，這層膜就是我們所稱的「細胞膜」。

1. 細胞膜：其厚度大約一千萬分之一公釐，可以決定那些東西是可以進入，那些東西是不受歡迎的，類似大門守衛。

2. 細胞質：佔細胞最大部份，在細胞質中還包括許多小器官。

3. 粒腺體：最主要的功能是產生能量，不論寫字、跑步、運動所需要的能量都來自這裏，因此又有細胞發電廠之稱。

4. 核醣體：是蛋白質的製造中心，人體需要各式各樣的蛋白質，當身體需要某一種的蛋白質時就將此訊息傳到細胞指揮中心的DNA，此時DNA會派一個信使，派一個帶著這蛋白質構成的密碼，游到核醣體，核醣體根據這個指示完成

蛋白質的製造。

5.內質網：是板狀構造物，它一部分可說是核醣體的碼頭，另一部分具有分泌與解毒的功用。

6.高爾基氏體：是蛋白質的倉庫，其主要功用是處理來自核醣體的蛋白質，同時將它包裝好，等待供應上市。

7.溶素體：內含有各種溶解性酵素，是細胞的保健機構。

8.中心體：位於細胞核的附近，由兩個中心粒組成，是細胞分裂時的主要力量。

　　細胞最微妙之處是細胞核，是細胞的主宰，掌握了整個細胞的局面，也是生命奧妙的精華所在。人體除了紅血球之外，任何細胞都有一個或一個以上的細胞核。細胞核的外層叫核膜，核裏有核仁，核仁是由蛋白質與核醣核酸所組成的，核仁與核膜間有很多染色絲，染色絲是由去氧核醣核酸（DNA）和蛋白質所組成的。但細胞分裂時，染色絲會集中起來，而決定具有遺傳因子的染色體不分裂時，掌管細胞的新陳代謝和蛋白質製造。

　　細胞大致可分為體細胞（構成身體各部分器官組織的基本分子）和生殖細胞兩種，繁殖方式以最原始的方式分裂，從一個變兩個、兩個變四個、不斷繁衍分裂，每一秒中都有幾百萬個細胞死掉，也有幾百萬個細胞誕生，如此生生不息來維持生命的均衡；但是也有例外者，那就是我們的腦子，一但神精細胞衰老死亡就不會再生，但因為腦神經細胞太多了，因此，我們並不覺得它死亡了。

體細胞的有絲分裂

體細胞的有絲分裂分為四個階段：

1. 前期：細胞的外型變圓，中心體的兩個中心粒向兩極移動，染色絲變得短粗且明顯而成為染色體。每一個細胞都有46個染色體，分裂之初會自行複製成為92個。

2. 中期：核膜與核仁消失，染色體移到細胞中央赤道上而以兩極的中心粒與紡垂絲相連。

3. 後期：以複製好的染色體分裂開來分為兩組，然後向兩極移動。紡垂絲分開。

4. 末期：細胞由中央向內凹陷，染色體重新聚在一起轉為染色絲，核膜、核仁重新出現，最後分裂成兩個子細胞。

染色體的基因排列組合是影響生物性狀的基本因素。「性」是指內在的性向與性能，「狀」是指外在一切可見的形狀，每一個基因的直徑只有五十萬分之一公分。

生殖細胞是減數分裂。不論卵細胞或精細胞在成熟的過程當中，要經過兩次分裂，使染色體遞減至23條，然後陰陽交配又形成46條，於是再進行分裂繁衍而形成胚胎。

是非題（細胞學）

（×）1.生物體最小的單位是組織。　　　　　　　　　　　〔細胞〕

（×）2.同類的細胞聚合成器官。　　　　　　　　　　　　〔組織〕

（×）3.相同的組織聚合成器官。　　　　　　　　　〔不同的組織〕

（○）4.細胞形狀可分為：圓形、球形、扁平形、菱形、星形等。

（○）5.人體機能組織大致可分為：上皮組織、結締組織、肌肉組織、神經組織等四種。

（×）6.能接收刺激及傳導訊息的功能是肌肉組織。　〔神經組織〕

（○）7.能將甲、乙組織連接在一起的組織為結締組織。

（○）8.細胞的基本構造都相差不多，但功能卻相差很大。

（×）9.位於細胞最外層的是細胞質。　　　　　　　　　〔細胞膜〕

（○）10.細胞生長一段時間後，就會進行分裂繁殖。

（○）11.有細胞發電廠之稱的是粒腺體，並能產生能量。

（×）12.蛋白質的製造中心為高爾基氏體。　　　　　　　〔核醣體〕

（○）13.細胞核內，核仁是由蛋白質與核醣核酸所組成的。

（×）14.即使腦神經細胞有死亡現象也不必擔心，因腦神經細胞會自動進行分裂生殖。　　　　　　〔腦細胞不會再生〕

（○）15.體細胞的有絲分裂可分為四個階段。

（×）16.組織為所有生物的基本元素。　　　　　　　　　　〔細胞〕

（○）17.細胞包含：細胞膜、細胞質、細胞核以及其它部分。

（×）18.細胞只要能獲得氧氣，不需水份、養份也能繼續成長與繁殖。　　　　　　　　　〔亦需有水份與適量的養份〕

（○）19.人類每一個細胞皆有46個染色體，分裂之初會自行複製成為92個。

（×）20.RNA又稱去氧核醣核酸，DNA稱為核醣核酸。

〔RNA（核醣核酸），DNA（去氧核醣核酸）〕

選擇題

（3）1.下列述說何者為誤？❶每一種組織都具有一種特殊的功能；❷細胞只要有氧氣、水份、養份，就可以繼續生長與繁殖；❸器官是構成生物體的最基本單位；❹結締組織就是能將甲組織與乙組織連接起來的組織。

（1）2.下列述說何者為是？❶細胞是構成生物體的最基本單位；❷許多器官結合起來構成人體；❸高爾基氏體又有細胞發電廠之稱；❹RNA又稱為去氧核醣核酸。

（2）3.下列述說何者為誤？❶同類的細胞聚合成為組織；❷能使人體各部的肌肉收縮及運動的是液態組織；❸人體表面的保護層為上皮組織；❹腦部是人體的控制中心。

（2）4.下列何者為誤？❶腦、心臟、肺是屬於器官；❷皮膚是屬於一種組織，但不是一種器官；❸感應、產生能量、貯存、呼吸等皆是細胞具有的功能之一；❹器官中的腎能排泄水份與廢物。

（3）5.下列述說何者為誤？❶細胞是以分裂繁殖；❷細胞構造中具有成長、繁殖及修護功能的是細胞質；❸細胞構造包含細胞膜與中心體兩大部分；❹細胞的有絲分裂可分為四個階段。

（1）6.下列述說何者為誤？❶細胞進行有絲分裂的後期時，46個染色體會複製成為92個染色體；❷腦細胞的數目是一定的，因此若有死亡減少時，則不會再生長；❸細胞含有原生質；❹皮膚覆蓋全身並保護身體，亦是一種器官。

（3）7.下列述說何者為誤？❶神經組織能把信號傳給大腦，再由

大腦發出信號，來控制及協調所有人體的功能；❷負責消化食物的是胃腸；❸DNA又稱核醣核酸；❹核仁是由蛋白質與核醣核酸所組成 。

（4）8. 下列述說何者為誤？❶組織是由成群相同種類的細胞所組成；❷器官是由兩種或兩種以上不同的組織結合而成；❸細胞為所有生物的基本元素；❹人體每一個部份都是由系統所組成的。

（2）9. 下列述說何者為是？❶細胞→器官→組織→系統→人體；❷細胞是由精子與卵子合成的；❸粒腺體是遺傳因子，具有複製及再生的功能；❹細胞→系統→組織→器官→人體

（3）10. 下列述說何者為誤？❶具有收縮作用，能移動身體產生動作的是肌肉組織；❷能接受刺激並傳遞消息到身體各部門的是神經組織；❸具收縮作用，能移動身體產生動作的是結締組織；❹生長及發育會受遺傳、營養、疾病和內分泌等影響。

（4）11. 下列述說何者為是？❶組織是由上皮組織、肌肉組織、神經組織、結締組織所集合而成的；❷器官是由形態和功能相同的細胞集合而成；❸消化器官有疾病的兒童會影響生長發育，但與內分泌失調無關；❹系統是由身體內數個器官聯合而成的。

（1）12. 生殖細胞是以什麼方式進行分裂？❶減數；❷複製；❸再生；❹以上皆是。

營 養 學

❦⬩⬩✺⬩⬩❦

一、何謂營養學：營養是指有機物經過人體消化、吸收利用後，
　　再供給人體熱量並修補組織及調節生理機能的過程。

二、何謂營養不良：包括營養過剩及營養不足。

三、食物營養基本種類：醣類、蛋白質、脂肪、維生素、礦物質
　　及水，合稱六大類營養素。

四、食物基本分類，分：

　　(1)五穀、醣澱粉、根莖類—提供醣類。

　　(2)肉、魚、豆、蛋、奶類—提供蛋白質。

　　(3)油脂類—提供脂肪。

　　(4)蔬菜類、水果類—提供維生素。

醣類（又稱碳水化合物）

　1.食物的來源：米飯、五穀、麵包、紅豆、綠豆、地瓜、芋
　　頭、玉米。

　2.醣類的代換：一份主食相當於：

　　米飯1/4碗　麵、米粉1/2碗　吐司一片

　　玉米1/3節　紅、綠豆1/4碗　碗粿1/2碗

　　水餃皮4張　饅頭1/4個

3.功能：

(1)供給人體所需熱量的主要來源，每一公克醣燃燒後可產生4大卡的熱能，應佔總重量之58％至63％。

(2)可促進營養素的代謝與合成，並節省蛋白質作用以維持脂肪之正常代謝。例如：乳糖（牛奶）可促進腸道某些細菌生長及營養素吸收。

(3)刺激腸胃蠕動、有利排泄。

(4)可構成核酸、結締組織及神經細胞之成份。

蛋白質

1.蛋白質食物的來源：肉類、海產類、豆類、蛋、奶類。

2.蛋白質的代換：一份蛋白質相當於：

蛋一個　魚、肉一兩　牛奶一杯

豆干2片　豆腐一塊　魚丸4個

3.功能：

(1)產生熱量：1公克蛋白質燃燒後可產生4大卡的熱能，應佔總熱量之 12％至15％。

(2)構成身體組織成份及具修補組織的功能。

(3)構成酵素及賀爾蒙。

說明：蛋白質攝取過量（因含太多膽固醇及脂肪）易造成心臟、血管之疾病。

脂肪

1. 油脂類食物的來源：沙拉油等食用油、核果、花生、芝麻等。

2. 油脂類的代換：一份油脂相當於：

芝麻一湯匙　　　腰果5粒　　　花生15粒

沙拉醬一湯匙　　香腸1/3節

3. 功能：

   (1) 產生熱量：1公克油脂類燃燒後可產生9大卡的熱能，應佔總重量之25％至30％。

   (2) 可調節身體機能及預防皮下脂肪體熱散失並保護內臟。

   (3) 促使脂溶性維生素A、D、E、K之吸收與利用。

   (4) 構成細胞和組織的成份（膽固醇為性腺、腦和周圍神經之成份）。

   說明：油炸可使用清香油，炒菜可選用植物性油，不論是選用哪一種油在使用時皆須避免過高的溫度。

維生素

1. 維生素的定義：

   (1) 不能在體內合成，需自外界攝取。

(2)需要量很少，但很重要。

(3)主要是調整身體之新陳代謝。

(4)它不能產生能量。

2.維生素的分類：

(1)脂溶性維生素（Vit A、D、E、K）：必須溶解於脂肪，才能被吸收利用。

(2)水溶性維生素（VitB群、C）：溶於水即可被吸收利用。

維生素 A

1.維生素A食物的來源：魚肝油、肝臟、深綠色與深黃色之蔬菜、蛋黃等。

2.維生素的A的功能：

(1)保護表皮黏膜並增加抵抗傳染病的能力。

(2)能維持眼睛的正常視覺，適應光線之變化。

(3)維持牙齒組成及骨骼的正常發育，並預防黏膜系統出毛病。

3.缺乏VitA的症狀：

(1)皮膚乾燥。

(2)夜盲症、乾眼症、角膜軟化症。

(3)生長遲緩。

(4)易生面皰。

維生素D

1.維生素D的來源：

(1)可從陽光中獲得。

(2)或從魚肝油、肝臟、蛋黃、添加維生素D之牛奶中獲得。

2.維生素D的功能：

(1)協助鈣、磷的吸收代謝。

(2)幫助骨骼和牙齒的正常發育。

3.缺乏VitD的症狀：

(1)骨質疏鬆症、軟骨症。

(2)生長遲緩、骨骼發育不良、肌肉發展受限制。

(3)小孩易有腿部彎曲、骨骼末端腫大。

維生素E

1.維生素E食物的來源：小麥胚芽油、堅果類、深綠色蔬菜、肉、豆類。

2.維生素E的功能：

(1)可預防氧化形成，可預防老化。

(2)防止疤痕產生，淡化斑點。

(3)可促進末梢血液循環，改善靜脈曲張，並強化血管壁。

(4)預防更年期障礙及睪丸機能退化。

(5)預防不孕症，防止習慣性早產、流產。

3.缺乏VitE的症狀：

(1)男性：精子較無活動力，性本能喪失。

(2)女性：易有自然流產，子宮退化，不孕症及月經不順。

(3)小孩：生長較遲緩。

(4)紅血球易破裂，造成溶血性貧血。

維生素K

1.維生素K食物的來源：綠色蔬菜、肝臟、奶油、肉類。

2.維生素K的功能：與血液凝固有關。

3.缺乏VitK的症狀：

(1)延長血液凝固時間。

(2)皮下出血。

維生素B1

1.維生素B1食物的來源：胚芽米、麥芽、肝、瘦肉、酵母、牛奶。

2.維生素B1功能：

(1)促進胃腸蠕動及消化液分泌。

(2)促進食慾並幫助消化。

(3)維持神經系統正常功能，治療腳氣病、神經炎。

(4)可治療暈機、暈船。

3.缺乏VitB1的症狀：

(1)食慾減低、易疲勞。

(2)精神不穩定、易健忘。

(3)多發性神經炎、腳氣病、關節反射變弱。

維生素B2

1.維生素VitB2食物的來源：綠色蔬菜、肝臟、奶油、肉類。

2.維生素B2的功能：

(1)有助於醣類、蛋白質、脂肪代謝及促進生長。

(2)防治眼血管充血及嘴角裂開。

3.缺乏VitB2的症狀：

(1)口角炎的龜裂。

(2)脂溢性皮膚炎。

(3)舌頭紅紫、平滑。

維生素B6

1.維生素VitB6食物的來源：牛奶、酵母、肝臟、肉類、花生。

2.維生素B6的功能：

(1)與蛋白質代謝有關可幫助胺基酸的合成與分解。

(2)緩和噁心現象。

(3)增加抗體的產生。

3.缺乏VitB6的症狀：

(1)神經受阻礙，包括混亂、痙攣。

(2)手腳麻痺。

(3)貧血、水腫。

維生素B12

1.維生素B12食物的來源：肝臟、腎臟、瘦肉、奶類。

2.維生素B12的功能：

(1)促使醣類、脂肪、蛋白質在體內被充份利用。

(2)人體紅血球細胞形成的要素。

3.缺乏VitB12的症狀：

(1)背部疼痛及末梢刺痛等神經炎。

(2)惡性貧血。

維生素C

1.維生素C食物的來源：深綠色蔬果（芭樂、檸檬及柑橘類）。

2.維生素C的功能：

(1)抑制色素產生。

(2)加速傷口癒合。

(3)預防感染，增加抵抗力。

3.缺乏VitC的症狀：

(1)壞血症。

(2)皮下易出血。

(3)產生黑斑、雀斑。

礦物質

1.礦物質：包括鈣、磷、鐵、碘……等。

2.礦物質的功能：

(1)構成組織。

(2)調節肌肉收縮。

(3)協助血液凝結。

(4)鈣、磷為構成骨骼、牙齒的主要成份。

(5)鐵為血液中血紅素的主要成分，缺乏時會造成貧血。

(6)碘攝取量若不足時則易造成甲狀腺分泌失常。

鈣

1. 鈣質食物的來源：奶油、小魚干、紅綠色蔬菜、豆類及製品。
2. 鈣的功能：
   (1)是構成骨骼及牙齒的主要成份。
   (2)幫助血液凝固。
   (3)正常神經傳導並使心臟正常收縮。
3. 缺乏鈣質的症狀：
   (1)生長受阻。
   (2)骨骼、牙齒鬆動、骨質疏鬆。
   (3)抽筋。

鐵質

1. 鐵質食物的來源：肉類、肝、腎、蛋黃、葡萄乾、綠色蔬菜。
2. 鐵質的功能：組成血紅素的成份並攜帶氧氣。
3. 缺乏鐵的症狀：
   (1)貧血：皮膚蒼白、容易疲勞。
   (2)呼吸不足，易急促。
   (3)腦部血帶氧不足、眼睛發黑。

碘

1. 碘食物的來源：海產類、海藻、魚貝類。

2.碘的功能：甲狀腺的主要成份，用來調節能量之代謝。

3.缺乏碘的症狀：

(1)甲狀腺腫（大脖子）。

(2)反應遲鈍、呆小症。

(3)怕冷、肥胖。

鋅

1.鋅食物的來源：海產類（牡蠣）、肉類、肝、蛋。

2.鋅的功能：

(1)核酸合成必需（幫助傷口復原）。

(2)預防貧血。

(3)促進精子形成。

(4)促進女性賀爾蒙分泌（健胸）。

3.缺乏鋅的症狀：

(1)易被感染、復原力弱。

(2)前列腺炎、不孕症。

(3)脫毛、掉毛。

(4)貧血。

鉻

1.鉻食物的來源：海產、全穀類、雞肉、乾酪、酵母。

2.鉻的功能：促進胰島素將葡萄糖送入細胞內。

3.缺乏鉻的症狀：

(1)血糖控制不穩，食慾增加。

(2)生長遲緩。

(3)動脈硬化。

水

1.水：可由喝水、喝湯、飲料直接供給或由食物內間接的得到。

2.功能：

   (1)構成細胞的成分。

   (2)藉由排汗調節體溫。

   (3)幫助廢物排泄及消化食物。

   (4)維持體內電解質的平衡。

   (5)水分佔體重的2/3左右，若缺乏20%時可能會造成死亡。

是非題 （營養學）

（×）1.所謂營養不良就是指營養不足，但營養過剩就不是營養不良。　　　　　　　　　　〔營養過剩也稱營養不良〕

（○）2.所謂六大營養素即包括：醣類、蛋白質、脂肪、維生素、礦物質及水。

（○）3.可構成核酸、結締組織及神經細胞的是醣類。

（×）4.人類需要大量的蛋白質，因此每天大量的攝取也不會造成任何疾病。　　　　　　〔會造成心臟及血管的毛病〕

（×）5.水溶性的維生素A、D、E、K易被吸收及利用。
　　　　　　　　　〔維生素A、D、E、K為脂溶性〕

（×）6.會有夜盲症及乾眼症是因缺乏維生素E。　　〔維生素A〕

（○）7.要預防不孕症及習慣性的早產、流產，應多攝取含維生素E的食物。

（○）8.對於有黃疸的新生兒，適度的照射陽光以便吸收維生素D是很好的。

（×）9.有骨質疏鬆以及軟骨現象的產生，是因為缺乏大量的維生素E。　　　　　　　　　　　　〔維生素D〕

（○）10.容易產生疲勞現象，是因為長期缺乏維生素B1。

（○）11.缺乏維生素B2時，容易產生口角的龜裂。

（×）12.孕婦若缺乏大量的維生素B群時，易造成牙齒鬆動及抽筋現象。　　　　　　　　　　　　　　〔鈣質〕

（○）13.造成甲狀腺腫大的現象，是因為缺乏含碘的食物。

（○）14.要預防貧血現象的產生，最好就是多攝取礦物質中含鐵的食物。

（×）15.蕃石榴與柑橘類的水果含大量的碘，可預防大脖子的現
　　　象產生。　　　　　　　〔含大量維生素C，與大脖子無關〕

（○）16.醣類又稱碳水化合物是供給人體所需熱量的主要來源。

（○）17.維生素可以維持生命、調節人體的新陳代謝，但不會產
　　　生能量。

（×）18.維生素B1可促進醣類、蛋白質、脂肪代謝，並預防脂漏
　　　性皮膚炎。　　　　　　　　　　　　　　〔維生素B2〕

（×）19.多補充維生素B12可減緩噁心嘔吐的現象。〔維生素B6〕

（○）20.礦物質中的鋅可預防貧血又有健胸作用。

選擇題

（2）1.所謂六大營養素就是指醣類、蛋白質、脂肪、維生素、水
　　　和❶纖維素；❷礦物質；❸碳水化合物；❹菸鹼酸。

（4）2.營養不足會影響❶幼兒期；❷中年期；❸老年期；❹人生
　　　各階段　的健康。

（1）3.下列述說何者為誤？❶營養是人體攝取適量的空氣後，經
　　　過消化、吸收、運送、排泄的一種過程；❷醣類又稱為碳
　　　水化合物；❸維生素B、C是屬於水溶性；❹肥胖症可稱為
　　　營養不良　。

（2）4.醣類又分單醣、雙醣、多醣，每一公克的醣可產生❶二大
　　　卡；❷四大卡；❸十大卡；❹十五大卡　的熱量。

（3）5.醣類除了肝醣及乳醣外，大多數含在❶動物性；❷動物的
　　　內臟；❸植物性；❹礦物　之中。

（3）6.下列述說何者為誤？❶花生油、豆油、麻油中含有植物性
　　　的脂肪；❷豬油、牛油、奶油中含有動物性的脂肪；❸礦
　　　物質是人體細胞的主要物質；❹蛋白質每一公克可產生四
　　　大卡的熱量　。

（1）7.脂肪每一公克可產生❶九大卡；❷四大卡；❸二大卡；❹
　　　二十大卡　的熱量。

（4）8.下列述說何者為誤？❶維生素A、D、E、K是屬於脂溶性的
　　　維生素；❷奶類是最佳鈣質來源，所以生長發育期間不可
　　　缺少；❸甲狀腺腫大是因為缺乏碘；❹鈣是血紅素的主要
　　　成份　。

（2）9.缺乏維生素❶B群；❷A；❸C；❹D　時，會引起皮膚乾燥

和夜盲症。

（2）10.缺乏維生素❶A；❷B1；❸B2；❹C　時，會引起腳氣病。

（1）11.多攝取含維生素❶C；❷A；❸B1；❹B12　的水果可讓皮膚有美白效果。

（3）12.會造成脂漏性皮膚及口角炎是因為長期缺乏維生素❶A；❷B1；❸B2；❹C。

（4）13.若缺乏維生素❶A；❷B1；❸B12；❹C　時，會引起牙齦出血。

（4）14.與血液凝固有關又能預防皮下出血的是維生素❶A；❷C；❸D；❹K。

（1）15.小麥胚芽油及豆類皆含豐富的維生素？❶E；❷A；❸B群；❹D。

保養品中成份之功效

保養品成分

所有產品中的成份可分為：活性成份與非活性成份。

活性成份：是指可直接在皮膚上起作用。

非活性成份：其作用只能執行幫助產品的功能，例如：防腐
劑或穩定劑。

產品成份來源可分為：植物、動物、維他命、礦物、化學品
合成。

1.植物產品原料：例如：藥草‧水果‧海藻‧樹汁等。

2.動物產品原料：例如：羊毛脂、膠原、蛋白質等。

3.維他命：例如：維他命A與維他命E。

4.礦物：例如：高嶺土、矽土等。

5.化學品合成物：包括，酒精、石油衍生物（例如：礦物油
…等）。

不論在任何的產品中，每一種（成份）皆具有其特別的功能
與效用，只要選擇適當再加以運用就能讓其發揮特長，並讓皮膚
呈現更年輕與美麗，下列所列即是化妝品中較常用的成份：

1.脂酯：保護皮膚。

2.高級油脂：恢復皮膚緊緻結實。

3.蜜蠟：提煉自蜂房，幫助皮膚的保護能力。

4.矢車菊：舒緩。

5.尿囊素：鎮靜安撫，預防血管充血。

6.蛋黃素：滋潤。

7.脂肪脂：卵磷脂的一種，使皮膚不緊繃。

8.蓖麻子油：保濕，幫助表皮柔軟。

9.矽藻土：由海裏提煉，消除過度角化作用。

10.微量酒精：抑制細菌繁衍。

11.鯊稀：保護柔軟，防止水份喪失。

12.吸油要素：分泌過多，可調理作用。

13.芝麻油：擴展滲透，具防曬作用。

14.葡萄子油：滋補。

15.小麥胚芽油：含維他命E，具有的滋潤作用。

16.維生素F：柔軟，改善粗糙、龜裂。

17.NMF水份調節因子：滋潤補充水份。

18.維他命P1P：促進營養吸收。

19.維生素B：促進皮膚正常之功能。

20.鱷魚油：刺激細胞新生。

21.大豆油：保護皮膚。

22.高嶺土：吸油，清潔作用。

23.甘菊：鎮靜、安撫。

24.天然植物芳香精華：柔軟、美白。

25.血清蛋白：為動物之血所提煉，可增加皮膚之免疫力。

26.胎盤素：促進細胞呼吸使細胞更新。

27.鈉鹽：補充人體所需之電解質。

28.生物精華液：具強力恢復生機能力並使細胞活潑。

29.金縷梅素：具收斂並防止微細血管出血。

30.硫化胺基酸：抑制感染，具殺菌之功能。

31.乳化劑：可減少皮膚敏感，清潔分泌雜質。

32.殺菌劑：消炎殺菌。

33.天然色素：利用辰沙和藤類磨碎，再加動植物原汁，具有透氣性。

34.動物性蛋白：抑制水份流失。

35.樟腦：消炎、收斂。

36.海狸油：保護皮膚油脂，有抓水、儲水和保護作用。

37.玉米花的萃取：利尿之功效。

38.PABA：防曬產品之原料，具防曬作用。

39.乳油木精華油：具安撫、鎮靜作用。

40.羊脂多牲類：由綿羊毛中萃取（並將油脂過濾蒸餾後使用）；對老化脆弱之肌膚有相當之幫助。

41.胺基酸：轉換成葡萄糖。

42.礦物鹽：控制胺基酸吸收平衡，並製造細胞。

43.羽衣草：具緊膚，結實的功效。

44.馬栗草：促進血液循環，強化血管。

45.馬尾草：含豐富的有機矽質，可抗發炎。

46.杏仁油：具滋養和軟化皮膚特性。

47.棉籽：是一種棉的纖維，能黏住死細胞。

48.醣類：具捉住氧及水份之功能。

49.黃酸脂：驅毒。

50.適量礦物鹽：增加細胞對營養和水份之吸收。

51.微量原素：具收斂和防乾燥之作用。

52.聚乙稀粉末：促進末稍循環，使皮膚的可滲透性更高。

53.甜甘蓿：分解，解除滯鬱。

54.常春藤：幫助淋巴系統的輸送，排除廢物的效果。

55.茶樹：去除過多的水份及脂肪。

56.咖啡樹：分解脂肪，使脂肪細胞正常的新陳代謝作用。

57.金雀花：利尿。

58.七葉樹：能舒緩血管，收斂作用。

59.薄荷：收斂，清新之作用。

60.骨膠質：保濕促進傷口癒合，修補凹洞。

61.維生素A：促進細胞再生，抗老化作用。

62.人蔘：抗發炎，延緩老化。

63.蘆薈：保持皮膚的水份。

64.橄欖：防止皮膚乾燥。

65.海藻：除毒，恢復皮膚生氣。

66.目賊：消除皮膚瑕疵。

67.小牛脾臟萃取液：增加皮膚抵抗力。

68.小牛皮膚萃取液：增加皮膚彈性。

69.鼠尾草：消除疲勞。

70.松樹：消除肌肉疲勞。

71.搨桴：具安撫肌膚之功效。

72.馬喬蓮：使肌膚放鬆。

73. 迷迭香：滋養肌膚。

74. 小米草：消除眼部發炎。

75. 金盞花：舒緩。

76. 玻尿酸：深度保濕。

77. 生物性聚縮氨酸：促進皮膚細胞更新。

78. 膠原多牲類：促進皮膚吸水作用，預防膠原蛋白硬化。

79. 硫化胺基酸：可抑制感染，具殺菌之效。

80. 雙效有機硫化複合精華：具有酸鹼之調理作用，並可使皮膚自體滅菌。

81. 金蓮花：具利尿之功效。

82. 菩提油：鎮靜作用，抗水腫。

83. 龜油：具營養及恢復生機的作用。

84. 鯊魚油：含VitA，具滲透性極佳，讓皮膚很快的吸收。

85. 鰈魚油：刺激細胞新生，幫助疤痕復原並防止發炎。

86. 鮫油：提供鯊稀成份，並防止水份喪失。

87. 鴉油：刺激新陳代謝作用。

88. 貂油：具治療作用。

89. 松針葉油：抑制細菌生長。

90. 荷荷芭油：保護防止水份的喪失。

91. 柏樹油：防止末端血管擴張。

92. 草葉油：治療傷口防充血。

93. 檸檬草油：治療傷口，促進表皮新陳代謝。

94. 山艾油：利尿。

95. 佛手柑油：強力抗菌。

96.百里香精油：消炎、治療傷口。

97.山金車：放鬆、防充血。

98.聖約翰草：刺激、收斂、治療、防止發炎。

99.天竺葵：收斂、消炎。

100.薰衣草：消炎、刺激。

101.甘油：柔軟。

102.維他命C：美白。

103.羊毛脂：緩和。

104.彈力素：增加皮膚彈性。

105.黏多糖體：保濕。

106.牛心精：增加皮膚彈性。

107.牛甘精華：增加皮膚抵抗力。

108.龍膽：消炎。

109.亮胺基：令新生細胞飽滿。

110.榛樹：收緊，增加皮膚彈性。

111.核酸：鎮靜、安撫。

112.蛇麻草：柔軟表皮，刺激細胞新生。

113.魚子精華：含豐富VitA及VitD。

114.金絲桃：安定、柔軟。

115.水田芥：消炎、收斂。

116.氧化鋅：防腐、收斂。

117.硫：溶解。

118.水陽酸：殺菌效果。

成份中比較重要的功能

1. 抗氧化劑：可防止氧化作用所引起的損害，例如，維他命E。
2. 結合劑：可將產品結合在一起，如甘油。
3. 香料：可使產品具有香味，如香精油。
4. 著色劑：可使產品具有特殊的顏色，其成份來自植物、動物、礦物或色素。
5. 柔軟緩和劑：使皮膚柔軟、緩和，如蘆薈。
6. 癒合劑：可使皮膚痊癒，如甘菊、氧化鋅。
7. 潤滑劑：可覆蓋皮膚，減少磨擦，如礦物油。
8. 防腐劑：可殺死細菌，防止產品變質。
9. 溶劑：可溶解其他成份，如酒精或水。
10. 表面作用劑：可使產品更容易塗展開來。

是非題（保養品中成份之功效）

（×）1.化粧品中的防腐劑可直接塗抹於皮膚上。

〔不可直接塗抹〕

（×）2.維他命A在化粧品成份中的功效為滋養作用。

〔促進細胞再生，抗老化作用〕

（○）3.化粧品成份中能令皮膚達到鎮靜安撫效果的是甘菊。

（×）4.油性面皰皮膚所選用的保養產品中應最好是含有防止皮膚
乾燥效果的成份。　　　　　　〔收斂及消炎效果〕

（×）5.金縷梅最常用於除皺效果的保養產品成份中。

〔油性皮膚〕

（○）6.保養產品中具有深度保濕效果的是玻尿酸。

（○）7.面皰皮膚可選用含有水陽酸成份的產品。

（○）8.敏感性肌膚專用的產品中，通常含有甘菊與龍膽的成份。

（×）9.能令乾性皮膚達到柔軟效果的成份為維他命C。　〔甘油〕

（×）10.小麥胚芽油中含有豐富的維他命C，具有滋潤效果。

〔維生素E〕

（○）11.皮膚血液循環不好，無法促進皮膚正常的功能，可選用
含維生素B的產品。

（×）12.常春藤與檸檬最常見於增胖的產品中。　　　　〔減肥〕

（○）13.精油中的馬喬蓮能使皮膚達到放鬆的效果。

（×）14.目前市面上常見的保養品大都由動物所提煉的成份。

〔植物〕

（×）15.想要讓曬黑的肌膚恢復白晰，可選用含有維生素A的產
品。　　　　　　　　　　　　　　　　　〔維生素C〕

（×）16.目前流行的精油，在每次使用時，所用的量越多越能達到效果。　〔視精油濃度與特性，再決定使用多少的量〕

（○）17.常用於當媒介油的精油為葡萄子油、小麥胚芽油、荷荷芭油。

（×）18.果酸不管其濃度為多少，任何人皆可隨意選擇與使用。

〔果酸因濃度高低不同，可分消費者用、美容師專用、皮膚科醫師專用〕

（×）19.防曬產品因已具有防曬效果的成份，所以一天只要擦拭一次，即可達到24小時的防曬之效。

〔防曬係數不同，維持防曬時間亦不同〕

（○）20.樟腦常用於具消炎及收斂的產品成份中。

選擇題

（3）1.下列述說何者為誤？❶乾性皮膚可選含有滋潤性的產品；
❷想要美白的肌膚可選用含有2％水解苯琨的產品；❸老化
鬆弛的肌膚可選用含消炎性的產品；❹面皰肌膚可選用含
水陽酸成份的產品。

（1）2.下列述說何者為是？❶胺基酸可轉換成葡萄糖；❷維生素F
可治療面皰；❸化妝品成份中的穩定劑可直接塗抹於皮
膚，因此不需放置於化妝品中；❹為了怕化妝品變質，所
以防腐劑放越多是越好。

（2）3.下列何者述說為誤？❶化妝品成份中的高嶺土及矽土皆屬
於礦物；❷血清蛋白為植物所提煉，可增加皮膚之免疫
力；❸高林土在化妝品中的作用為清潔；❹人蔘在化妝品
中的作用為延緩老化。

（4）4.果酸產品的成份大都由下列何種水果提煉？❶甘蔗；❷檸
檬；❸蘋果；❹以上皆是。

（3）5.下列精油中何者最適合孕婦使用？❶檀香；❷人蔘；❸柳
橙；❹檸檬。

（4）6.油性面皰皮膚專用的產品成份中，經常所見的為何？❶水
陽酸；❷金縷梅；❸檸檬；❹以上皆是。

（1）7.含水解苯琨成份的化妝品，應於何時使用？❶晚上；❷早
上；❸下午；❹日正當中。

（1）8.下列述說何者為是？❶抗氧化劑可防止氧化作用所引起的
損害；❷無香精化妝品就是使用成份本身就不存在任何的
味道；❸氧化鋅有美白的作用；❹溶劑的作用是能改變皮

膚性質。

（3）9. 乾性皮膚專用的產品中，最不適用的成份為何？❶甘菊；
❷尿囊素；❸水陽酸；❹維生素E。

（4）10. 果酸因含有豐富的水果酸，所以美容從業人員應選濃度在
多少以上的幫顧客服務為最佳？❶50％；❷30％；❸25
％；❹15％以內，但須先視顧客皮膚有無需要，再決定。

（4）11. 海藻最不適合用於何種產品的成份？❶油性皮膚專用產
品；❷面皰皮膚專用產品；❸減肥產品；❹老化皮膚專用
產品。

（1）12. 新陳代謝不好的皮膚，最適合使用含何種成份的保養品？
❶常春藤；❷薄荷；❸對苯二酚；❹含大量防腐劑的產
品。

（4）13. 精油產品適用於❶臉部保養；❷頭髮保養；❸泡澡；❹以
上皆適用。

（2）14. 所謂無香精化妝品，就是將化妝品中的成份經過❶過濾；
❷脫臭；❸蒸餾；❹清洗 的處理方式。

（3）15. 敏感性的皮膚若使用無香精化妝品，則❶不會過敏；❷與
過敏絕緣；❸亦有可能會過敏；❹會過敏。

（2）16. 化妝品成份中的黏多糖體，其作用為❶收斂；❷保濕；❸
消炎；❹收緊。

（1）17. 下列何者不適合做精油的媒介油？❶檸檬；❷葡萄子油；
❸小麥胚芽油；❹荷荷芭油。

（4）18. 保養品成份中的玻尿酸最適合何種皮膚使用？❶油性皮
膚；❷乾性皮膚；❸曬黑皮膚；❹以上皆適合。

（2）19.下列述說何者為是？❶精油產品只適用身體皮膚；❷精油有單方與複方之分；❸精油單方只適用於油性皮膚；❹精油產品適用於臉上皮膚。

（1）20.下列述說何者正確？❶第一次使用果酸產品時，有些人會有癢及刺痛的感覺；❷第一次使用果酸產品時，是絕對不會有癢及刺痛的感覺；❸購買果酸產品時，要選擇濃度愈高的效果愈好；❹果酸適合外國人皮膚使用，中國人的皮膚不適用。

皮 膚 護 理 與 保 養

夏季皮膚的護理

炎熱的夏季，由於紫外線特別強烈，造成天氣強烈悶熱，易使皮膚的皮脂分泌旺盛，令整個夏季的皮膚皆呈現油油膩膩，亦讓乾性的皮膚也變成中性的皮膚了。

由於夏季天氣炎熱令身體溫度上升，排汗量也大量增加，抵抗力明顯減弱導致皮膚表面的水份與油份流失而造成皮膚表面的乾燥，因此，夏季的保養品應儘量選擇清爽不油膩的產品。

夏季皮膚容易有曬黑的現象產生，所以選擇美白保養品是指含有胎盤素、維他命C、E和保濕賦活與抑制過氧化脂質增加等保護皮膚的成份，而不是選含有汞的美白產品。

夏季曬黑後的皮膚保養重點：(1)加強柔軟化妝水的使用，使養份更易被皮膚吸收；(2)每週做2-3次的按摩，以便促進皮膚機能與新陳代謝；(3)每週做一次美白敷面。

若因曬黑而造成脫皮情形時其化妝與護膚是不容忽視的，最佳的處理方法為：(1)用化妝棉沾取潤膚油做濕布，來增加肌膚柔潤光滑；(2)用化妝棉沾保濕效果極佳的細胞修護液敷貼在臉上約5分鐘，如此，可促進表皮的代謝及保持肌膚的濕潤，在晚間則可再擦上少量清爽性營養霜以達到滋養與潤澤的效果；(3)在化妝方面，由於日曬後的皮膚變得乾燥缺水，皮膚對粉底的附著力不

好，所以粉底必須以薄和自然為主，而眼影部分更應避免誇張，只要強調眼線與唇部即可。

冬季皮膚的護理

冬季由於氣候乾燥，水份易流失，油質分泌也較少，所以皮膚易呈現乾燥、脫皮、小皺紋……等情形，因此，在皮膚保養需注意下列幾點：(1)洗臉時，選擇具有濕潤效果的洗面乳來使用，而溫水是最佳搭檔；(2)按摩時，量的選擇雖然可多一些但在進行按摩時指腹力道卻必須要放輕；(3)外出時，可稍做化妝打扮，既能避免陽光的傷害與冷風的強烈侵襲更可防止皮膚變得粗糙。

異常皮膚的種類

異常皮膚的形成？健康的皮膚是必須具有柔軟、光澤與彈性的，而我們的皮膚因隨著季節、年齡、環境、食物關係與賀爾蒙分泌等影響會導致皮膚產生不良變化，例：面皰皮膚、黑斑、雀斑皮膚、特油性皮膚、曬傷皮膚、過敏性皮膚等情形。

面皰

面皰形成的原因？(1)清潔習慣不好——細菌感染；(2)青春期——皮脂腺分泌過多；(3)胃腸不好；(4)睡眠不足；(5)精神緊張；

(6)職業；(7)藥物；(8)紫外線照射過多；(9)便秘；(10)遺傳；(11)化妝品引起；(12)因賀爾蒙分泌而改變；(13)食物。

避免的方法：(1)增加運動；(2)避免便秘；(3)放鬆神經；(4)適度的陽光；(5)改變飲食習慣；(6)嚴重者，務必去看醫生。

黑斑與雀斑的區別

黑斑與雀斑在臉上所表現的位置和產生的原因皆不相同，例如：黑斑大部份都長在額頭、眉上、顴骨處或人中處等部位，而且左右呈相對稱，顏色為褐色，有各種不同的形狀與大小，與周圍皮膚的交界處較為清晰，嚴重者的黑斑，顏色會呈現黑色。

黑斑

黑斑產生的原因？(1)外在因素——長時間受紫外線照射之關係；(2)內在因素——肝臟功能失調、卵巢機能受損、副腎皮質機能減弱、過度疲勞、懷孕等。

黑斑的護理重點：(1)保養品應選擇含美白效果，養份高但沒有刺激性的；(2)多做按摩及敷臉即可增加皮膚的血液循環及促進新陳代謝；(3)外出時，避免紫外線直接照射，最好是擦防曬霜或撐傘；(4)食物方面多攝取牛奶、魚類、檸檬、桔子、蕃茄、高麗菜等；(5)保持心情的愉快，可刺激腦下垂體賀爾蒙或性腺賀爾蒙的分泌更旺盛，更可使皮膚變得年輕。

雀斑

雀斑人部分都長在鼻樑到雙頰最高處的地方，有時在手背、手腕、背部、肩膀等處也會長出，顏色為淡褐色或褐色斑點，只有半顆米粒之大小。

　　雀斑產生的原因？雀斑也會因紫外線的照射而形成，但與遺傳也有著密切之關係，因此，要完全根治是絕對不可能的。

特油性皮膚

　　特油性皮膚的特徵？是指油脂分泌旺盛而引起臉部中央部位如鼻頭、臉頰的毛孔粗大且油膩，臉部皮膚易變成淡紅色，血管明顯擴張而稱之，一般而言，中年女性較多此現象。

　　特油性皮膚護理重點：(1)多洗臉，避免毛孔阻塞；(2)儘量少用化妝品；(3)食物應避免攝取刺激性的；(4)可持續性服用VitB2或VitB6。

曬傷皮膚

　　曬傷皮膚護理重點？由於皮膚的類型不同，其承受陽光紫外線強弱、時間長短亦有差異，大致可分為：一般情況與特別情況。

　　一般情況：是指皮膚變得稍紅之現象，只要多補充皮膚因日曬所流失的水份、油份即可。

　　特別情況：是指皮膚造成粗糙、紅腫、發炎、脫皮等現象，要避免摩擦及拍打等動作，保養重點以保濕和滋養為主。

過敏皮膚

　　過敏皮膚護理重點？其癥狀是皮膚易發癢，會呈現小紅點，且有點刺痛的感覺，其發生的原因除了與體質有關係外，後天環

境的影響也很大，如：食物的影響、藥品、季節的變化、香料、油漆、纖維質、羽毛、空氣、溫度差異太大的不適應……等等皆是。所以在選擇保養品時，應注意下列幾點：(1)選擇沒有刺激性──無香精且油脂含量低並具鎮靜安撫的化妝品；(2)擦拭保養品時動作一定要輕且柔；(3)避免陽光紫外線直接照射；(4)食物方面可多攝取VitB1或VitB2及牛肉、肝臟等。

是非題 （夏季皮膚護理）

（×）1.夏天氣候炎熱，由於體溫上升，排汗量也大量增加，導致皮膚表面的水份與油份流失，因此，夏季的保養品應選擇具滋養性的保養品。　　　　　　　　〔選擇親水性〕

（×）2.夏季皮膚常常容易曬黑，所以保養品應儘量選擇含有汞的美白產品，效果才會好。　　　〔不可選擇含藥性的產品〕

（×）3.下列述說是否正確？夏天皮膚曬黑後，應每週做一次的按摩及2-3次的敷面。　　　　　〔按摩2-3次，敷面1次〕

（×）4.日曬後的皮膚變得乾燥缺水，皮膚對粉底的附著力更好，所以粉底必須要厚，效果更佳。

　　　　　　　　　　　　　〔附著力不好，粉底要薄和自然〕

（×）5.冬季氣候乾燥且水份易流失，油質分泌也少，因此按摩時量可選擇多一些，但指尖按摩力道要輕。　　〔指腹按摩〕

（×）6.嚴重面皰避免的最佳方法即是增加運動量，不必看醫生。

　　　　　　　　　　　　　　　　　　　　　　　〔需看醫生〕

（×）7.黑斑與雀斑所表現的位置與原因皆相同，差異點就是黑斑是黑皮膚長的，雀斑是白皮膚長的。　　　〔皆不相同〕

（○）8.長黑斑的原因可分為內在與外在兩種因素。

（○）9.雀斑大都長在鼻樑到雙頰最高處的地方，但是手背、手腕背部、肩膀處也會長出，顏色為淡褐色或褐色斑點。

（×）10.由於男性皮膚油脂分泌旺盛，所以臉部的鼻頭、臉頰的毛孔較粗大且油膩，皮膚易呈淡紅色。　　　〔女性〕

（×）11.過敏性皮膚在選擇保養品時，只要選擇不含香料的化妝品就絕對不會有過敏現象發生。　　　　〔不一定〕

（×）12.無機物經過人體消化吸收利用後，再提供給人體熱量，並修補組織及調節生理機能的過程即稱之為營養學。

〔有機物〕

（○）13.蛋白質攝取過多，容易造成血管和心臟的疾病。

（×）14.缺乏維生素E時，容易得到夜盲症及乾眼症。

〔維生素A〕

（○）15.維生素E可預防老化、防止疤痕產生並淡化斑點，能促進末梢血液循環，並強化血管壁。

（×）16.容易產生口角龜裂及脂溢性皮膚炎，是因為缺乏維生素B6的關係。　〔維生素B2〕

（○）17.長期缺乏維生素B6會造成手腳麻痺，並產生痙攣等現象。

（○）18.成長受到阻礙，骨骼、牙齒鬆動，造成抽筋等情形產生，是因為缺乏鈣質的關係。

（○）19.缺乏碘的時候，會有反應遲鈍、怕冷、肥胖及甲狀腺腫大的情形產生。

（○）20.維生素B1可促進胃腸蠕動及消化液分泌，並維持神經系統正常功能，治療腳氣病、神經炎。

選擇題

（4）1.夏季曬黑後的皮膚保養重點，下列何者為誤？❶每週做一次美白敷面；❷每週做2-3次的按摩；❸加強柔軟化妝水的使用，使養份更易被皮膚吸收；❹不用保養，只要多化妝，就可以了。

（3）2.因曬黑而造成脫皮情形時，若要化妝時在粉底方面何者最正確❶因附著力不好，所以粉底越厚越好；❷因附著力很好，所以粉底越薄越好；❸因附著力不好，所以粉底越薄越好；❹因附著力很好，所以粉底以粉條最好。

（4）3.黑斑形成的原因？下列何者為誤？❶長時間受紫外線照射之關係；❷肝臟功能失調、卵巢機能受損；❸懷孕的關係；❹因天生就具有黑斑基因，所以長大後，就會長黑斑。

（4）4.有關黑斑的護理重點，何者為誤？❶保養品應選擇含美白效果、養份高及沒有刺激性的；❷外出時，避免直接照射紫外線，最好能擦防曬霜；❸儘量保持愉快的心情，可刺激腦下垂體賀爾蒙或性腺賀爾蒙的分泌；❹以上皆不需要，只要做好清潔的工作即可。

（4）5.特油性的皮膚是指油脂分泌旺盛，且鼻頭臉頰的毛孔粗大且油膩，一般來說❶男性；❷小孩；❸老人；❹女性 較多此種現象。

（3）6.下列何者與皮膚過敏毫無直接或間接的關係？❶化妝品的香料；❷溫度差異太大；❸情緒；❹食物的影響。

（3）7.過敏性的皮膚在選擇保養品與食物時，下列何者為誤？❶

選擇沒有刺激性的保養品；❷避免紫外線直接照射；❸保
養品在擦拭時，動作要大、且力道要重；❹食物可多攝取
維生素B1或B2及牛肉、肝臟。

（3）8.面皰形成的原因與下列何者毫無關係？❶細菌感染；❷胃
腸不好；❸皺紋長太多；❹睡眠不足。

（4）9.對於嚴重面皰皮膚的顧客，美容從業人員最好的處理方式
❶幫忙擠掉；❷再賣一套化妝品給她；❸建議她，多喝開
水；❹建議她，去看皮膚科醫生。

（2）10.雀斑因為與遺傳及紫外線照射有直接關係，大部分會長在
❶手掌；❷鼻樑到雙頰最高處；❸手腕；❹肩膀　等處。

（2）11.對於臉上有黑斑的顧客，美容從業人員應怎樣處理？❶賣
給她含藥性的化妝品；❷建議她，去看皮膚科醫生；❸建
議顧客做美白效果高的護膚保養；❹不理她，反正與我無
關。

（4）12.下列述說，那項最為正確？❶任何化妝品對皮膚皆是有益
的，因此，使用的量要愈多愈好；❷購買化妝品時，價錢
愈貴愈好；❸原裝的化妝品，一定比國產品好；❹化妝品
所含的香料，也是導致過敏的原因之一。

（3）13.下列何者較不容易引起皮膚過敏？❶含香料的化妝品；❷
藥物；❸不含香料的化妝品；❹海鮮食物，例如：魚、蝦
類。

（2）14.面皰的皮膚在做保養時，應❶多蒸臉，但少按摩；❷少蒸
臉、也少按摩；❸少蒸臉，但多按摩；❹多蒸臉，也多按
摩。

（2）15.為避免面皰繼續惡化，化妝品應選用❶營養成份高的產品
❷消炎作用的產品；❸都不理會它，自然就會好；❹每天
上濃妝，很快就好了。

（1）16.因長期缺乏❶VitA；❷VitC；❸VitB；❹VitD　而容易導
致夜盲症及乾眼症。

（1）17.下列何者訴說正確？❶脂溶性維生素包括VitA、D、E、
K；❷想要美白可多攝取含VitE的食物；❸造成生長遲
緩、骨骼發育不良，是因為缺乏VitK；❹脂溶性維生素包
括VitB、C　。

（2）18.如果缺乏下列何者❶維生素C；❷維生素F；❸維生素A；
❹維生素E　，皮膚會呈現乾裂，毛髮易變脆弱。

（2）19.針對面皰皮膚的治療，最常用的殺菌成份為❶對苯二酚；
❷水陽酸；❸黏多糖體；❹胎盤素　。

（2）20.針對過敏性皮膚所使用的保養品，可達到鎮定及安撫作用
最常見的成份為❶水陽酸；❷甘菊；❸款冬；❹芝麻。

是非題 （皮膚保養）

（○）1.美顏的第一個目的就是要將肌膚清潔，以避免皮膚提早老化。

（○）2.皮脂膜不但會保護皮膚，亦能防止角質水份的蒸散以保有潤澤的肌膚。

（○）3.皮膚的表皮是由表皮細胞及黑色素細胞兩者組成。

（○）4.角質層對弱酸、弱鹼、冷熱均具有抵抗力，並具有吸收之性能，故能吸收水份並防止水份之排出。

（×）5.艾克蓮汗腺（小汗腺）位於真皮處，遍部全身，每個人正常的排汗量一天約700cc，主要功能在調節體溫。

〔900cc〕

（×）6.皮下脂肪分泌皮脂，汗腺分泌汗，在皮膚表面呈弱酸性薄膜，可保護皮膚。　　　　　　　　　〔皮脂腺〕

（○）7.皮膚所需之養份是由內部血液的運行來補給。

（×）8.肌膚具有吸收作用，保養製品並不需要經過乳化過程，就會被皮膚吸收。　　　　　　　　　〔須經過乳化〕

（○）9.皮膚保養時，應先判斷皮膚性質，再依季節來選擇保養製品。

（×）10.皮脂腺之分泌量，會依季節、年齡、性別、身體健康而影響，但與飲食卻無關。　　　　　〔與飲食有關〕

（○）11.皮脂分泌過多，是產生面皰的原因之一。

（×）12.中性肌膚是最理想的，即使季節變化皮膚仍無變化，還是光滑、細嫩、健康的。　　　　〔亦會有所變化〕

（×）13.中性肌膚是不會產生敏感現象的。

〔亦會因季節、環境、食物與賀爾蒙而改變〕

（○）14.女性長面皰，是男性賀爾蒙分泌多於女性賀爾蒙，男性長面皰是女性賀爾蒙多於男性賀爾蒙。

（×）15.黑斑會因遺傳而形成，因此，應常做美白之保養。

〔與遺傳無關〕

（○）16.紫外線照射過量，致使皮膚表面水份、油份缺失過多時，皮膚就易形成乾裂現象。

（○）17.體內賀爾蒙分泌不正常也會導致皮膚變成油性肌膚。

（○）18.皮膚長時間暴露於日光的照射下，導致角質肥厚，新陳代謝不良，皮膚會變成疲勞性皮膚。

（○）19.皮膚表面的天然水份和油份易被紫外線吸收，皮膚會變成乾性皮膚。

（×）20.肝臟機能障礙，會使皮膚長出雀斑。　　　　〔黑斑〕

選擇題

（2）1.皮膚的重量約為體重的❶50％；❷15％；❸60％；❹70％。

（3）2.決定人體膚色的器官是❶角質層；❷有棘層；❸基底層；❹顆粒層。

（2）3.汗腺分泌異常時，即會產生狐臭的是❶小汗腺；❷大汗腺；❸艾克蓮汗腺；❹皮脂腺。

（1）4.皮膚的PH值在4－6時，皮膚屬於❶弱酸性；❷弱鹼性；❸酸性；❹鹼性。

（2）5.皮膚表面是由細小的凹陷及隆起交叉分佈而成，凹陷的部分叫做❶皮丘；❷皮溝；❸皮野；❹皮脂。

（2）6.表皮共分五層，由外而內，第一層是角質層，第三層是❶基底層；❷顆粒層；❸透明層；❹有棘層。

（1）7.關係著皮膚性質的器官是❶皮脂腺；❷皮下脂肪；❸副腎皮脂賀爾蒙；❹汗腺。

（1）8.膠原纖維的作用是保持❶硬度與伸張度；❷彈性；❸光滑而細緻；❹水份。

（2）9.與女性曲線美有關的器官是❶皮脂腺；❷皮下組織；❸女性賀爾蒙；❹麥拉寧色素。

（1）10.為使角質層角化正常，除應多攝取動物性蛋白質外，並應多攝取❶維他命A；❷維他命B；❸維他命C；❹維他命D。

（2）11.卵巢發育不健全時，皮膚易產生❶面皰；❷黑斑；❸雀斑；❹過敏　的皮膚。

（2）12.脆弱皮膚應選擇❶油份多；❷無刺激性；❸含香料；❹滋
養性高　之保養品。

（2）13.生理週期易導致皮膚產生❶敏感性；❷面皰性；❸粗糙
性；❹黑斑　的皮膚。

（1）14.皮膚表面不光滑，粗糙且出現乾燥現象時，應多使用❶柔
軟化妝水；❷營養霜；❸收斂性化妝水；❹滋養霜。

（1）15.皮下脂肪突然減少時，皮膚易形成❶小皺紋皮膚；❷疲勞
皮膚；❸乾性皮膚；❹油性皮膚。

（3）16.缺乏維他命❶A、B12、E；❷C；❸A、B2、B6；❹D
時，皮膚易產生面皰。

（3）17.整個臉部油膩，在鼻子周圍及臉部中央油份多且毛孔粗大
是❶中性；❷乾性；❸油性；❹敏感性　的皮膚。

（1）18.位於額部、眼睛、口角周圍呈現左右相對稱的黑褐色斑
點，稱之為❶黑斑；❷雀斑；❸乾斑；❹曬斑。

（2）19.化妝不勻，乾燥無光澤，表皮變硬的肌膚，是屬於❶乾性
皮膚；❷粗糙皮膚；❸疲勞皮膚；❹黑斑皮膚。

（3）20.皮膚表面呈現倦怠、老化狀態、化妝不勻是屬於❶日曬後
皮膚；❷敏感皮膚；❸疲勞皮膚；❹油性皮膚。

是非題 （皮膚保養）

（○）1.溫度、濕度會隨著季節改變，在冬天時溫度與濕度都會變低。

（×）2.紫外線的量在7月左右是最強的。　　　　　　〔六月〕

（×）3.黑斑、雀斑在夏季最易形成。　　　　　　　　〔秋季〕

（○）4.在面皰嚴重發紅或化膿的地方是不能使用化妝品。

（○）5.在春天的季節裡，粉底應選擇具有防曬效果的。

（×）6.女性基礎代謝量是男性的70％，而且體內產生的熱量也較少。　　　　　　　　　　　　　　　　　　〔90％〕

（×）7.人體蒸發1公升的汗，就會散發600卡路里的熱量。

　　　　　　　　　　　　　　　　　　　　〔540卡路里〕

（○）8.汗本身並無異味，汗排出後皮膚表面細菌產生分解作用，才會產生味道。

（×）9.艾克蓮汗腺分泌出的汗液若過多，則腋下會有狐臭的情形產生。　　　　　　　　　　　　　　〔阿波克蓮汗腺〕

（×）10.為避免皮膚受到強烈陽光的傷害，夏季防曬粉底應擦厚些，以增加防曬效果。

　　　　　　〔塗抹適量即可，但每隔2-3小時須再擦拭一次〕

（○）11.女性的皮下脂肪較男性為厚，因此對熱和冷的抵抗力較強。

（○）12.男性賀爾蒙具有促進皮脂分泌功用，女性賀爾蒙則具有抑制作用。

（×）13.按摩或按壓穴道時，力道愈重效果愈好。　　〔不一定〕

（×）14.眼睛周圍的筋肉是直的成長，所以要用圍著眼睛的方法

來做。　　　　　　　　　〔筋肉是圍繞眼睛周圍生長〕

（○）15.氣溫下降，會使肌膚的新陳代謝機能不順暢，宜利用按摩來促進更新細胞的功能。

（×）16.按摩速度愈快，表示技術愈高明，更能達到保養效果。
　　　　　　　　　　　　　　　　　　〔會造成皮膚的牽扯〕

（○）17.技術者於按摩前，應先將指甲剪短並洗淨，然後再以油質面霜塗擦使其柔軟。

（×）18.額部的筋肉是直的紋路成長，所以要直的由上往下來操作。　　　　　〔筋肉是縱的紋路成長，由下往上操作〕

（○）19.按摩主要是以無名指的彈性合併中指的力量促使按摩效果更佳。

（×）20.按摩時，顧客的頭部和按摩者身體的間隔，應該大約有兩個拳頭大小。　　　　　　　　　〔一個拳頭〕

（○）21.角質層對弱酸、弱鹼、冷熱均具有抵抗力，並且有吸濕之性能，故能吸收及蒸散水份。

（×）22.香味愈濃的保養品，品質愈好。　　　　　〔不一定〕

（×）23.面皰的治療，應先把面皰擠破，再擦具有消炎、殺菌之保養品。〔不可隨意擠壓面皰，嚴重者看應皮膚科醫生〕

（×）24.角質層因含有20％至30％的水份，所以皮膚才會柔軟且富有彈性。　　　　　　　　　　〔10％至20％〕

（×）25.陽光中的紫外線對皮膚有效，因此多曬太陽，對皮膚不會有不良的影響。　　　　　　　〔過度會造成傷害〕

（○）26.皮膚色調之不同，是由於受色素形成細胞含量的影響，並非麥拉寧製造能力之不同，其異常原因是受紫外線照

射，增加體內賀爾蒙分泌發生異常的影響。

（×）27.小皺紋皮膚是因為表皮內的網狀層之結締纖維及彈性纖
維衰退，使皮膚失去彈性所致。　　　〔真皮層〕

（×）28.用硼砂洗澡可使粗硬的皮膚恢復嫩滑。　〔會傷害皮膚〕

（○）29.使用蒸臉器時，應先檢查水量是否足夠，再插上插頭，
最後才打開開關。

（○）30.面皰皮膚者，應少吃油炸類食品，要多攝取蔬菜、水果
的食物。

選擇題

（ 3 ）1.人體中最大的器官為❶心臟；❷肺；❸皮膚；❹肚子。

（ 3 ）2.健康的皮膚應該是❶完全乾燥；❷無任何顏色；❸稍微濕潤及柔軟；❹蒼白。

（ 2 ）3.皮膚最薄的部位是在❶眉毛；❷眼皮；❸前額；❹手背。

（ 2 ）4.構成皮膚的兩大部分為表皮及❶皮下脂肪組織；❷真皮層；❸角質層；❹黑色素。

（ 4 ）5.下列何者沒有血管？❶真皮層；❷網狀層；❸皮下組織；❹表皮層。

（ 4 ）6.下列那一層有血管、神經、汗腺、皮脂腺？❶表皮層；❷角質層；❸皮下組織；❹真皮層。

（ 2 ）7.蛋白質可構成❶透明層；❷角質層；❸顆粒層；❹基底層。

（ 2 ）8.表皮包含有許多的❶血管；❷細微的神經末梢；❸淋巴管；❹皮下脂肪組織。

（ 1 ）9.表皮中的角質素（一種蛋白質）位於？❶角質層；❷黏膜層；❸透明層；❹顆粒層。

（ 2 ）10.皮下組織主要是由下列何者構成？❶肌肉；❷脂肪；❸角質素；❹色素細胞。

（ 2 ）11.黑色素可保護皮膚不受下列何者的傷害？❶細菌；❷紫外線；❸情緒；❹電流。

（ 1 ）12.皮膚的彈性來自於存在何者的彈性組織？❶真皮；❷表皮；❸皮下組織；❹角質層。

（ 2 ）13.皮膚的潤滑是藉助於一種油性物質，稱之為❶汗液；❷皮

脂；❸賀爾蒙；❹酵素。

（1）14.頭皮的按摩是有益的，因為他可刺激❶血液循環；❷唾液腺；❸腦下垂體；❹甲狀腺。

（3）15.黑頭粉刺的形成是由於下列何者內有大量硬化皮脂？❶甲狀腺；❷唾液腺；❸皮脂腺；❹汗腺。

（3）16.輕擦法的動作是採用？❶重拍的方式；❷輕捏的方式；❸輕、慢、無壓力的韻律方式；❹用力按摩的方式。

（1）17.痱子由於是下列何者的急性發炎而引起？❶汗腺；❷氣管；❸血管；❹皮脂腺。

（1）18.頭皮或皮膚上一塊塊白色、乾性的鱗片為？❶乾癬；❷濕疹；❸中毒；❹痔。

（3）19.如果顧客有皮膚病，美容從業人員應該？❶賣藥性產品給她；❷不管她；❸建議她去看醫生；❹建議她做治療性的保養。

（4）20.痤瘡是由於何者因素所致？❶消化系統遲緩；❷營養失調；❸運動不足；❹皮脂腺腫囊。

（2）21.汗腺在幫助排除體內何種物質？❶氧；❷廢物；❸油；❹皮脂　。

（3）22.汗腺及皮脂腺為？❶無導管腺體；❷內分泌腺；❸有導管腺體；❹感覺腺體。

（4）23.下列何者控制皮膚排出汗液？❶肌肉系統；❷循環系統；❸呼吸系統；❹神經系統。

（2）24.皮膚對於冷、熱、碰觸有所反應，因為它有？❶血液；❷神經；❸淋巴液；❹汗腺及皮脂腺。

（3）25.手掌、腳底、前額及腋下皆有大量的？❶唾液腺；❷胃腺；❸汗腺；❹腎上腺。

（3）26.下列皮膚構造中，可以調節體溫的是？❶濾泡腺；❷腎上腺；❸汗腺；❹皮脂腺。

（4）27.皮膚伸張再恢復原形的能力，顯示出其？❶張力；❷油質；❸乾燥；❹彈性。

（3）28.運動神經纖維散佈於？❶汗腺；❷皮脂腺；❸表皮；❹皮下組織。

（2）29.皮膚的附屬構造包含毛髮、汗腺、皮脂腺及❶運動神經纖維；❷指甲；❸血管；❹感覺神經纖維。

（1）30.毛細血管擴張，溝紋變粗，毛孔大而顯著的肌膚是屬於❶敏感性皮膚；❷油性皮膚；❸中性皮膚；❹乾性皮膚。

（1）31.適合洗臉的水質為？❶軟水；❷硬水；❸井水；❹河水。

（2）32.皮脂腺分泌異常時，就會有狐臭，是因為？❶艾克蓮汗腺；❷阿波克蓮汗腺；❸皮脂腺；❹微血管 產生的問題。

（2）33.皮膚表面是由細小的凹陷及凸出交叉分佈而成，凹陷的部份稱之為？❶皮丘；❷皮溝；❸皮脂腺；❹皮囊。

（1）34.皮膚表面是由細小的凹陷及凸出交叉分佈而成，凸出的部份稱之為？❶皮丘；❷皮溝；❸皮脂；❹皮囊。

（3）35.阿波克蓮汗腺是附隨在毛囊旁邊的汗腺，此汗腺為青春期才開始發育，為第二性特徵之一種表現，分泌異常時，容易產生？❶青春痘；❷疹；❸狐臭；❹過敏。

（3）36.皮膚異常時容易產生面皰是與下列何者有關？❶網狀層；

❷汗腺；❸皮脂腺；❹皮下組織。

（1）37.皮膚角化正常時，皮膚表面會柔軟、光滑，然而要促使正常角化必要的東西為動物性蛋白質與❶維他命A；❷維他命C；❸維他命D；❹維他命B 。

（1）38.結締纖維的作用是保持皮膚的❶硬度與伸張度；❷彈性；❸光滑而細緻；❹水份。

（2）39.人體的熱量有❶70％；❷80％；❸90％；❹30％　左右是由皮膚所散發的。

（1）40.以生理學和皮膚的組織來談，女性到了❶25歲；❷30歲；❸40歲；❹45歲以後　皮膚就開始衰老。

化 妝 設 計

　　人類自母體呱呱落地後，不分男女誰都希望擁有天生麗質的相貌與細嫩的皮膚，但由於基因遺傳之關係，與生俱有的五官與皮膚性質讓你無從選擇，然而；愛美是人的天性，現代人都希望運用；(1)保養品來保養皮膚；(2)色彩化妝品來掩飾缺點及表現優點，因此：美容從業人員在幫顧客做化妝造型時，都必須先了解與觀察其髮色、臉型、眼型、眉毛多寡、眼球顏色、鼻型、唇型、服裝……等；再依顧客將要前往參加的場合、參加的時間、參加的地點與參加的目的再開始為其做修飾與造型設計。

　　下列依顧客的臉型、眉型、眼型、眼線、鼻型、唇型等，分別介紹如何做好：(1)粉底；(2)腮紅；(3)眉型；(4)眼影；(5)眼線；(6)鼻型；(7)唇型等的最佳修飾方法。在臉部的形狀上臉型大致可分為六種臉型：如圓型臉、方型臉、正三角型臉、逆三角型臉、菱型臉、長型臉等，因為有不同類型的臉型所以在塗抹粉底及塗抹腮紅時，就必須依臉型之不同而做不同形狀與位置的修飾。

六種不同臉型與粉底修飾

六種不同的臉型做粉底的修飾，僅供參考。

圓型臉的粉底修飾

在兩頰處使用深色粉底擦拭可形成陰影，使臉頰呈削瘦感，在T型處用淺色粉底擦拭可增加臉部立體感。

 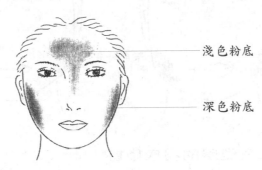

淺色粉底

深色粉底

方型臉的粉底修飾

方型臉俗稱「國字臉」，意即臉型呈四四方方的形狀，因此在修飾臉型的重點即是利用深色粉底在兩上額及兩下顎處塗抹，使其突出部位變得削瘦。

 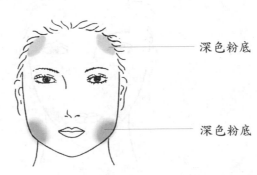

深色粉底

深色粉底

正三角型臉的粉底修飾

在兩下顎處用深色粉底塗抹,在上額處則可用淺色粉底擦拭。

圖示

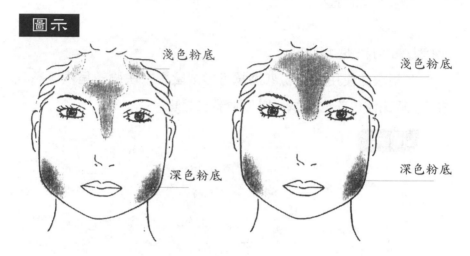

淺色粉底

淺色粉底

深色粉底

深色粉底

逆三角型臉的粉底修飾

在兩上額處塗抹深色粉底可令突出部位削瘦,而在兩下頰處則擦拭淺色粉底使其呈飽滿感。

圖示

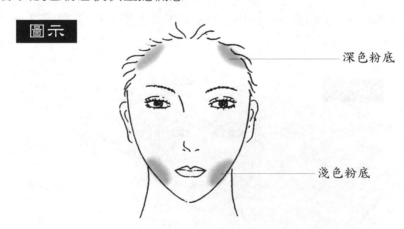

深色粉底

淺色粉底

葵型臉的粉底修飾

在兩頰寬處利用深色粉底塗抹，而在兩上額及兩下顎處則需塗抹淺色粉底。

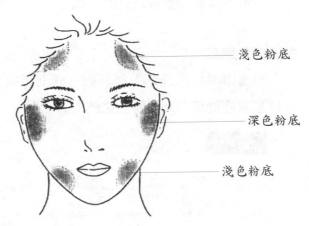

淺色粉底

深色粉底

淺色粉底

長型臉的粉底修飾

因臉的形狀較長，所以可運用深色粉底擦拭在上額部及下巴尖處，即可使臉型變得較短。

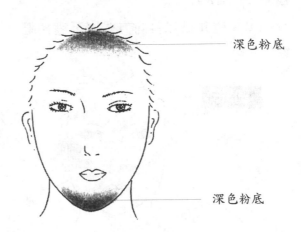

深色粉底

深色粉底

六種不同的臉型做腮紅的修飾

六種不同的臉型做腮紅的修飾，僅供參考。

修飾圓型臉

可選用深色腮紅：(a)以斜向方式刷至嘴角處，或；(b)在兩頰部位刷整片腮紅；類似粉底修飾的方法。

圖示

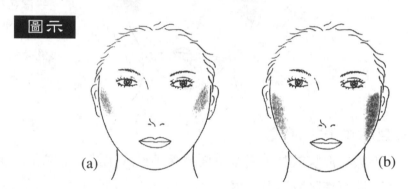

(a)　　　　　　　　　　　　　　　　(b)

修飾方型臉

(a)在雙頰處以斜向方式刷至嘴角處；(b)在兩頰處刷整片腮紅。

圖示

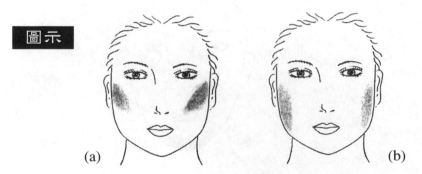

(a)　　　　　　　　　　　　　　　　(b)

修飾正三角型臉

在兩頰處刷整片腮紅。

圖示

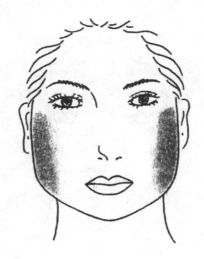

修飾逆三角型臉

以標準型的腮紅刷上。

圖示

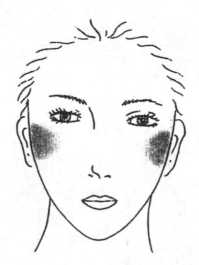

修飾菱型臉

從頰骨最高處往前刷。

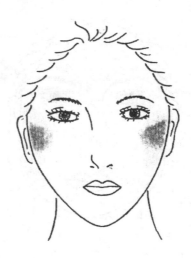

修飾長型臉

從耳朵處以橫向方式且稍寬的刷上。

圖示

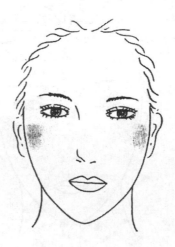

眉型的表現

眉型的表現又可分為標準眉、直線眉、有角度眉、上揚眉（箭型眉）、下垂眉、弓型眉、短眉（弧型眉）等七種，僅供參考。

標準眉

標準眉：(1)眉頭至鼻翼為一直線；(2)鼻翼至眼尾處呈45^{o}；(3)眉峰在整個眉長2/3稍內側一點；(4)眉頭、眉尾呈一水平線。

圖示

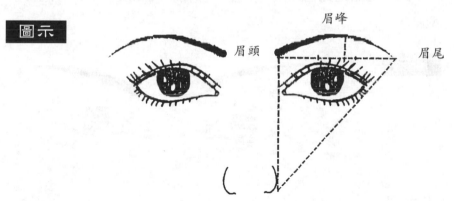

直線眉

眉頭至眉尾呈一平直線，不需有絲毫角度，適合長形臉。

圖示

有角度眉

眉峰處應稍挑高顯示出角度或弧度，適合圓型臉或方型臉。

上揚眉

為一種眉尾比眉頭高的眉型，但在眉尾處須稍平直，適合圓型臉。

下垂眉

為一種眉尾比眉頭低的眉型，此種眉型讓人感覺較無精神。

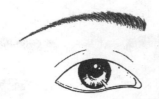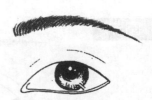

弓型眉

由於眉峰處有明顯弧度，可令眼部凹陷的人改變眼型。

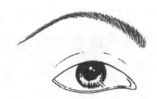

短眉

形狀如同 ⌒ 號而稱弧型，眉頭、眉尾的長度不可超過整個眼睛之長度，其眉型令人感覺年輕、活潑有朝氣。

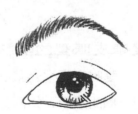

眼影表現及其修飾

　　下列共有六種不同的眼影表現與眼影修飾，僅供參考例如：
(1)修飾浮腫眼型的眼影畫法；(2)雙眼皮眼型的眼影畫法；(3)修飾
下垂眼型的眼影畫法；(4)修飾單眼皮眼型的眼影畫法；(5)修飾凹
陷眼型的眼影畫法；(6)修飾上揚眼型的眼影畫法。

修飾浮腫眼型的眼影

　　浮腫眼型因眼皮已呈現浮腫現象，所以應儘量使用深色系描
繪。

圖示

雙眼皮眼型的眼影

　　雙眼皮眼型為最好發揮的眼型，可依需要的場合來決定畫什
麼形態的眼影，如兩截式或三截式。

圖示

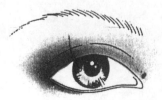 

修飾下垂眼型的眼影

　　下垂眼型因眼睛形狀為下垂型，故在眼影塗抹的技巧上需注意眼尾部位，可利用眼影的畫法將眼尾往上提，即可修正下垂的眼型。

圖示

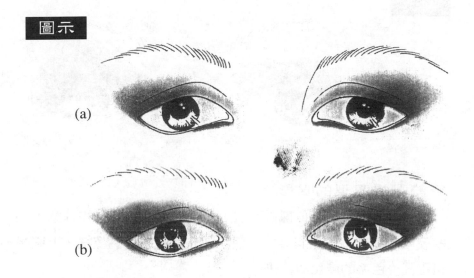

(a)

(b)

修飾單眼皮眼型的眼影

　　單眼皮眼型可用單色系從近睫毛處往上描繪，或用畫假雙眼皮的方式來表現。

圖示

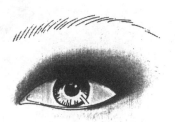

修飾凹陷眼型的眼影

　　凹陷眼型由於眼皮已呈現凹陷狀，因此在選用眼影時，不可再選用暗色調，應儘量選擇明亮色系來表現。

圖示

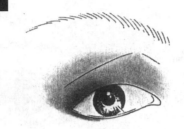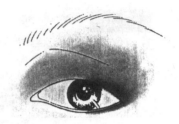

修飾上揚眼型的眼影

　　由於上揚眼型類似鳳眼形狀，因此在眼影修飾上需注意上眼頭及下眼尾部位，上眼頭及下眼尾部分可用暗色調擦拭，上眼尾可用同一色系的淺色調塗抹。

圖示

眼線的表現

眼線的表現共可分為：(1)細長眼型的眼線；(2)圓眼睛的眼線；(3)上揚眼型的眼線；(4)下垂眼型的眼線等四種。

表現細長眼型的畫法

上眼線與下眼線從眼頭畫至眼尾處時稍加延長或上、下眼尾的眼線可呈平行線或連接在一起。

圖示

(a)

(b)

表現圓眼睛的畫法

要讓眼睛看起來又圓又大時，可在上眼線的眼球部位加寬、加粗，及在下眼線的眼尾部分稍加粗。

圖示

表現上揚眼型的畫法

上、下眼線從眼頭畫至眼尾處時,稍往上提,亦可使上、下眼線連接在一起,即可表現出上揚的眼型。

圖示

(a)

(b)

表現下垂眼型的畫法

上眼線從眼頭畫至眼尾處時,眼線可稍拉長。下眼線從眼頭起,以一直線畫至眼尾處。

圖示

鼻型修飾

鼻型的修飾可分為：(1)修飾長鼻型；(2)修飾短鼻型；(3)修飾鼻頭大的鼻型；(4)修飾粗又塌的鼻型等四種。

修飾長鼻型

由於鼻型太長，為讓鼻型變得稍短可在鼻部上方及鼻頭部位擦拭少量咖啡色粉底或咖啡色粉條，即可達到修飾鼻型的效果。

圖示

修飾短鼻型

因鼻型太短，為讓鼻型看起來顯得長些，可用咖啡色粉底或咖啡色粉條從鼻頭塗至鼻翼。

圖示

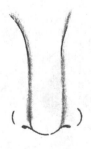

修飾鼻頭大的鼻型

鼻頭較大的鼻型，可用咖啡色的粉底或咖啡色粉條從鼻部上方擦拭至鼻翼處，並在鼻翼處稍加深。

圖示

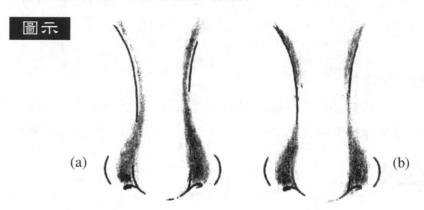

(a)　　　　　　　　　　　　　　(b)

修飾粗又塌的鼻型

俗稱「扁平鼻」，因此在修飾時可同時運用深及淺的粉底顏色。深的粉底：從鼻部上方塗至鼻翼處。淺的粉底：塗在鼻樑處。

圖示

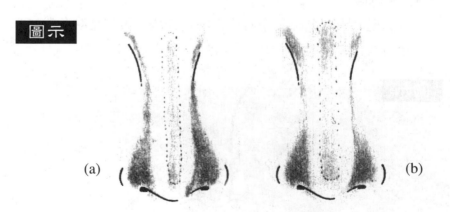

(a)　　　　　　　　　　　　　　(b)

唇型修飾

唇型需要修飾的種類可分為：(1)上揚唇型；(2)下垂唇型；(3)厚唇型；(4)不對稱唇型等四種唇型。

修飾上揚唇型

由於整個唇型明顯上揚，因此可先用粉底蓋住整個唇部包括唇角，然後再描繪出標準唇型。

 圖示

(a)

(b)

修飾下垂唇型

由於上唇型的寬度超過下唇型而形成下垂唇型，因此唇型修飾時，上唇應加寬但變短，而下唇稍往上提。

圖示

(a)

(b)

厚唇型

由於上唇與下唇皆厚，因此修飾唇型時；以標準唇型的比例 1：1.2描繪之。

不對稱唇型

由於上唇與下唇的左右不對稱，因此在修飾前須先觀察其不對稱的部位，再依需要描繪出標準的唇型。

圖示

黑白攝影妝與彩色攝影妝

黑白攝影妝

　　黑白攝影妝顧名思義就是整張照片除了黑白的顏色外，不再具有其它的色彩，但是，並非其它色彩都顯現不出來，就不必去注意色彩的運用。

　　由於黑白畫面會將色彩的明度高低、彩度濃淡反映成明暗的層次，因此臉部的化妝只要將明暗度掌握得好，即可獲得輪廓立體又自然的黑白照片。

黑白攝影妝的特色

　　黑白攝影化妝的特色著重於強調立體感，即利用陰影的效果來強調化妝，所以，應採取重點化妝，例如：

1. **粉底**：偏重於臉部輪廓的修飾，顏色可選擇比自己膚色較深一些的顏色，因太白的粉底有時會有反光的現象產生，且缺乏立體感。
2. **眉毛**：不適合畫的太粗或太深，以免有兇惡感。
3. **眼部**：眼影應選用自然、柔和的色彩，例如：黑、灰、白或咖啡色系做出層次立體效果，勿使用色彩重的眼影且界線與線條皆不可太明顯，眼線用眼線筆來畫，眼頭細而眼尾處可稍微加粗一點點（不可過粗），亦可裝戴一副自然形

的假睫毛；在鼻影方面線條不宜太生硬，應該搭配柔和的陰影。

4. **唇部**：唇型的輪廓要明顯，可運用唇線筆來描繪，但線條卻不可太生硬；避免使用亮光唇膏，可選擇珊瑚色、正橘色或淺橘色。

5. **腮紅**：若要強調腮紅的立體感效果，應以淺咖啡色為主，或也可選用淡粉紅色或珊瑚色。

彩色攝影妝

彩色攝影妝在色彩的運用上並沒有一定的限制範圍，但卻要熟悉色彩與色調的特性並加以運用，在整體的色彩中大至可分為：

1. **冷色系**：綠色與藍色等，可使畫面變得活潑有活力。

2. **暖色系**：紅色與橙色等，可使畫面變得更沉著。

3. **中性色系**：綠色與紫色等，畫面變化較不大。

彩色攝影妝的色彩不可太明顯，否則拍出來的效果不佳，會使照片變成黑一塊白一塊，所以在化妝前最好能將整個頭髮用頭巾包起來，或者梳到耳後用髮夾夾起來，如此能清楚的看到整個臉部的輪廓，化妝時就更能得心應手了。

彩色攝影妝的化妝重點

彩色攝影妝所用的色彩雖不受限制，但亦必須考慮服裝、背

景的整體性,其化妝重點如下:

1.粉底

(1)臉上若有黑斑、雀斑或面皰時:

a.可先使用蓋斑膏掩飾再加上粉底,但擦粉底時不要用力推抹,只適合以按壓方式重複擦拭。

b.若選擇先擦粉底再擦蓋斑膏時,切記,必須先等粉底的水份稍乾爽後,才能再使用蓋斑膏。

(2)臉上有黑眼圈時,可用古銅色來掩飾。

(3)臉上有小皺紋時,可用遮瑕筆順著紋理方向,以填補的方式來掩蓋小皺紋。

(4)臉上有眼袋時,眼袋凸起處可使用古銅色來修飾,凹陷處可用稍白的遮瑕膏來彌補。

說明 1.粉底的顏色宜採用粉紅色系,切記,不可使用太白的粉底顏色,但在臉部較凸出的部位可先以深色的粉底修飾,而凹陷的部位可選用稍淺的粉底加以修飾,攝影妝的粉底漂亮與否,可決定整個化妝的成敗,因此,粉底正確選用是非常重要的;若選擇正確即可使臉部呈現出立體感並顯示出漂亮的臉型,選擇錯誤則會破壞整個化妝的美感。

2.倘若模特兒皆具備有黑斑、黑眼圈、眼袋、小皺紋時,其修飾的程序為:黑斑→黑眼圈→小皺紋→粉底→眼袋。

2.**眉毛**：眉筆可選擇與眉色相同或用深褐色的眉筆來描畫，眉型不宜太粗或太寬，應以自然為主。

3.**眼部**：眼影的顏色可配合服裝顏色來選擇，但避免選用帶銀粉的顏色，眼線必須細而自然，並可刷睫毛膏。

4.**鼻影**：鼻樑凹陷處，可選用淺色或明度較高的來修補，亦可使用咖啡色或鐵灰色的粉底由鼻樑兩側稍做修飾，即可使鼻子呈現挺直感。

5.**腮紅**：顏色不可太多、太紅，臉上有雀斑或黑斑者，應避免使用帶銀粉的腮紅。以免因反光而破壞整體的美感。

6.**唇部**：唇膏的顏色輕、重、濃、淡，除必須配合眼影及服裝的色調外，尚須注意模特兒唇部的薄與厚，例如：

(1)薄唇：不適用深色唇膏，應使用淺色系唇膏，輪廓可沿著唇緣加寬。

(2)厚唇：不適用淺色唇膏，應選用深色唇線筆來修飾輪廓，或直接使用暗色唇膏，讓唇型變小。

一 般 舞 台 妝

舞台妝與美容、造型之區別

1. 美容：用化妝的技巧使臉部的缺陷加以美化，再以適當的髮型襯托出美的輪廓。
2. 造型：配合個人之喜好、個性、習慣、職業、身材、穿著……等，來做整體造型之設計。
3. 舞台：服裝與化妝是確定人物的外型、外貌，亦是表現人物的地位、精神、氣質的有力因素之一，更是演員塑造舞台形象最直接輔助的手段（因表演必須藉助化妝來表現人物之特性，而化妝效果確實可輔助表演者在表演時達到真實感。

舞台妝的種類

　　一般舞台妝可分為大舞台妝、小舞台妝、舞台劇妝，舞台分類如下：(1)歌舞劇；(2)戲劇；(3)現代劇；(4)古代劇；(5)歷史劇；(6)實驗劇而化妝、服裝、道具、配件……等等，另外亦有大、小舞台之分。

舞台妝基本重點

1.**粉底及臉型修飾**：臉部底妝修飾無論在舞台上、電視上或
上演講台，在燈光下以能表現出美感為重點：

(a)利用深色的粉底或掩飾用化妝粉底，可以減低或改善下
列情況：(1)鼻子太大或彎曲；(2)顎部有突出；(3)眼皮過
厚；(4)雙下巴；(5)額頭過於突出；(6)下巴過於突出。

(b)利用淺色底妝或光亮醒目的化妝粉底，可以修飾下列部
份：(1)鼻子太短；(2)黑眼圈；(3)下巴後縮；(4)眼睛較
小、眼睛下陷；(5)瘦長的頸部；(6)瘦長的臉部。

2.**鼻影**：補充陰影色、線條、顏色，可視舞台的大小稍做調
整。

3.**腮紅**：選用棒狀或霜狀腮紅直接擦拭在底妝上、再使用半
透明蜜粉固定後，再上一層粉狀腮紅、可使腮紅不易脫
落。

4.**眼影**：藍色、紅色能見度最高，而黑、灰、白、咖啡為基
本色，但化妝法適合用於專業化妝法。

5.**睫毛膏**：使用濃密睫毛膏+濃密睫毛裝戴。

大 型 舞 台 妝

大型舞台妝的化妝重點

　　在大型的舞台上，由於其表演的空間較大且與觀眾之間的距離亦屬於較遠的距離，所以只要遠看能表現出美感就可以了，整體化妝重點如下：

1. **粉底要白**：在舞台上的粉底儘量不要選用油度高的粉底，因為用粉撲按容易產生不均勻現象，可用刷子刷上蜜粉；另外，粉底以霜狀的粉底為最佳，使用的方法是一層粉底上完後再上另 ·層粉底，這樣 層一層的加上去，會使共看起來有較嫩之感覺。

   說明 為了使臉部輪廓更加突出，臉部邊緣要加以修飾。

2. **眉毛可描繪粗且寬**：眉毛可以描繪得粗且寬，但是務必要有柔和的感覺，眉色濃淡要考慮能與眼影色彩濃淡調和，眉毛的顏色以咖啡、灰色為主，儘量要有眉峰或是選擇弓型眉。

   說明 1.女性的眉型要帶圓弧感`，男性的眉型要加粗且稍帶直，但也要有眉峰之表現。

   　　　2.倘若要重畫整個眉毛時，首先要將眉毛蓋住（亦

可預留眉頭部位），其餘部分可利用黏睫毛膠水先
貼住，再用深色粉底蓋住。

3. **眼部化妝**：強調眼眶要亮，整個眼部化妝予人以圓的感
覺，藍色、紅色在舞台上能見度最高；而黑、灰、白、咖
啡為基本色，也可使用灰黑配銀白色；倘若選用金色時，
則需加上橘紅色才能突顯出立體。

4. **睫毛**：可選用舞台專用，長而濃密的假睫毛來裝戴。

5. **眼線**：可選用筆狀+液狀來配合，這樣除了可使眼線維持較
長的時間外，亦可強調出眼睛的線條，在進行描繪時可強
調眼尾部分。

6. **鼻影**：可利用深咖啡色，全臉上肉色修容餅，下腮用暗色
修飾，即可強調出立體感。

7. **腮紅**：可運用深、淺不同的修容顏色，必可使其臉型輪廓
更具立體感。

8. **唇型與唇膏**：唇型與唇膏方面，要注重外唇的唇線，可用
咖啡色的唇筆勾邊，而下唇中央則可用亮晶的唇膏來強
調。

是非題（大舞台妝）

（×）1.大舞台妝必須利用化妝的技巧使臉部的缺陷加以美化，但不需搭配適當髮型來襯托出美的輪廓。　　　〔需要〕

（×）2.舞台造型只依美容師喜好、不需依表演者的現場背景及所扮演的角色、服裝來做任何的更改。　　　〔需要〕

（○）3.舞台表演者必須依靠服裝、化妝來表現人物的地位、精神與氣質，更是演員塑造舞台形象最好的方式。

（○）4.利用深色的粉底或掩飾用的粉底，可以改善過大的鼻子並使顎部凹陷、下巴後縮。

（×）5.利用淺色粉底，可以改善下列情形：如額頭過於突出、雙下巴、眼皮過厚。　　　〔深色粉底〕

（×）6.大舞台妝是一種短距離的舞台，化妝法適合用專業化妝方法。　　　〔遠距離〕

（×）7.舞台妝中，眼影色系以黑、灰、白的能見度最高，藍色與紅色則是基本色。　　　〔相反〕

（○）8.舞台妝中睫毛膏適合選用濃密睫毛膏＋一般型假睫毛搭配即可。

（×）9.舞台妝中，粉底要選用較油膩，使用的方法為一層粉底後再上另一層粉底，一層一層的加上去，會使其看起來較嫩之感覺。　　　〔粉底油度不可過高〕

（○）10.畫舞台妝時，如果眉毛要整個重畫，可先將所有的眉毛蓋住，其方法即是利用黏睫毛膠水先貼住，再用深色粉底蓋住。

（×）11.大舞台妝的眼線可利用筆狀＋液狀互相配合運用，除了

能保持較持久外，亦可加強眼部的線條，但描繪時必須
加強眼頭部位。　　　　　　　　　〔加強眼尾部分〕

（×）12.鼻影可利用咖啡色，全臉上暗色修容餅，下腮再用肉色
修飾，即可強調出立體感。

〔全臉上肉色修容餅，下腮用暗色修飾〕

（○）13.臉型輪廓想修飾的更具立體感，可運用深與淺不同的修
容顏色來表現。

（×）14.舞台妝中唇型唇膏使用時，需要注重外唇的唇線，可利
用淺粉紅色的唇筆勾邊，而下唇中央則可用亮晶的唇膏
來強調。　　　　　　〔外唇的唇線用咖啡色唇筆勾邊〕

（×）15.大舞台妝中，女性眉型畫法一定要加粗且稍帶直，而男
性眉型要帶圓弧感，此畫法是最佳出色之眉型。

〔女性眉要帶圓弧感，男性眉可加粗且帶直〕

是非題（彩妝）

（×）1.畫訂婚妝時，粉底的用量要多，才能表現出漂亮的妝。

〔少〕

（○）2.拍照時除了表情要自然外，服飾、化妝與髮型也都必須做
好完整的搭配、才能算是完成。

（×）3.要拍彩色照時，其粉底必須選擇比膚色深的粉底，然後再
按上透明蜜粉，即可使膚色顯示出自然光澤。 〔淺〕

（×）4.黑白攝影與彩色攝影拍照後，所呈現出的感覺是一樣的。

〔不一樣〕

（○）5.膚色健美者在化訂婚妝時，可使用深的紅褐色系的粉底來
做化妝，膚色會更自然潤澤。

（×）6.想要表現出高雅感的訂婚妝，其眼影應選用綠色系。

〔橘色系〕

（○）7.拍照時，眼影應避免使用含有大顆粒銀粉的眼影，否則照
出來的妝會有髒的情形出現。

（○）8.拍彩色照時，腮紅的擦法是在顴骨上不要刷得太寬，應淡
淡的刷上即可。

（○）9.拍無彩色照時，可不擦眼影或只以單色眼影來做修飾即
可。

（○）10.在陽光下拍黑白照時，化妝的線條宜柔和且顏色的對比
不宜太強烈，如此才能顯得自然。

（×）11.拍照時為求效果佳，衣服的款式、圖案應選擇變化多一
些，才會更明顯。 〔變化少〕

（○）12.做造型化妝前應先認清自己的身分、年齡與職業性質，

亦需配合不同場合來做妝扮。

（○）13.時常在陽光下工作的職業婦女在化妝時，應選用含有紫外線防禦效果的粉底，以減少陽光的傷害。

（○）14.中年女性在化妝時應著重於骨骼的修飾與強調，而避免畫成圓形臉。

（○）15.在乾燥的眼皮上，多量的粉末會使眼皮顯得更乾燥。

（○）16.中年婦女在畫唇型時，一定要先用唇線筆或唇筆勾出唇型輪廓。

（×）17.在雙下巴及下顎鬆弛部分，最好是選用淺色調的粉底來修飾。　　　　　　　　　　　　　　　　〔深色調〕

（○）18.眉骨高的人可在眉毛下方擦上褐色眼影使與肌膚融合，如此可使眉毛高度不明顯。

（○）19.若想要使睫毛看起來濃密些時，可先在睫毛上撲些粉後，再刷上咖啡色或灰色睫毛膏其效果不錯。

（×）20.畫新娘妝時，眉毛以濃、粗些為宜，可給予人更清楚的印象感。　　　　　　　　　　　　　　〔不可太濃太粗〕

（○）21.新娘化妝若遇到有面皰時，可先用調整膚色的粉底做修飾，再擦上與自己膚色相近的粉底。

（×）22.新娘化妝要攝影時，其化妝色彩適合選用帶有閃光之化妝品。　　　　　　　　　　　　　　　　〔不適合〕

（○）23.舞台化妝在做角色設計時，應先觀察模特兒的膚色、髮色、眼睛瞳孔的顏色後，再來選擇適合她的色彩。

（○）24.舞台化妝在刷腮紅時，如果刷低些，則會有小孩稚氣的印象。

（×）25.眼影的顏色中，綠色有自然、立體感的印象。

〔綠色代表年輕、輕鬆〕

（○）26.舞台化妝中，眉毛的眉峰如畫高些時，可使臉部更顯得立體感。

（○）27.在舞台化妝中，年輕女性的角色，唇膏是以橘色、紅色、明朗的粉紅色系來化妝。

（○）28.由於大舞台的表演空間大且與觀眾的距離也較遠，所以化出來的妝只要遠看能表現美感即可。

（×）29.要表現出年輕、俏麗感的化妝時，其眼影色彩最好是使用褐色系的眼影。 〔綠色系〕

（×）30.由於臉型不同，給予人的印象也不同，一般來說圓型臉會給人予溫柔、沉靜感。 〔圓形臉代表年輕、可愛〕

（○）31.眉毛可決定臉型印象，例如眉峰低的給人有年輕感。

（○）32.在化妝設計中，要表現出典雅及時髦感的型態時，其唇部的色彩應選用玫瑰色的唇膏來化妝。

（×）33.不同型態美的設計，其差別是在於粉底的色彩不同而已。 〔尚有眼影、腮紅、口紅及其它因素影響〕

（○）34.想要表現出具有野性美的化妝時，在眉型方面是以直線上揚的眉型為佳。

（○）35.身為設計者應懂得如何來穿著搭配服裝，因一個人給人的印象有時是來自所穿衣著的色彩、款式與質料。

（○）36.身材高挑者在穿著上，應避免垂直線，且布料太薄、太貼身的服裝。

（×）37.針對膚色黑的人在做造型設計時，服裝色彩方面應避免

採用橙色與黃色的衣料。　　　　〔橙色與黃色最適宜〕

（○）38.造型設計時，服裝與化妝的搭配中，藍紫色的服裝應採用玫瑰系的唇膏與紫色等的眼影。

（×）39.在工作場合的造型設計重點，化妝方面的色彩應以鮮豔明亮的顏色為主。　〔以溫暖、柔和、明亮的顏色為主〕

（×）40.化妝時，燈光的顏色會影響化妝的表現，在電燈泡的燈光下，化妝色彩較適合選用偏黃色和紅色。

〔橙色或黃色〕

（○）41.電燈的光線屬於點光源，只能從一定的方向來照射，所以物體的影子就會較清楚。

（○）42.盛宴的粉妝造型是強調五官立體感的化妝法，因此，粉底宜選用粉紅色系的粉底。

（×）43.化妝時，眉型若化得粗且濃，則會給人年輕又活潑的感覺。　　　　　　　　　　　　　　〔嚴肅、剛毅〕

（○）44.舞台化妝劇中男演員可利用眼部的線條與箭型眉的形狀來強調化妝的表現感。

（○）45.男性在畫舞台化妝時，可先以舞台用的透明膠，將眉毛下垂部分做修整後才擦粉底，最後再畫出眉型。

選擇題

（1）1.在做訂婚化妝時，皮膚白晰的人粉底可選用哪種顏色？❶粉紅色；❷橄欖色；❸紅褐色；❹白色。

（2）2.高雅感的訂婚化妝，在唇膏的色彩上要選用哪種色系？❶粉紅色系；❷紫色系；❸紅色系；❹金色系。

（3）3.俏麗感的訂婚妝，其眼影色彩是使用：❶藍色系；❷紫色系；❸粉紅系；❹黑色系。

（2）4.在拍照化妝時，粉底擦完後要再以粉撲沾取香粉→按擦在整個臉上，尤其在下列那個部位要特別注意按均以→免有出油的感覺？❶眼下；❷T型區域；❸嘴角周圍；❹顴骨。

（3）5.拍照時唇部化妝尤為重要，因此要注意唇峰左右的：❶色彩；❷線條；❸對稱；❹皺紋　避免歪斜的唇型令人有側目感。

（2）6.拍彩色照時，眼影最好選擇下列哪種色彩？❶鮮豔色彩；❷中性色彩；❸柔和色彩；❹黑色色彩。

（3）7.拍無彩色照片時，眉毛可以畫：❶細些；❷長些；❸稍濃些；❹粗且濃。

（2）8.拍照時，為使自己覺得舒適，在穿著方面最好採用：❶中、長袖；❷無領無袖；❸削肩的衣服；❹緊身的衣服。

（1）9.拍照時穿著下列哪種顏色？❶黑色；❷紫色；❸綠色；❹紅色　的服飾易在臉上形成陰影。

（2）10.無彩色照相時，唇膏是應選用：❶鮮豔色；❷淡色；❸深色；❹深葡萄色　來做化妝。

（1）11.職業婦女擦唇膏時，為避免唇部線條、紋路過於顯目，嘴唇應使用不含：❶亮光；❷油份；❸濕潤；❹保濕　成份的唇膏。

（1）12.在太陽底下，臉遇熱會有泛紅傾向的職業婦女，在化妝前不妨先使用：❶綠色；❷深色；❸淺色；❹紅色　的粉底當底色後再上妝。

（2）13.中年婦女在化妝時，粉底應選用濕潤性好且配合自己膚色的為宜，避免太過於：❶深；❷白；❸油；❹暗　的粉底。

（2）14.中年婦女除了頰部要加強立體效果外，在鼻子與下列哪個部位也需要有收縮感，才能與頰部取得平衡？❶嘴角；❷下顎的線條；❸臉型；❹額頭。

（1）15.中年婦女在選擇眉筆顏色時，應避免選用：❶黑色；❷灰色；❸褐色；❹灰黑色。

（1）16.中年婦女要修飾唇角法令紋時，應選擇比臉部的粉底顏色：❶明亮；❷暗些；❸清爽；❹油膩。

（1）17.想要表現出典雅感的中年女性妝，其唇膏的顏色應選用：❶玫瑰色；❷褐色；❸粉紅色；❹銀白色。

（1）18.想要表現出自然感的中年女性化妝，其腮紅可選用：❶淺橘色；❷玫瑰色；❸咖啡色；❹粉紅色　的修容餅。

（2）19.具有幹練表現感的中年女性化妝，在粉底方面宜採用：❶粉紅色系；❷褐色系；❸杏仁色系；❹黑色系　來化妝。

（1）20.新娘化妝時為配合白紗禮服，唇膏的顏色應選用：❶鮮紅色；❷金黃色；❸褐色；❹深咖啡色　最適合。

（3）21.新娘化妝的眉毛要畫：❶濃且粗些；❷直線眉；❸不可太
濃或太黑；❹細眉　最適合。

（1）22.舞台化妝為防止脫妝，因此在選用化妝製品以：❶油性；
❷水性；❸粉類；❹濕潤性　最為適合。

（2）23.舞台化妝中，唇膏色彩若選用明朗的褐色系時，其角色是
屬於：❶年輕女性；❷中年男性；❸老年男性；❹老年女
性。

（3）24.在大舞台的化妝中，其粉底的特色是要：❶自然；❷紅
潤；❸白些；❹黑些。

（2）25.在舞台劇中，女性角色的化妝重點主要是強調在哪個部位
的化妝？❶膚色；❷眼部；❸唇部；❹腮紅。

（1）26.舞台妝與　般電視、電影妝皆不同，其化妝最主要是在強
調：❶粗線條；❷色彩；❸搭配的顏色；❹細緻　及使用
多量的香粉。

（3）27.在不同的燈光下，化妝的色彩會有不同的表現，例如紫色
的色彩在下列哪一種燈光下會變成黑色？❶白色；❷綠
色；❸紅色；❹藍色　。

（1）28.黑皮膚的人在選用唇膏時以下列哪種色系最適合？❶棕色
系；❷粉紅系；❸紅色系；❹銀色。

（2）29.要表現出優雅、成熟感的化妝，其膚色應是屬於下列哪一
種？❶柔和而帶有淺紅色的肌膚；❷膚色白而具有透明感
的；❸帶青而白皙的肌膚；❹深咖啡色系的皮膚。

（1）30.在眼影的色彩中，褐色的眼影色彩代表：❶穩重的感覺；
❷優雅、神秘的感覺；❸清爽、涼快的感覺；❹熱情的感

覺。

（1）31. 在下列色彩搭配中最能表現出成熟、優美的化妝是哪一種？❶紫色眼影、葡萄系的腮紅、玫瑰系的唇膏；❷藍色眼影、玫瑰系腮紅、紅色系唇膏；❸紅色眼影、紅色系腮紅、紅色系唇膏；❹以上皆是。

（4）32. 不同形態美的設計其差別在於：❶粉底、腮紅；❷眼影、唇膏；❸眉毛粗細、眼線；❹以上皆是。

（2）33. 要表現時髦及現代感的形態美時，眼影與粉底宜選用下列哪一種色系？❶紅色眼影、杏仁系粉底；❷藍色系眼影、灰褐色系粉底；❸棕色系眼影、橄欖系粉底；❹綠色系眼影、深色粉底。

（1）34. 要表現出具有成熟優美的形象除了服裝之外，眼影與唇膏的選擇也是很重要的，眼影若選紫色時，唇膏應用下列哪一種色系來搭配？❶玫瑰色系；❷粉紅色系；❸綠色系；❹淺粉紅色系。

（1）35. 要做好化妝必須了解臉的均衡比例與尺吋，所以由額頭的髮際到下巴的長度大約是：❶18.5cm；❷16.5cm；❸14.5cm；❹11.5cm。

（1）36. 鼻寬大約是以：❶3.5cm；❷4cm；❸5cm；❹6cm　最為理想。

（3）37. 化妝時除了考慮化妝色彩、時間、地點、場合與服裝外，還須考慮到：❶化妝品廠牌；❷化妝品價格；❸光線的強弱；❹消費的價位。

（1）38. 在服裝與化妝的色彩搭配中，如果採用黃綠色系的服裝應

配合：❶橘色系的眼影、橘色系的唇膏；❷紅色系的眼影、紅色系的唇膏；❸珊瑚色系的眼影、粉紅色系的唇膏；❹粉紅色系的眼影、粉紅色系的唇膏 。

（1）39.在日光燈下化了妝後，再到電燈光下看時，由於電燈光的特性，其化妝中的：❶黃色與紅色；❷藍色；❸綠色；❹藍色與綠色　就會變得更明顯。

（1）40.日光燈由其光譜來看，下列哪種顏色佔多量？❶藍色光與綠色光；❷紫色光；❸黃色光；❹紫色光與黃色光。

化妝品衛生管理條例

專用名詞字義

營業衛生

指在經營各項公共事業活動的固定場所中，會影響人體健康和生存的所有可能的危害因子。

環境衛生

指控制人類的活動環境中，對人體健康和生存所有可能的危害因子。

食物中毒

食物中含有毒劑（有害物）侵入生物體，並危害生理及心理之功能。

化妝品

指施於人體外部，以潤澤髮膚、刺激嗅覺、掩飾體臭或修飾容貌之功能。

消毒

僅能夠將細菌的繁殖體殺滅，但不能消滅細菌芽胞。

滅菌

將所有的微生物全部殺滅（不管是細菌的繁殖體或芽胞）。

米燭光

光線的照度值,稱為米燭光(LUX)。

PPM

為濃度的單位。

UP

為顆粒的單位。

心肺復甦術

先開啟口部,便於維持一個暢通的氣道,並提供人工呼吸,再經由體外實施手部心臟按摩來提供人工循環。

職業病

員工因職業工作環境不良所引起的疾病。

集體中毒

指兩人或兩人以上吃同樣的食物後發生相同的癥狀,將所剩下的食物及排泄物,經化驗結果,發現類似致病的病菌。

清潔

將物體上的微生物,降低至公共安全的程度範圍。

空窗期

指病毒在體內經過了一段時間(約4至8個星期),才會被檢驗出來。

潛伏期

指病毒在體內經過了一段時間(3個月),才會發病。

批號

指從工廠製造產品，一批一批的產生，而每一批皆需有一個批號。

標籤

指化妝品容器或包裝上，用以記載文字、圖書或記號之標示物。

仿單

指化妝品附加之說明書。

簡答題

一、衛生營業場所申請設立或遷址變更時，應提出哪些資料？

答：（一）衛生設備需經衛生主管機關審查合格證明文件。

（二）指定衛生管理人員，需經衛生主管機關訓練合格。

二、依據台北市衛生所營業管理規則之規定，簡述衛生營業申請設立或遷址變更登記時，需具備哪些規定？

答：衛生營業申請設立或遷址變更登記時，主辦機關應送衛生主管機關，經審查並發給衛生設備合格證明文件後，始得核發證照，如有其他登記事項之變更及停業、歇業或復業登記時，應知會衛生主管機關。

三、依據台北市衛生營業管理規則之規定，簡述從業期間應遵守哪些規定？

答：（一）先經營業所在地衛生醫療機構健康檢查合格並領有健康證明後，始得從業，但從業期間應接受每年定期健康檢查，並接受各種預防接種。

（二）從業人員如發現有精神病、性病或活動性結核病、傳染性眼疾、傳染性皮膚病或其它傳染病者，應立即停止營業並接受治療，待完全好了且經複檢合格後才得開始營業。

（三）從業人員兩眼視力矯正後需在0.4以上，始得營業。

（四）從業期間應接受衛生主管機關舉辦之講習。

四、依據化妝品管理條例規定市售一般之化妝品應於仿單、標籤或包裝上刊載哪些事項？

答：(1)廠名；(2)廠址；(3)品名；(4)代理商公司名及地址；(5)用途、用法；(6)成份；(7)重量或容量；(8)批號或出廠日期；(9)保存期限、保存方法；(10)含藥化妝品應標示名稱及使用時注意事項。

五、目前我國營業衛生所，採用之化學消毒方法有哪幾類？

答：(1)酒精溶液＝75％酒精稀釋法；(2)複方煤餾油酚＝6％煤餾油酚肥皂液稀釋法；(3)陽性肥皂液＝0.5％陽性肥皂液稀釋法；(4)氯液＝200PPM氯液。

化妝品衛生管理條例

一、目前食用色素共有幾種？

答：只有七種可用，如下列：(1)藍－1.2號；(2)綠－3號；(3)黃－4.5號；(4)紅－6.7號。

二、化妝品可劃分為幾種？

答：可分：(1)一般化妝品；(2)含藥化妝品。

三、化妝品衛生管理的單位稱之為衛生主管機關，在中央為行政院衛生署，在省（市）為省（市）政府衛生處（局），在縣（市）為縣（市）政府。

四、未經核准輸入的化妝品若含有醫療或劇毒藥品者，則依違反衛生條例規定第7條第1項，依據衛生條例規定第27條罰則，處一年以下有期徒刑、拘役或科或併科新臺幣壹拾伍萬元以下的罰金；其妨害衛生之物品沒收銷燬之。

五、未經核准輸入化妝品色素者，則依違反衛生條例第8條，依據衛生條例規定第27條罰則，處一年以下有期徒刑、拘役或科或併科新臺幣壹拾伍萬元以下的罰金；其妨害衛生之物品沒收銷燬之。

六、化妝品內含有不合法定標準之化妝品色素者，不得輸入或販賣。如違反者，則依違反衛生條例第11條，依據衛生條例第27條罰則，處一年以下有期徒刑、拘役或科或併科新臺幣壹拾伍萬元以下的罰金；其妨害衛生之物品沒收銷燬之。

七、化妝品之製造，非經領有工廠登記者，不得為之。如違反者，則依違反衛生條例第15條第1項，依據衛生條例第27條罰則，處一年以下有期徒刑、拘役或科或併科新臺幣壹拾伍萬元以下的罰金；其妨害衛生之物品沒收銷燬之。

八、未經許可製造含醫療或劇毒藥品者，則依違反衛生條例第16條第1項，依據衛生條例第27條罰則，處一年以下有期徒刑、拘役或科或併科新臺幣壹拾伍萬元以下的罰金；其妨害衛生之物品沒收銷燬之。

九、未經許可，不得製造化妝品色素。如違反者，則依違反衛生條例第17條第1項，依據衛生條例第27條罰則，處一年以下有期徒刑、拘役或科或併科新臺幣壹拾伍萬元以下的罰金；其妨害衛生之物品沒收銷燬之。

十、未經核准，製造法定外其它色素者，則依違反衛生條例第18條第1項，依據衛生條例第27條罰則，處一年以下有期徒刑、拘役或科或併科新臺幣壹拾伍萬元以下的罰金；其妨害衛生之物品沒收銷燬之。

十一、化妝品或化妝品色素足以損害人體健康者，應禁止輸入、製造、販賣、供應或意圖販賣、供應而陳列時；如違反者，則依違反衛生條例第23條第1項，依據衛生條例第27條罰則，處一年以下有期徒刑、拘役或科或併科新臺幣壹拾伍萬元以下的罰金；其妨害衛生之物品沒收銷燬之。

十二、輸入化妝品未含有醫療或劇毒藥品者，未接受備查即直接輸入（已公告免予備查者，不在此限），如違反者，則依違反衛生條例第7條第2項，依據衛生條例第28條罰則，處新臺幣壹拾萬元以下罰鍰；其妨害衛生之物品沒入銷燬之。

十三、輸入化妝品，應以原裝為限，未經核准，不得在國內分裝或改裝出售，如違反者，則依違反衛生條例第9條，依據衛生條例第28條罰則，處新臺幣壹拾萬元以下罰鍰；其妨害衛生之物品沒入銷燬之。

十四、輸入化妝品或化妝品色素，未經核准或備查，不得變更，如違反者，則依違反衛生條例第10條，依據衛生條例第28條罰則，處新臺幣壹拾萬元以下罰鍰；其妨害衛生之物品沒入銷燬之。

十五、輸入化妝品販賣業者，不得將化妝品之標籤、仿單包裝或容器等改變出售，如違反者，則依違反衛生條例第12條，依據衛生條例第28條罰則，處新臺幣壹拾萬元以下罰鍰；

其妨害衛生之物品沒入銷燬之。

十六、化妝品色素，未經許可即販賣營業，則依違反衛生條例第13條，依據衛生條例第28條罰則，處新臺幣壹拾萬元以下罰鍰，其妨害衛生之物品沒入銷燬之。

十七、製造未含醫療或劇毒化妝品者，未經備查（已公告免予備查，不在此限），則依違反衛生條例第16條第2項，依據衛生條例第28條罰則，處新臺幣壹拾萬元以下罰鍰，其妨害衛生之物品沒入銷燬之。

十八、製造化妝品含有醫療或劇毒藥品者，無聘請藥師駐廠監督調配製造，則依違反衛生條例第19條，依據衛生條例第28條罰則，處新臺幣壹拾萬元以下罰鍰，其妨害衛生之物品沒入銷燬之。

十九、製造化妝品及色素之核准或備查，未經申請核准，不得變更，如違反者，則依違反衛生條例第21條，依據衛生條例第28條罰則，處新臺幣壹拾萬元以下罰鍰，其妨害衛生之物品沒入銷燬之。

二十、化妝品色素足以損害人體健康者，未依規定公告停止使用，且無做回收處理，則違反衛生條例第23條第2項，依據衛生條例第28條罰則，處新臺幣壹拾萬元以下罰鍰，其妨

害衛生之物品沒入銷燬之。

二十一、來源不明的化妝品或化妝品色素，不得販賣、供應或意圖販賣、供應而陳列，如違反者，則依違反衛生條例第23條第3項，依據衛生條例第28條罰則，處新臺幣壹拾萬元以下罰鍰，其妨害衛生之物品沒入銷燬之。

二十二、輸入化妝品之樣品（未申請核准證明），應載明樣品字樣且不得販賣，如違反者，則違反衛生條例第23條之一，依據衛生條例第28條罰則，處新臺幣壹拾萬元以下罰鍰，其妨害衛生之物品沒入銷燬之。

二十三、無故拒絕抽查或檢查者，則違反衛生條例第25條，依據衛生條例第29條罰則，處新臺幣柒萬元以下罰鍰。

二十四、化妝品不得於報紙、刊物、傳單、廣播、幻燈片、電影、電視及其它傳播工具登載或宣傳有傷風俗或虛偽誇大之廣告，如違反者，則違反衛生條例第24條，依據衛生條例第30條罰則，處新臺幣伍萬元以下罰鍰，情節重大或再次違反者，可撤銷有關營業或設廠之許可證照。

傳染病

一、何謂「法定傳染病」？

答：是指發現：(1)黃熱病；(2)猩紅熱；(3)白喉；(4)流行性腦脊髓膜炎；(5)霍亂；(6)傷寒；(7)副傷寒；(8)桿菌性痢疾；(9)鼠疫；(10)斑疹傷寒；(11)狂犬病；(12)迴歸熱時，需在24小時內通報衛生主管機關。

二、何謂「國際傳染病」？

答：是指：(1)霍亂；(2)鼠疫；(3)黃熱病。

三、屬於中華民國的「報告傳染病」？

答：是指發現：(1)瘧疾；(2)日本腦炎；(3)小兒麻痺；(4)破傷風；(5)百日咳；(6)恙蟲病時，需在48小時內報告衛生主管機關。

四、屬於台灣區傳染病？

答：是指除了報告傳染病六種以外，另外還有下列幾種：(1)肺結核；(2)結核性腦膜炎；(3)愛滋病；(4)病毒性肝炎；(5)登革熱；(6)麻疹；(7)德國麻疹；(8)德國麻疹症候群；(9)腮腺炎；(10)痲瘋病；(11)梅毒；(12)淋病；(13)風濕熱；(14)肉毒桿菌中毒；(15)人畜傳染病。

五、傳染病流行的基本條件？

答：(1)病原體；(2)傳染窩；(3)病原體自傳染窩的釋出口；(4)傳
染途徑；(5)病原體侵入新宿主。

六、傳染病病原體的來源？

答：(1)有病人；(2)帶菌者：又分健康帶菌者、潛伏期帶菌者、康
復帶菌者、慢性病帶菌者；(3)動物。

七、傳染病在傳染時間上，又可分為幾種？

答：(1)急性傳染；(2)慢性傳染。

八、傳染病器官有分？

答：(1)呼吸器官傳染病；(2)胃腸方面傳染病；(3)皮膚和黏膜的傳
染病；(4)泌尿和生殖系統的傳染病。

九、傳染病的傳染途徑？

答：可分為：(1)直接接觸傳染；(2)間接接觸傳染。

十、如何預防傳染病感染？

答：(1)得知哪一種病原體；(2)預防至傳染窩；(3)切斷傳染途徑；
(4)增加宿主的抵抗力。

十一、病毒的種類？

答：可分：(1)DNA病毒；(2)RNA病毒。

十二、病毒引起的傳染病有哪些？

答：(1)黃熱病；(2)天花；(3)日本腦炎；(4)傳染性肝炎；(5)麻疹；(6)狂犬病；(7)水痘；(8)AIDS。

十三、細菌引起的傳染病有哪些？

答：(1)霍亂；(2)傷寒；(3)白喉；(4)百日咳；(5)細菌性肺炎；(6)猩紅熱；(7)扁桃腺炎；(8)丹毒；(9)破傷風；(10)痢疾；(11)鼠疫；(12)淋病；(13)軟性下疳。

十四、原蟲引起的傳染病有哪些？

答：(1)瘧疾；(2)毒漿蟲病。

十五、立克次氏體引起的傳染病有哪些？

答：(1)斑疹；(2)傷寒；(3)恙蟲病。

十六、黴菌引起的傳染病有哪些？

答：(1)香港腳；(2)癬。

十七、慢性傳染病有哪些？

答：(1)肺結核；(2)痲瘋病；(3)鏈球菌；(4)風濕熱；(5)砂眼；(6)寄生蟲病；(7)性病。

十八、常見的寄生蟲有哪些？

答：(1)蟯蟲；(2)蛔蟲；(3)鉤蟲；(4)血絲蟲。

十九、性病的種類？

答：(1)梅毒；(2)淋病；(3)軟性下疳；(4)花柳性淋巴肉芽腫；(5)
　　　腹股溝淋巴肉芽腫。

二十、登革熱的傳染源為何？

答：(1)埃及斑蚊；(2)白線斑蚊。

二十一、人體免疫力可分幾種？

答：可分為：(1)自然免疫力；(2)人工免疫力。

二十二、人工免疫力又可分？

答：(1)自動免疫力；(2)被動免疫力。

二十三、自動免疫力包括哪些？

答：(1)活菌疫苗；(2)死菌疫苗；(3)類毒素；(4)毒素；(5)抽提
　　　物。

二十四、被動免疫力包括有哪些？

答：(1)動物免疫血清；(2)復原期病人血清；(3)健康人血清；(4)
　　　免疫球蛋白。

二十五、台灣地區所生的嬰兒，應該接種的預防注射疫苗有哪
　　　　些？

答：(1)白喉、百日咳、破傷風混合疫苗；(2)小兒痲痺口服疫苗；

(3)麻疹疫苗；(4)牛痘疫苗；(5)卡介苗；(6)腦炎疫苗；(7)B型肝炎疫苗。

消毒法的認識與運用

一、消毒法基本又可分為幾種？
答：(1)物理消毒法；(2)化學消毒法。

二、何謂物理消毒法？
答：係指運用物理學的原理如光、熱、輻射線、超音波等方式，達到消滅病原體的目的。

三、常用的物理消毒法有幾種？
答：(1)煮沸消毒法；(2)蒸氣消毒法；(3)紫外線消毒法。

四、請述說煮沸消毒法的特色與正確操作方式？
答：特色：是運用水中加熱的原理將病原體殺死，因為熱能會使病原體的蛋白質凝固，並改變蛋白質的特質，且溶解細胞膜內的脂質，致病原體的新陳代謝受到破壞。
適用的器材：
1.毛巾類。
2.金屬類，如：剪刀、髮夾、挖杓、剃刀、鑷子（需拆開）。
3.玻璃製品，如：玻璃杯。

4.瓷杯、瓷碗。

操作：

1.將器材清洗乾淨。

2.所有物品須完全浸泡，水量一次給足。

3.水溫100ºC，煮沸時間5分鐘以上。

4.瀝乾或烘乾後，放置乾淨櫥櫃。

五、請述說蒸氣消毒法的特色與正確操作方式？

答：特色：是運用高熱的水分子，均勻透入所欲消毒的器材內，
　　使附著在器材上的病原體受濕、熱的作用而致其蛋白質凝
　　固、變性，甚至改變病原體的新陳代謝機轉，阻斷其正常生
　　長而達到消毒的目的。

　　適用的器材：毛巾類。

　　操作：

1.將器材清洗乾淨。

2.將毛巾摺成弓字型後，再放置於蒸氣消毒箱內，蒸氣箱中
　心溫度達80ºC以上，消毒時間10分鐘以上。

3.暫存蒸氣消毒箱。

六、請述說紫外線消毒法的特色與正確操作方式？

答：特色：是因其所釋出的高能量光線，使病原體內的DNA引起
　　變化，喪失繁殖的能力，乃至病原體不能分裂、生長。

　　適用的器材：金屬類，如：髮夾、剃刀、挖杓、鑷子、剪刀
　　　　　　　　（刀剪類需打開或拆開）。

操作：

1. 將器材清洗乾淨。

2. 將器材放置在光度強度85微瓦特／平方公分以上，消毒時間20分鐘以上。

3. 暫存紫外線消毒箱。

七、何謂化學消毒法？

答：是運用化學消毒劑浸泡器材，以達到消滅病原體的目的。

八、常用的化學消毒法有幾種？

答：(1)氯液消毒法；(2)陽性肥皂液消毒法；(3)酒精消毒法；(4)煤餾酚消毒法。

九、請述說氯液消毒法的特色與正確操作方式？

答：特色：是運用氯的氧化能力，當其與病原體接觸時，產生氧化作用，破壞其新陳代謝機轉，致病原體死亡。

適用器材：

1. 塑膠類：挖杓、髮夾

2. 化妝用具類。

3. 粉撲。

4. 玻璃。

5. 白色毛巾。

操作：

1. 將器材清洗乾淨。

2.將器具完全浸泡在餘氯量200PPM以上，消毒時間2分鐘以上。

3.再次用水清洗乾淨，瀝乾或烘乾後，放置乾淨櫥櫃。

十、請述說陽性肥皂液的特色與正確操作方式？

答：特色：是運用與病原體接觸後蛋白質被溶解致死亡之原理，發揮殺菌之作用。

適用器材：

1.塑膠類：挖杓、髮夾。

2.毛巾類。

操作：

1.將器材清洗乾淨。

2.將器具完全浸泡在含0.1－0.5陽性肥皂液內，消毒時間20分鐘以上。

3.再次用清水沖洗乾淨，瀝乾或烘乾後，放置乾淨櫥櫃。

十一、請述說酒精消毒法的特色與正確操作方式？

答：特色：是最常用的皮膚消毒劑，有效的殺菌濃度為70－80％（一般採用75％）；病原體與其接觸時，其蛋白質會凝固，而致死亡。

適用器材：

1.金屬類：剃刀、剪刀、挖杓、鑷子、髮夾、睫毛捲曲器。

2.塑膠類：挖杓、髮夾。

3.化妝用刷類、粉撲及海棉。

操作：

1.將器材清洗乾淨。

2.步驟如下：

　(a)金屬類可直接擦拭，但須擦拭數次。

　(b)塑膠類及其它類，須完全浸泡在含75％酒精溶液內，消毒時間10分鐘以上。

3.金屬類瀝乾即可，塑膠類可再次用清水洗乾淨、瀝乾或烘乾後放置乾淨櫥櫃。

十二、請述說煤餾油酚肥皂液的特色與正確操作方式？

答：特色：是一種含25％或50％甲苯酚的皂化溶液，易溶於水而呈混濁狀；最主要殺菌機轉是造成蛋白質的變性，但本身具有腐蝕性，使用時，需特別小心。

適用器材：

1.金屬類：剃刀、剪刀、挖杓、鑷子、髮夾、睫毛捲曲器。

2.塑膠類：挖杓、髮夾。

操作：

1.將器材清洗乾淨。

2.將器具完全浸泡在含6％煤餾油酚肥皂液內，時間10分鐘以上。

3.再次用清水沖洗乾淨，瀝乾或烘乾後，放置乾淨櫥櫃。

洗手與消毒

在營業場所中由於美容從業人員接觸顧客皮膚的次數非常頻繁，因此要特別注意手部的清潔與消毒，以免因手部不潔淨引起細菌感染甚至傷害顧客的皮膚，如此就得不償失了；在此提供幾種不同的洗手方式與手部消毒方法，方便美容從業人員在為顧客服務時，能正確運用適合的洗手方式與手部消毒方法，如此才能讓本身及顧客得到安全與保障。

一、不同的洗手方式與效果：

　　1.用水盆直接洗手時，尚約有36％的細菌存在。

　　2.用水直接沖洗手部，尚約有12％的細菌存在。

　　3.用水沖洗手部→塗抹肥皂→再用水沖洗，則所有手部細菌都洗淨。

二、在什麼時候應該洗手？

　　1.手髒的時候或修剪指甲後及清潔打掃後。

　　2.清洗飲食餐具前或調理食物前。

　　3.咳嗽、打噴嚏、擤鼻涕、吐痰及大小便後。

　　4.工作前、後或吃東西前。

　　5.休息20-30分鐘後及做任何事之前，皆要洗手。

三、在營業場所中什麼時候要做手部消毒？

　　1.護膚前與後，皆要消毒。

2.洗完手後及幫顧客服務之前。

3.發現顧客有皮膚病的時候。

四、以200PPM氯液消毒法、75％酒精消毒法、0.5％陽性肥皂液消毒法、6％煤餾油酚消毒法等四種化學消毒法來說，有哪些是適合做手部消毒？

1.75％酒精。

2.0.5％陽性肥皂液。

是非題（衛生）

（×）1.環境衛生係指營業場所經營各項公共事業活動的固定場所，對人體健康和生存所有可能的危害因子。

〔營業衛生〕

（○）2.食物中含有毒劑侵入生物體，並危害生理及心理之功能，稱為食物中毒。

（○）3.化妝品係指施於人體外部，以潤澤髮膚、刺激嗅覺、掩飾體臭或修飾容貌之功能。

（×）4.能夠將細菌的繁殖體殺滅，但不能消滅細菌芽胞，稱之為滅菌。

〔消毒〕

（×）5.PPM為顆粒的單位，UP為濃度的單位。〔兩者相反〕

（○）6.將所有的微生物全部殺滅（不管是細菌的繁殖體或芽胞），稱之為滅菌。

（○）7.所謂仿單係指化妝品容器或包裝上，用以記載文字、圖書或記號之標示物。

（○）8.由於工廠製造產品是一批一批的產生，所以每一批的產品皆會有一個不同的代號，而此代號就稱之為批號。

（×）9.依據化妝品管理條例規定，市售一般化妝品於仿單、標籤或包裝上應刊有廠名、地址、品名、成份、重量或容量、批號或出廠日期，而含藥化妝品則應只標示名稱及使用時注意事項、至於用途、用法及保存期限、保存方法，則不需要標示。

〔亦需要標示〕

（×）10.目前，所採用之化學消毒方法有紫外線消毒法、酒精消毒法、蒸氣消毒法等三種。

〔此三種消毒法是屬於物理消毒法〕

（×）11.依照衛生營業管理規定，美容從業人員應接受每年定期
健康檢查，若有傳染病也應停止營業，但兩眼視力卻不
受限制。　　　　　　　　　　　　〔至少在0.4以上〕

（○）12.屬於國際傳染病的是指霍亂、鼠疫、黃熱病。

（○）13.傳染病的傳染途徑可分為直接接觸傳染與間接接觸傳
染。

（○）14.病毒引起的傳染病有黃熱病、天花、日本腦炎、傳染性
肝炎、麻疹、狂犬病、水痘、AIDS。

（×）15.中華民國的報告傳染病是指瘧疾、日本腦炎、小兒麻
痺、破傷風、百日咳、恙蟲病等，需在24小時內報告衛
生主管機關。　　　　　　　　　　　　　　〔48小時〕

（×）16.傳染病在傳染時間上，並無急性傳染與慢性傳染之分。

〔有分〕

（×）17.傳染病病原體的來源為有病的人，與其它皆無關係。

〔與其它因素亦有關係〕

（○）18.黃熱病、日本腦炎、麻疹、水痘、AIDS等皆是由病毒所
引起的傳染病。

（○）19.瘧疾、毒漿蟲病是由原蟲所引起的傳染病。

（×）20.斑疹、傷寒、恙蟲病是由黴菌所引起的傳染病。

〔立克次氏體〕

（×）21.香港腳、癬是由立克次體所引起的傳染病。　〔黴菌〕

（○）22.登革熱的傳染源為埃及斑蚊和白線斑蚊。

（○）23.三斑家蚊及環蚊會傳播日本腦炎。

（○）24.下列述說是否皆正確？鼠蚤會傳播鼠疫，體蚤會傳播斑疹傷寒，而瘋狗會傳染狂犬病。

（×）25.目前，食用色素可用的共有2種。　　　　　　〔7種〕

（×）26.下列述說是否正確？輸入不合法定標準之化妝品色素者，則依據衛生條例第27條罰則，處一年以下有期徒刑，拘役或科或併科新臺幣10萬元以下的罰金；其妨害衛生之物品沒收銷燬之。　　　　　　　　　　〔15萬元〕

（○）27.未經許可，製造含醫療或劇毒藥品者，則依衛生條例第27條例罰則，處一年以下有期徒刑，拘役或科或併科新臺幣15萬元以下的罰金；其妨害衛生之物品沒收銷燬之。

（×）28.化妝品衛生管理的單位在中央稱之為衛生主管機關，在省市為省（市）政府衛生處（局），在縣（市）為縣（市）政府。　　　　　　〔在中央為行政院衛生署〕

（×）29.製造含有醫療或劇毒的化妝品業者，只需將藥師執照懸掛在明顯處，而藥師不必親自駐廠服務。
　　　　　　　　　　　　　　　　　〔藥師需親自駐廠〕

（×）30.輸入化妝品應以原裝為限，未經核准，不得在國內自行分裝，否則依衛生管理條例第28條罰則，處新臺幣15萬元以下罰金；其妨害衛生之物品沒入銷燬之。
　　　　　　　　　　　　　　　　　〔10萬元〕

（○）31.下列述說是否正確？輸入化妝品販賣業者，不得將化妝品之標籤、仿單、包裝或容器等改變出售，否則依據衛生條例第28條罰則，處新臺幣10萬元以下罰鍰；其妨害

衛生之物品沒入銷燬之。

（×）32.化學消毒法包含紫外線消毒法、蒸氣消毒法、煮沸法等
三種。　　　　　　　　　　〔物理消毒法包含……〕

（×）33.物理消毒法包含陽性肥皂液、酒精消毒法、氯液消毒
法、煤餾油酚消毒法等四種。　〔化學消毒法包含……〕

（○）34.運用與病原體接觸後，蛋白質被溶解致死亡之原理，發
揮殺菌之作用的是陽性肥皂液消毒法。

（×）35.酒精消毒法是一種最常用的皮膚消毒劑，有效的殺菌濃
度為95％，病原體與其接觸時，其蛋白質會凝固，而至
死亡。　　　　　　　　　　　　　　　　　　〔75％〕

（○）36.會造成蛋白質的變性，且本身具有腐蝕性的消毒液為煤
餾油酚肥皂液。

（×）37.會使病原體受濕及熱的作用，而至其蛋白質凝固、變
性，甚至改變病原體的新陳代謝機轉，阻斷其正常生長
而達到消毒目的地，是屬於紫外線消毒法。

〔蒸氣消毒法〕

（×）38.能釋出高能量的光線，使病原體內的DNA引起變化，並
喪失繁殖的能力，乃至病原體不能分裂及生長的是蒸氣
消毒法。　　　　　　　　　　　　　〔紫外線消毒法〕

（○）39.運用化學消毒劑浸泡塑膠類器材，可達到消滅病原體的
目的。

（○）40.運用物理學的原理如光、熱、輻射線、超音波等方式，
來達到消滅病原體的目的，稱之為物理消毒法。

（×）41.依衛生條例第29條罰則規定，無故拒絕抽查或檢查者，

可處新臺幣10萬元以下罰鍰，其妨害之物品沒入銷燬
之。　　　　　　　　　　　　　　　〔7萬元以下〕

（○）42.運用氯的氧化能力，當其病原體接觸時，產生氧化作
　　　　　用，破壞其新陳代謝機轉，致病原體死亡的稱之為氯液
　　　　　消毒法。

（×）43.下列述說是否皆正確？接種卡介苗可預防肺結核。砂眼
　　　　　的病原體為披衣菌。A型肝炎之病原體為三斑家蚊。

　　　　　〔砂眼的病原體為砂眼披衣菌，A型肝炎之病原體為A型
　　　　　病毒〕

（○）44.下列述說是否皆正確？流行性感冒是一種上呼吸道急性
　　　　　傳染病。霍亂的潛伏期平均為3天。胸外按壓的速度為每
　　　　　分鐘為80－100次。

（×）45.下列述說是否皆正確？夏季腦炎是指日本腦炎。當染髮
　　　　　劑、燙髮劑或消毒劑灼傷身體時，應用大量的清水沖洗
　　　　　灼傷部位2分鐘。一氧化碳中毒時，最佳之處理方法為將
　　　　　患者帶至通風處，並鬆開頸部衣扣。

　　　　　　　　　　　　　　　〔清水沖洗至少10分鐘以上〕

（○）46.下列述說是否皆正確？直接加壓止血法是指在傷口處施
　　　　　壓5-10分鐘，但敷料必須完全蓋住傷口。病媒防止最好
　　　　　的方法就是不讓它吃、不讓它住、不讓它來。中風的急
　　　　　救姿勢是讓患者平臥，並將頭肩部墊高10-15度，且鬆開
　　　　　其頸、胸腰部之衣物。

（×）47.下列述說是否皆正確？營業場所插花容器及冰箱底盤應
　　　　　每二週洗刷一次，而心肺復甦術最適合猝死患者。

〔每一週清洗一次〕

（×）48.下列述說是否皆正確？菌體要合成蛋白質時所需的物質
為DNA。化妝品色素要輸入或製造時，應事先向考試院
申請查驗，待得到核准並已發給許可證後，才得輸入或
製造。　　　　　　　〔RNA。向行政院衛生署提出……〕

（×）49.只要將手在水龍頭下沖洗10分鐘以上，即可將手部的細
菌完全洗淨。　〔手部淋濕→塗抹肥皂→再用清水沖洗〕

（×）50.最適合做手部的消毒方法是氯液消毒法。

〔酒精消毒法與陽性肥皂液消毒法〕

選擇題

（4）1.下列何者最為正確？❶ 濃度的單位為UP；❷ 將所有的微生物全部殺滅，不管是細菌的繁殖體或芽胞稱之為消毒；❸ 所謂空窗期係指病毒在體內經過三個月的時間，才會發病；❹ 仿單係指化妝品容器或包裝上，用以記載文字、圖書或記號之標示物。

（2）2.下列何者為誤？❶ 食物中毒是指兩人或兩人以上吃同樣的食物後，發生相同症狀，且將所剩的食物經過化驗結果，發現類似的病菌；❷ 所謂批號係指化妝品從工廠製造，一批一批的產生，而每一批皆不需有一個批號；❸ 職業病是指員工因職業工作環境不良，所引起的疾病；❹ 濃度的單位為PPM。

（3）3.下列何者為誤？❶ 美容從業人員兩眼視力矯正後，需在0.4以上；❷ 目前我國常採用的化學消毒法為煤餾油酚肥皂液消毒法、酒精消毒法、陽性肥皂液消毒法、氯液消毒法；❸ 發現法定傳染病時，需在一星期內通報衛生主管機關；❹ 發現法定傳染病時，需在24小時內通報衛生主管機關。

（4）4.下列何者為誤？❶ 國際傳染病係指霍亂、鼠疫、黃熱病；❷ 傳染病在傳染的時間可分急性傳染與慢性傳染；❸ 登革熱的傳染源為埃及斑蚊與白線斑蚊；❹ 目前，可使用的食用色素只有一種。

（1）5.下列何者為是？❶ 常見的寄生蟲有蟯蟲、蛔蟲、鉤蟲、血絲蟲；❷ 香港腳是由披衣菌所引起的；❸ 癬是由立克次體所引起；❹ 人體的免疫力只有人工免疫力。

（2）6.下列何者為誤？❶未經核准輸入的化妝品且含有醫療或劇
毒者藥品，處一年以下有期徒刑，拘役或科或併科新臺幣
15萬元以下的罰鍰；其妨害衛生之物品沒收銷燬之；❷輸
入的化妝品應以原裝為限，未經核准，不得在國內分裝或
改裝，否則，處新臺幣15萬元以下的罰鍰，其妨害衛生之
物品沒入銷燬之；❸所謂酒精消毒法是指將所要消毒之塑
膠類物品完全浸泡在75％酒精，時間10分鐘以上；❹煤餾
油酚肥皂液是一種含25％或50％甲苯酚的皂化溶液。

（1）7.下列何者為誤？❶陽性肥皂液消毒法是將器具完全浸泡在
含0.1－0.5％陽性肥皂液，時間10分鐘；❷煤餾油酚肥皂液
消毒法是將器具完全浸泡在含6％煤餾油酚肥皂液，時間10
分鐘以上；❸紫外線消毒法是將器材放置在光度強度85微
瓦特平方公尺以上，消毒時間20分鐘以上；❹蒸氣消毒法
是屬於物理消毒法。

（2）8.下列何者最為誤？❶陽性肥皂液是運用與病原體接觸後，
蛋白質被溶解至死亡之原理，達到殺菌之功效；❷最常用
的酒精殺菌濃度為95％；❸煤餾油酚最主要殺菌機轉是造
成蛋白質的變性，且本身具有腐蝕性；❹紫外線消毒法所
釋出的高能量光線，能使病原體內的DNA引起變化，喪失
繁殖的能力。

（1）9.下列述說何者為誤？❶物理消毒法可分為氯液消毒法、陽
性肥皂液、酒精消毒法、煤餾油酚消毒法等四種；❷氯液
消毒法是運用氯液的能力，與病原體接觸時，會產生氧化
作用，破壞其新陳代謝機轉，至病原體死亡；❸使用氯液

消毒法是將所需消毒之器具完全浸泡在餘氯量200PPM以上，時間2分鐘；❹採用陽性肥皂液消毒法時，其消毒的時間為20分鐘以上。

（1）10.下列何者為誤？❶製造的化妝品含有醫療或劇毒藥品者，無需聘請藥師駐廠監督；❷化妝品色素足以損害人體健康者，未依公告之規定停止使用，且無做回收處理，則依規定處新臺幣10萬元以下罰金；❸未經許可，不得製造化妝品色素，否則罰款新臺幣15萬元以下罰金；❹化妝品可分為一般化妝品及含藥化妝品。

（4）11.下列何者為對？❶傳染病的途徑分為急性傳染與慢性傳染二種；❷傳染病在傳染的時間上可分直接傳染與間接傳染；❸瘧疾與毒漿蟲病是由披衣菌所引起的；❹香港腳與癬是由黴菌所引起的。

（2）12.下列何者為對？❶所謂批號係指化妝品容器或包裝上，用以記載文字、圖書或記號之標示物；❷化妝品係指施於人體外部，以潤澤髮膚、刺激嗅覺、掩飾體臭或修飾容貌之功能；❸員工因工作環境良好，本身引起的急病亦稱職業病；❹滅菌僅能夠將細菌的繁殖體殺滅，但不能消滅細菌芽胞。

（3）13.下列何者為誤？❶來蘇消毒水的有效濃度為6％之煤餾油酚；❷使用陽性肥皂液浸泡消毒時，需添加0.5％濃度的亞硝酸鈉，即可防止金屬製品受腐蝕而生銹；❸美容從業人員即使發現有傳染病也可繼續營業；❹美容從業人員兩眼視力，經檢查後，最少需有0.4以上。

（2）14.美容從業人員要接觸客人皮膚前最適合選用什麼樣的洗手方
式？❶用水盆洗手；❷用水先沖洗→塗抹肥皂→用水再次
沖洗；❸只要用濕紙巾擦拭；❹用水沖洗10分鐘以上即可。

（4）15.下列何者為是？❶酒精消毒法是屬於物理消毒法；❷紫外
線消毒法的消毒時間只需10分鐘，即可達到殺菌的效果；
❸只有吃東西前需要洗手，其它皆不需要洗手；❹煮沸消
毒法是屬於物理消毒法。

（2）16.❶金屬類；❷塑膠類；❸毛巾類；❹玻璃杯　是四種化學
消毒法皆可使用的消毒法。

（3）17.哪一種消毒法最適合美容從業人員做手部消毒：❶煤餾油酚
消毒法；❷煮沸消毒法；❸酒精消毒法；❹氯液消毒法。

（2）18.下列述說何者為誤？❶護膚工作前、後，皆需作手部消
毒；❷發現顧客有皮膚病的時候，立刻停止工作去洗手，
但不需作手部消毒；❸瘧疾的病原體是原蟲；❹酒精消毒
法是最簡易的手部消毒法。

（2）19.下列述說何者為誤？❶用酒精消毒法做手部消毒後，可不
必再用水清洗；❷用陽性肥皂液做手部消毒後，只要用紙
擦拭乾淨即可；❸用苯基氯卡銨做手部消毒後，需再用清
水沖洗乾淨；❹美容從業人員應隨時保持手部的清潔。

（1）20.下列述說何者為是？❶美容師自行販賣未有標示廠名及廠
址的化妝品，則處罰新台幣10萬元的罰款，並將其來路不
明的化妝品沒入銷燬；❷75％的酒精剛好用完時，可用95
％的酒精來取代；❸最適合煮沸消毒法的器材是塑膠類；
❹藍色的毛巾亦適用氯液消毒法。

急 救

一、急救的定義：當創傷或疾病突然發生，在醫師尚未到達或未將患者送醫前對意外受傷或急症患者所做的一種短暫而有效的處理措施。

二、急救的目的：
1. 維持生命。
2. 預防更嚴重的傷害及傷口的感染。
3. 協助患者及早獲得治療，減輕傷患的痛苦。

三、急救的最大原則：先確定患者與自己均無進一步的危險。

四、常備簡易急救物品：(1)75％酒精；(2)優碘；(3)紫藥水；(4)氨水；(5)鑷子；(6)剪刀；(7)棉花棒；(8)捲軸繃帶；(9)安全別針；(10)三角巾；(11)OK絆；(12)膠布；(13)消毒紗布；(14)棉花；(15)止血帶；(16)體溫計；(17)手電筒。

五、急救技術的分類：(1)呼吸道異物梗塞；(2)人工呼吸與心肺復甦術；(3)創傷處理；(4)灼、燙傷處理；(5)一般急症的處理；(6)癲癇症；(7)暈倒；(8)中毒的處理；(9)中暑。

六、急救的一般原則：

1.先確定傷患及自己均無進一步的危險。

2.迅速採取行動，針對最急迫的狀況給予優先處理。

3.給予精神安慰，消除恐懼心理。

4.非必要，不可任意移動傷患，若需移動，先將骨折部位及大創傷部位予以包紮固定。

5.預防休克，注意保暖，以維持體溫。

6.將患者安置於正確姿勢，對於神智不清者，採復甦姿勢。

7.清醒者，可給予熱飲料或食鹽水，但昏迷者，或疑有內傷或重傷、骨折、大面積燒傷可能需接受麻醉、或腹部有貫穿傷者，均不可給予食物或飲料。

8.保持傷者四週環境之安靜。

9.如需要時，應儘速送附近的醫院或尋求援助，以獲得治療與照顧。

七、呼吸道異物梗塞分：

1.部分梗塞：患者能呼吸，不可給予背擊，可自行咳出或嚥下。

急救方法分：

(a)一般成人適用腹部擠壓法。

(b)肥胖者及孕婦適用胸部擠壓法。

2.完全梗塞：患者不能呼吸，呈現意識喪失或昏迷，應立即急救。

急救方法：

(a)腹部擠壓法。

(b)胸部擠壓法。

(c)手指掃探法。

八、何謂腹部擠壓法？

答：使患者仰臥，施救者跨跪在患者兩側，或身體的一側，雙手重疊或交扣，手掌根在患者肚臍與胸骨劍突之間，朝內上方快速擠壓六至十次，並重複到異物咳出為止。

九、何謂胸部擠壓法？

答：當患者是大胖子或孕婦時，必須用此方法，先找到按壓點（胸骨中央），雙手重疊或交扣，用力朝胸骨方向快速下壓六至十次或直到有效為止。

十、何謂手指掃探法？

答、此法只用於昏迷的患者，一手將患者嘴巴張開（大拇指壓舌，四指將下巴往上提），另一手食指沿臉頰伸入咽喉將異物勾出。

十一、哪個時候需要暢通呼吸道、施行人工呼吸？

答、不論手指掃探時，嘴巴有無異物勾出，都需使呼吸道暢通並嘗試吹氣，如空氣能吹入肺部，就開始人工呼吸。

十二、何謂人工呼吸？

答：當患者呼吸停止，但仍有心跳時，則可施行人工呼吸，最常

用的人工呼吸為口對口人工呼吸。

方法：用壓額頭推下巴法來暢通呼吸道，壓額之手以大拇指與食指捏住患者到鼻孔，施救者，張口深吸一口氣後，罩住患者之口吹氣，同時用眼角注視患者之胸部，要膨脹起來才有效果，一般成人每隔5秒鐘吹一口氣，小孩每隔3秒鐘吹一口氣。

十三、何謂(1)心肺復甦術？(2)其比例為多少（每隔多久需做幾次？）

答：(1)是指人工呼吸及人工胸外按壓心臟的合併使用，簡稱 CPR；(2)每隔4－5分鐘，做胸外按壓15次，人工呼吸2次。

十四、一般在進行人工呼吸與腹部擠壓法時，成人與嬰兒的差異點在那兒？

答：成人：以食指與中指指腹輕摸頸動脈，成人每隔5秒鐘吹一口氣。

嬰兒：以食指與中指指腹輕摸肱動脈，嬰兒每隔3秒鐘吹一口氣。

十五、遇到成人異物梗塞且無意識及沒有呼吸的狀況時，應如何實施急救？

答：(1)呼叫患者，並請旁人打電話向119求救；(2)此時，跪在患者頭側，一手輕壓額頭，另一手用食指、中指將下巴往上提，然後急救者臉朝下：耳→聽呼吸聲。眼→看前胸有否起

伏。臉頰→感覺有否熱氣；(3)若無呼吸時，急救者將壓額之手移至鼻部（捏住鼻翼）→用力向患者口部吹兩口氣→眼睛看胸口（有無起伏）→若無呼吸時，則進行腹部擠壓；(4)急救者面對患者跪著（跨在患者膝與腰之間）→兩手手掌相疊扣住（在肚臍與劍突之間的位置）→往上推擠六至十次（手要打直，不能彎曲）；(5)急救者回到患者頭側邊，進行手指掃探，一手的拇指壓舌，四指將下巴往上提，用另一手食指將異物挖出；(6)再次向患者口部吹氣，假設空氣不能進去→繼續做腹部擠壓，手指掃探→異物消除後，呼吸道順暢→再吹氣兩次→吹進肺部（待空氣進入後）→手摸頸動脈，（查看胸部有沒有起伏）→評估循環狀況，再進行人工呼吸或CPR。

十六、創傷處理可分幾種？
答：可分：(1)止血法；(2)傷口簡易處理；(3)簡易包紮法。

十七、止血法又可分幾種？
答：1.直接加壓止血法：指直接在傷口上面或周圍施以壓力而止血，敷料必須完全蓋住傷口，至少5至10分鐘。
2.升高止血法：指將傷肢或出血部位攀高，使傷口超過心臟部位，可減少血液流出（傷口若無骨折現象時，可與直接加壓止血法併用）。
3.冷敷止血法：適用於挫傷或扭傷後，不可揉或熱敷。
4.止血點止血法：此法只用於動脈出血，可用來控制嚴重出

血的壓迫點分別位於手臂上的肱動脈及大腿上的股動脈。

5.止血帶止血法：當四肢動脈大出血，用其它方法不能止血時，才用止血帶止血法。

十八、傷口簡易處理可分幾種？

答：1.輕傷：清潔後，可直接用OK絆包紮固定。

2.嚴重出血的傷口處理：立刻止血→預防休克→用無菌敷料蓋住並固定傷口→儘速送醫。

3.頭皮創傷處理：不清洗傷口→用無菌敷料蓋住傷口（不可擠壓）→儘速送醫。

十九、簡易包紮法可分幾種？

答：1.環狀包紮法：適用傷口不大且等粗的肢體。

2.螺旋形包紮法：適用受傷部位較大，無法以環狀包紮法來固定敷料時。

3.八字形包紮法：多用於肘部或膝部關節，包紮時受傷部位應保持彎曲。

4.頭部包紮法：使用三角巾。

5.前額頭包紮法：使用三角巾。

6.手掌或足部包紮法：使用三角巾。

7.踝關節扭傷包紮法：使用三角巾。

8.托臂法：使用三角巾。

二十、何謂灼傷？

答：由於身體接觸火焰、乾熱、電、日曬、腐蝕性化學藥品、放
　　射線而受傷，即稱之為「灼傷」。

二十一：何謂燙傷？

答：由於身體接觸燙熱液體、蒸氣而受傷，稱之為「燙傷」。

二十二、灼燙傷的處理可分為幾種？

答：1.輕微灼燙傷。

　　2.嚴重灼燙傷。

　　3.化學藥品灼傷的處理：身體碰到如染髮劑、燙髮劑、清潔
　　　劑、消毒劑而發生灼傷時，應立即：

　　　(a)用大量的水沖掉灼傷部位至少10分鐘以上，並將灼傷部
　　　　位的衣物脫掉。

　　　(b)如果是灼傷眼部，應採取健側在上、傷側在下，用大量
　　　　的水從眼睛內角沖向外角，至少10分鐘以上。

　　　(c)用已消毒的敷料蓋住灼傷部位，並固定敷料。

　　　(d)立即送醫，並將化學藥品帶去，以利辨識。

二十三、請述說休克的原因及急救方法？

答：原因：人遇到外傷、出血、疼痛、暴露於冷處過久或饑餓、
　　　　　疲勞、情緒過度刺激及恐懼，就易呈現休克。

　　症狀：臉色蒼白，兩眼半閉，眼珠無神且瞳孔放大，血壓降
　　　　　低。

急救方法：

1.讓患者平躺，將下肢抬高約20－30公分，但頭部外傷者須將頭抬高。

2.保持體溫，身體下加墊毛毯並包裹身體，以不出汗為原則。

3.患者意識不清楚者，應採復甦姿勢。

4.鬆開衣服，注意保持空氣新鮮與安靜的環境。

5.清醒者可給予熱飲料或補充水份。

6.檢查是否有其它外傷或骨折。

7.儘速送醫。

二十四、請述說中風的原因及急救方法？

答：原因：由於腦部的血管有局部的阻塞或出血，因而發生血管硬化與高血壓。

症狀：

1.輕微者會有頭痛、頭暈、言語有缺陷和耳鳴。

2.嚴重者知覺喪失、呼吸困難、身體一側上下肢體痲痺、瞳孔大小左右不一。

急救方法：

1.不要亂動病人，移動時要固定頭部。

2.儘速送醫，並保持呼吸道通暢。

3.使患者平臥，將頭肩部墊高10－15度，或採半坐半臥，並鬆開衣物，如意識不清，則採復甦姿勢。

4.若有呼吸困難或分泌物流出，可使病人頭側向一邊（痲痺

側應在上面）。

5.不可供給任何流質或食物。

6.迅速送醫。

二十五、請述說鼻出血的急救方法？

答：1.讓患者安靜坐下，使上身前傾。

2.鬆開衣領，要患者捏緊鼻子並張口呼吸。

3.可於額部、鼻部冷敷。

4.告知患者數小時之內不可挖鼻子。

5.如短時間內，仍無法改善，應立即送醫。

二十六、請述說當異物入耳時，該如何處理？

答：1.水入耳：頭側向入水側，跳一跳即可使水流出。

2.昆蟲入耳：用燈光照射將小蟲取出或可滴入沙拉油、橄欖
油、水使昆蟲淹死流出。

3.豆入耳：滴入95％酒精，使豆縮小則易取出。

4.異物如果是如珠子或硬物入耳，應立即送醫取出。

二十七、請述說癲癇症的原因及急救方法？

答：原因：是一種慢性病，真正的原因尚未明瞭。

症狀：發作時患者會突然失去知覺並倒在地上，數秒鐘內會
呈現僵直狀態，此時開始有抽搐現象產生。

急救方法：

1.可用柔軟物品，如手怕放置顧客上下齒列中，以防止患者

咬傷舌頭。

2.待抽搐後，解開患者衣領及腰帶，並讓患者平臥，頭偏向一側。

3.痙攣發作後，如情況許可即可送回家休息，倘若患者呼吸停止，應立即施行人工呼吸並送醫急救。

二十八、請述說暈倒的原因及急救方法？

答：原因：在毫無徵兆之下，由於腦部短時間內突然血液供給不足，發生意識消失，以致倒下的現象。

症狀：患者不省人事，臉色蒼白，呼吸淺、脈搏初時弱而慢，但漸漸加快。

急救方法：

1.移患者至陰涼處，使其平躺並抬高下肢。

2.使緊身衣服得到鬆解。

3.若有呼吸困難現象時，將他置於復甦姿勢，長時間內無法恢復，應即刻送醫。

二十九、請述說中暑的原因與急救方法？

答：原因：因大氣中溫度過高且有乾和熱的風，致使身體無法控制體溫，汗腺失去排汗功能，才導致中暑。

症狀：體溫高達攝氏41℃以上，患者會有頭痛、暈眩、皮膚乾而紅等症狀。

急救方法：

1.送患者至陰涼處並採半坐半臥姿勢，意識不清者採復甦姿

勢。

2.可用濕冷床單或大毛巾包裹，以電扇直吹患者，直到體溫
降至攝氏38℃。

三十、請述說中毒的原因與急救方法？

答：原因：又可分(1)食物中毒；(2)藥物化學品中毒；(3)一氧化碳
中毒。

急救方法：

1.食物中毒：

(a)可供應水或牛奶後立即催吐，但已昏迷且有痙攣者除
外。

(b)患者屬於清醒者可給予食鹽水。

(c)保持體溫，不使其出汗，然後趕緊送醫。

2.藥物化學品中毒：

(a)如非腐蝕性可給予喝蛋白或牛奶，然後催吐。

(b)如為腐蝕性則給予喝蛋白或牛奶以保護黏膜，但勿催
吐。

(c)即刻送醫，並將化學毒物一起帶去。

3.一氧化碳中毒

(a)因是無色、無臭、無味的氣體，所以需立即關閉電源及
瓦斯開關，並打開所有的門窗，使空氣流通。

(b)鬆開患者緊身衣物，必要時，做人工呼吸或胸外按壓。

(c)檢查有無外傷或骨折現象，然後立即送醫。

是非題（急救）

（○）1. 當創傷或急病突然發生時，在醫生尚未到達或未將患者送醫前對意外受傷或急症患者所做的一種短暫而有效的處理措施，稱之為急救。

（×）2. 急救的最大原則就是先確定自己有無進一步的危險，而不用管患者是否有危險。　　　〔亦要確定患者是否有危險〕

（○）3. 下列述說是否正確？急救的目的就是維持生命，協助患者提早獲得治療，減輕傷患的痛苦。

（○）4. 異物梗塞又可分部分梗塞和完全梗塞。

（×）5. 當患者為大胖子或是孕婦時，最佳的急救法為腹部擠壓法。　　　　　　　　　　　〔急救法為胸部擠壓法〕

（×）6. 當患者需要實行人工呼吸時，成人每隔3秒鐘吹一口氣，小孩每隔5秒鐘吹一口氣。

〔成人每5秒鐘，小孩每3秒鐘〕

（○）7. 所謂腹部擠壓法，是指急救者跨跪在患者兩側，或患者身體的一側，雙手重疊或交扣，手掌根在患者肚臍與胸骨劍突之間，朝內上方快速擠壓6至10次，並重複到異物咳出為止。

（○）8. 進行人工呼吸及人工胸外按壓時，應每隔4至5分鐘，做胸外按壓15次，人工呼吸2次。

（×）9. 進行人工呼吸時，成人是摸肱動脈，小孩是摸頸動脈。

〔成人摸頸動脈，小孩摸肱動脈〕

（○）10. 創傷的處理可分為：止血法、傷口簡易處理、簡易包紮法。

（×）11.針對傷口不大時，可直接在傷口上面或周圍施以壓力而止血，但敷料必須完全蓋住傷口，至少5至10分鐘，這種止血法稱之為止血點止血法。　〔直接加壓止血法〕

（×）12.對於挫傷或扭傷後，最直接及最有效的方法就是趕快揉擦或做熱敷的處理。　〔不可揉擦或熱敷，最好是冷敷〕

（×）13.當四肢動脈大出血時，最快速的做法就是用直接加壓止血法，才能達到止血的目的。　〔止血點止血法〕

（○）14.使用紗布包紮傷口不大且等粗的肢體的包紮法為環狀包紮法。

（○）15.對於肘部或膝部關節受傷時，最適合採8字形包紮法，且受傷部位應保持彎曲。

（×）16.所謂燙傷是指身體接觸火焰、乾熱、電、日曬、腐蝕性化學藥品、放射線……等，而引起受傷。　〔灼傷〕

（×）17.由於身體接觸燙熱的氣體或蒸氣而引起受傷時，稱之為灼傷。　〔燙傷〕

（○）18.對於身體碰到化學藥品灼傷時，應立即用大量的水沖掉灼傷部位至少10分鐘以上，且需將灼傷部位的衣物脫掉，再用乾淨的敷料蓋住灼傷部位，並立即送醫（使其受傷的化學藥品需一併帶去）。

（×）19.下列述說是中暑的症狀：輕微者會頭痛、頭暈、言語有缺陷和耳鳴，嚴重者知覺喪失、呼吸困難、身體一側上下肢體麻痺、瞳孔大小左右不一。　〔中風〕

（×）20.對於鼻出血的患者，最好的處理方式：就是讓患者安靜坐下，並讓其身體上身後仰。　〔上身前傾〕

（○）21.遇到昆蟲入耳時的處理方式為：用燈光照射，將小蟲取出或可滴入沙拉油、橄欖油、水使昆蟲淹死並流出。

（×）22.碰到如珠子或硬物入耳時，可滴入95％酒精使珠子或硬物縮小即可取出。　　　　　　　　〔豆入耳〕

（○）23.在完全毫無徵兆之下，由於腦部短時間內突然血液供給不足，以致發生意識消失及倒下的情形稱之為暈倒。

（×）24.因大氣中溫度過高，且有乾和熱的風，致身體無法控制體溫，汗腺亦失去排汗功能，才會導致中風。　〔中暑〕

（×）25.對於具有腐蝕性的化學藥品產生中毒時，則給予喝蛋白或牛奶，然後催吐，再即刻送醫。　　〔不可催吐〕

選擇題

（2）1.下列述說何者為誤？❶急救的目的是為了維持生命及預防更嚴重的傷害和傷口的感染，並且協助患者提早獲得治療；❷當創傷發生時，不管大小傷口，都可採用OK絆做最快速的處理；❸對鼻出血的患者，最好請他捏住鼻子，然後上身前傾；❹碰到水入耳時，頭可側向入水側，跳一跳即可使水流出。

（4）2.下列述說何者正確？❶對於食物中毒者，趕快做胸外按壓以便將食物排出；❷當四肢大動脈出血時，最好的急救方法就是採用直接加壓止血法；❸檢查脈搏有無跳動，成人應摸肱動脈；❹檢查脈搏有無跳動，小孩應摸肱動脈。

（3）3.下列述說何者為是？❶美容從業人員，可為顧客做挖耳朵的服務；❷美容從業人員，應該多鼓勵顧客做小針美容，因為可青春永駐；❸美容從業人員，經過健康檢查時，發現本身患有急性傳染病時，應立即停業；❹美容從業人員，經過健康檢查時，發現本身患有高血壓時，應立刻停止營業，在家休養。

（1）4.下列述說何者為誤？❶直接加壓止血法是指直接在傷口上面或周圍施以壓力而止血，但敷料可不必完全蓋住傷口，只要按壓5至10分鐘即可；❷冷敷止血法，適用於挫傷或扭傷；❸當四肢大動脈大出血時，用其它的方法皆不能止血時，才使用止血帶止血法；❹對於輕微的小傷口時，只要將受傷的部位清潔後，直接用OK絆包紮固定即可。

（2）5.下列述說何者為誤？❶嚴重出血的傷口要立刻止血→預防

休克→用無菌敷料蓋住並固定傷口→儘速送醫；❷頭部創傷時→先清洗傷口→用無菌敷料蓋住傷口→儘快送醫；❸傷口不大，且等粗的肢體可用環狀包紮法；❹由於身體接觸燙熱液體、蒸氣而受傷，稱之為燙傷。

（2）6.對於化學藥品灼傷處理程序：下列述說何者為誤？❶用大量的水沖灼傷部位至少10分鐘以上，並將灼傷部位的衣物脫掉；❷如果是灼傷眼睛，應採取健側在下，傷側在上，用大量的水沖洗10分鐘以上；❸用已消毒過的乾淨敷料蓋住灼傷部位，並固定敷料；❹立即送醫，並將化學藥品帶去，以利辨識。

（4）7.下列何者不是中風的症狀？❶頭痛、頭暈；❷言語有缺陷；❸耳鳴；❹鼻出血。

（1）8.對於休克的急救方式，下列何者為誤？❶讓患者頭部抬高約40公分，讓下肢放直；❷保持體溫，身體下加墊毛毯並包裹身體；❸患者若意識不清楚，應採復甦姿勢；❹清醒者，可給予熱飲或補充水份。

（4）9.下列述說何者為誤？❶臉色蒼白，兩眼半閉，眼珠無神且瞳孔放大，血壓降低是休克的癥狀；❷患者突然失去知覺，倒在地上，數秒鐘內呈現僵直狀態，即開始會有抽搐現象稱之為癲癇；❸由於腦部短時間內突然血液供給不足，發生意識消失，以致倒下的現象，稱之為暈倒；❹在大氣中溫度過高且有乾和熱的風，致使身體無法控制體溫，汗腺亦失去功能才會導致中風。

（2）10.下列述說何者為是？❶一氧化碳中毒時，應趕緊給予牛奶

或水，然後催吐；❷如誤用腐蝕性的化學藥品，應給予大量的牛奶或水，但勿催吐；❸急救的最大原則，是先確定患者有無生命危險，但自身並不重要；❹碰到如染髮劑、燙髮劑灼傷身體時，應用大量的水沖洗灼傷部位5分鐘以下。

（3）11.下列述說何者為誤？❶操作人工呼吸及人工胸外按壓時，應每隔5分鐘做胸外按壓15次，人工呼吸2次；❷如有豆入耳時，可滴入95％酒精，使豆縮小後，較易取出；❸如有昆蟲入耳時，可將頭側向一邊，跳一跳即可使昆蟲流出；❹中風急救法時，可將患者頭肩部抬高10－15度或採半坐半臥的姿勢。

（3）12.下列何者不能稱之為灼傷？❶染髮劑；❷燙髮劑；❸熱湯；❹化學消毒劑。

（2）13.對於手部燙傷時的處理，下列述說何者不正確？❶趕緊用大量的水沖洗至少10分鐘以上；❷塗抹醬油、牙膏讓其趕快好起來；❸用乾淨的敷料，固定傷口；❹嚴重時，送醫急救。

（3）14.下列述說何者為誤？❶一氧化碳中毒的處理是將患者帶至上風處，並鬆解頸部衣扣；❷夏季腦炎是指日本腦炎；❸止血帶止血法是運用在骨折的時候；❹心肺復甦術最適合運用在猝死患者。

（2）15.下列何者述說為是？❶急救休克的患者是將頭部抬高約20－30公分；❷頭部外傷的患者應採抬高頭部；❸胸外按壓的速度為每分鐘50次；❹急救時，所謂的無菌的敷料是指與傷口一樣大小且乾淨的敷料。

公 共 安 全

　　所謂「公共安全」係指不論是家庭、工廠或營業場合都應事先做好各項的安全措施，並在意外發生時能快速地疏散現場的每一個人並將災害減至最輕的程度。其實，公共安全的範圍包含很廣，例如：營業場所安全、火災安全、震災安全、風災安全、水災安全及用電安全……等等，而「公共安全須知」也是每個國民從小就應該學習及了解的，尤其對各種災害的應變措施更必須謹記在心，因為，這些災害就像一顆未定時的炸彈，隨時都有可能發生在你我的身上；為使不定時炸彈永遠不爆炸，或將災害降至最低程度，人們都應該事先做好每一種災害的安全措施。雖然，世界各地每天都有不同的災害發生，但是，有些災害是人們無法掌握及控制的，例如：地震、風災、水災……等等；而另有些災害的發生卻是受到人為因素所造成的，例如：用電、火災……等等；因此，公共安全絕不可輕忽。

　　其實內政部消防署在全省各地都設有消防局，且在平時就不斷做著有關各項災害的宣導及教育，例如：藉由電視演出及報章雜誌刊載的方式來教育每個國民在面臨各種不同災害發生時能臨危不亂並採取正確的應對措施；同時各地的消防局人員也經常開辦有關用電、地震及火災等災害須知的教育課程，免費提供市民參加。各地區的消防局之所以要舉辦各種災害須知課程，其目地不外乎是希望每個國民在面臨不幸災害的瞬間，能懂得如何運用最短的時間將傷害降至最低的程度。以目前全球各地每天都有許

多不同災害發生的情形來說，欲使災害不發生及使傷害程度降至最低的狀態，就必須靠大家來共同維護。

雖然造成災害發生的成因不一定相同，但是，災害發生後所產生的結果就有可能會相同，因為每一種災害在發生後，或多或少都會造成人們或輕或重的傷害；其中，「輕的傷害」多為財產上的損失，「重的傷害」則會造成生命的喪失。由此可見，災害是多麼可怕的一件事啊！其實風災、水災、震災及火災的發生對台灣的人民來說，已經不是一件新鮮事，這是因為人們經常可從電視媒體或報章雜誌上得知有關上述這些災害發生後的報導，但是，人們還是讓它繼續發生，所以安全須知觀念的薄弱確實值得我們反省與深思。其實要避免財產損失及維持生命的延續並不困難，祇要人們都能熟記有關各種災害的預防方法，並切實遵守公共安全守則及定期參加學習有關地震、火災等災害預防的課程，那麼在面臨突然發生的各種災害時就能臨危不亂，並使個人及他人的傷害減至最輕的程度。

震災安全須知

想要了解地震會為人們帶來的災害有哪些就必須先認識地震，由於台灣位於環太平洋地震帶上（世界上有70%的地震都發生於此），且在歐亞大陸板塊與菲律賓板塊交界處，地震發生之頻繁可想而知。地震因為有級數之分，所以當地震發生時所造成的災害亦可分為直接與間接兩種，例如：直接引起山崩、地裂、建

築物傾斜或倒塌、橋樑斷裂……等等，或間接地使爐火震倒、瓦斯管線破裂以致釀成火災；河堤潰決造成水災及引發海嘯……等等。

　　雖然地震基本上是屬於天災的一種，但是，某些人為的因素也會使原有的小地震演變成規模較大的地震，例如：山坡地的破壞、建築物違法加蓋、隨意變更建築物中的牆柱樑……等等；生長在容易發生地震區域的我們雖然對小規模的地震不再大驚小怪，但是對於規模較大的地震還是非常害怕的，尤其在面臨震度大的地震區後，人們個個幾乎是「談震色變」。既然台灣處在地震帶上，偶爾會有地震發生也是不爭的事實，因此，台灣的每個國民都應該認識地震，並熟知「地震須知」。

　　地震須知可分下列幾個方面來談：(1)地震的成因；(2)如何做好震前預防措施？(3)如何做好地震時的應變措施？(4)地震後的善後復原及災後重建。

地震的成因

　　地震的主要成因基本上可分為：人工地震及自然地震等兩種；兩者間的差異性如下：

　　1.人工地震，如：核爆引起。

　　2.自然地震，如：構造性地震、火山地震、衝擊性地震。

　　當地震發生時，氣象局通常會用兩種不同的數據來表示此次地震的結論，

　　例如：

　　1.地震規模：用以描述地震大小的尺度，係依其所釋放的能

量而定，以一無單位的實數表示。

2.地震震度：地震時地面上的人所感受到的震動激烈程度或物體因受震動所遭受的破壞程度。尤其在地震發生後氣象局為使民眾快速了解有關此次地震震度的大小，因此會將震度標準分為以下七個級數：

0級（無感覺）	地震儀有紀錄，人體無感覺。
1級（微震）	人靜止時或對地震敏感者就可感覺得到。
2級（輕震）	門窗搖動，一般人均可感覺得到。
3級（弱震）	房屋搖動、門窗格格作響、懸掛物搖擺、盛水動盪。
4級（中震）	房屋搖動甚烈、不穩物傾倒、盛水容器八分滿者濺出。
5級（強震）	牆壁龜裂、牌坊煙囪傾倒。
6級（烈震）	房屋傾倒、山崩、地裂、地層斷陷。

如何做好震前預防措施？

雖然地震來臨前氣象局無法像颱風來臨前，為民眾做好事先的預測，但是，民眾應該隨時存有警惕的心！那就是做好地震前的預防措施，例如：

1.準備三日份的飲水、乾糧及簡易急救必需品，並集中收納在急救袋內，將它置放在全家人都知曉、且便於取用的位置。

2.熟悉住家附近哪裡是最好的避難場所，預先清楚逃生路線。家屬間應互相約定發生地震後應該如何聯繫，及集合的處所在哪裡。

3.學校、公司團體、公共場所應經常舉行避難演習，並建立

自衛編組，發揮自救救人的精神。

4. 建築物勿任意違法加蓋或拆除牆、柱、樑、版，以免破壞建築物原有的架構。

5. 將較重物品放置較低處且予以固定，並應儘量減少使用吊燈、吊扇。

6. 定期檢查瓦斯管線、電線管路並將瓦斯桶予以固定，全家人都應熟悉總開關位置及其關閉方法。

如何做好地震時的應變措施？

如何做好地震時的應變措施如下：

1. 大聲的提醒周遭人員先保護自身的安全，切勿慌張進出建築物。

2. 趕緊遠離窗戶、玻璃、吊燈、巨大家俱等危險墜落物的墜落地點，並就地尋求避難點。

3. 隨手關閉使用中的電源及火源，以免引起火災發生。

4. 趕緊打開門、窗，以免門、窗因被震歪而卡緊。

5. 在高樓時應就所在的樓層尋找庇護所。

6. 切勿搭乘電梯以免受困。

7. 勿驚慌失措地湧向安全門、出口樓梯，以免造成人群擁擠及受傷。

8. 先以軟墊保護頭部，並快速尋找堅固的庇護所，如堅固的傢俱下或靠支柱站立。

9. 使用中的電燙斗、烤麵包機等電器用品要立即拔掉插頭。

10. 使用中的瓦斯爐及爐具應先趕緊關閉瓦斯總開關，以免因

瓦斯桶倒下而造成瓦斯外洩及火災。

地震後的災後復原與重建

地震後的善後復原以及重建措施有：

1. 當發現有火災發生時，應迅速撲滅或防止火勢蔓延。

2. 若發現有瓦斯味道時千萬不要用火，以免發生爆炸引起火災。

3. 當屋內充滿瓦斯味時，應打開門、窗使空氣流通，但不可開動抽風機或電風扇，因為電器的火花可能會引起爆炸。

4. 避開掉落在地上的電線和電線已碰到的物體。

5. 協助受傷人員赴醫急救，發揮守望相助的精神。

6. 儘量不使用電話互報平安，若有需要應長話短說，減少話務量留供報案救災使用。

7. 電話報案時，除了須口齒清晰外，正確地址、現場狀況、留下電話等都是非常重要的。

8. 當119報案電話佔線不通時，應掛掉電話再繼續重撥。

9. 隨時收聽災情報導。

10. 檢查水電、瓦斯管線是否有損害？如有損害時應馬上關掉開關，暫勿使用。

11. 檢查房屋是否有明顯裂痕？樑柱如果已遭受破壞切勿逗留屋內，應儘速離開。

火災安全須知

電線走火、地震、亂丟煙蒂、瓦斯爆炸……等，都是引起火災發生的原因之一，除了上述的瓦斯爆炸會令整個建築物馬上燃燒並形成火災外，其它因素所形成的火災通常不是馬上形成，而是從星星之火開始，再演變成大火，所以，當人們發現某一處有火苗產生時，便應立即將它撲滅，否則小火苗便有可能演變成一場大火災；尤其在公共的場合中由於聚集的人多，倘若此時發生火災，而發現火苗的人若懂得滅火的基本方法，且能快速地進行滅火，那麼就可以平息一場火災的發生，假使發現火苗的人不懂得滅火的基本原理反而使用助燃物來滅火，那麼勢必將發生一場大的災害，由此可見認識火災的重要性。

其實火災是否會發生與每個人都有著很大的關係，因為它在發生時並沒有時間與地點的限定，也沒有週期性，所以隨時都有可能會發生在妳我的身邊，因此，認識火災安全對每個人來說都是一件刻不容緩的事。

認識火災

要認識火災首先就必須懂得火災的分類與滅火的基本原理及方法，例如：

1.火災依燃燒物質之不同就可區分為四大類：

類別	名稱	說明	備 註
A類火災	普通火災	普通可燃物，如木製品、紙纖維、棉、布、合成樹脂、橡膠、塑膠等發生之火災。通常建築物之火災即屬此類。	可以藉水或含水溶液的冷卻作用使燃燒物溫度降低，以達到滅火效果。
B類火災	油類火災	可燃物液體，如石油，或可燃性氣體，如乙烷氣、乙炔氣；或可燃性油脂，如塗料等發生之火災。	最有效的是以掩蓋法隔離氧氣，使之窒息；此外，如移開可燃物或降低溫度亦可達到滅火的效果。
C類火災	電器火災	涉及通電中之電器設備，如電器、變壓器、電線、配電盤等引起之火災。	有時可用不導電的滅火劑控制火勢，但如能截斷電源再視情況依A或B類火災處理較為妥當。
D類火災	金屬火災	活性金屬，如鎂、鉀、鋰、鋯、鈦等，或其它禁水物質燃燒引起之火災。	這些物質燃燒時溫度甚高，只有分別控制這些可燃金屬的特定滅火劑，才能有效滅火。通常均會標明專用於何種金屬。

2.滅火的基本原理及方法：

燃燒條件	方法名稱	滅火原理	滅火方法
可燃物	拆除法	搬離或除去可燃物。	將可燃物搬離火中或從燃燒的火焰中除去可燃物。
助燃物(氧)	窒息法	除去助燃物。	排除、隔絕或稀釋空氣中的氧氣。
熱能	冷卻法	減少熱能。	使可燃物的溫度降低到燃點以下。
連鎖反應	抑制法	破壞連鎖反應。	加入能與游離基結合的物質，破壞或阻礙連鎖反應。

　　當火災一旦發生時，除了會對人們的財產造成損失外，亦會對人體生命造成非常大的威脅，這是因為火災在發生的過程中，因燃燒各種不同材料而產生許多對人體健康有害的氣體，例如：(1)氧氣耗盡；(2)火焰；(3)熱；(4)毒性氣體；(5)煙；(6)結構強度衰減。

氧氣耗盡

　　一般人類慣於在大氣之21%氧氣濃度下自在活動，但是當氧濃度低至17%時，肌肉功能便開始減退，此為「缺氧症」的現象。氧濃度降低至10%－14%時，人體雖然仍存有意識，卻易顯現錯誤的判斷力，但本身並不察覺。若氧濃度降低至6%－8%時，呼吸會停止，並在6-8分鐘內發生窒息死亡。

火焰

　　當熱輻射或火焰直接接觸皮膚時，易使皮膚產生燒傷的情形，尤其在面對攝氏溫度66℃以上或受到輻射熱$3W/cm^2$以上時，僅須1秒，即可使皮膚造成燒傷，因而，火焰溫度及其輻射熱也有可能導致立即、或事後致命的情形。

熱

　　由火焰所產生之熱空氣及氣體，是可以導致皮膚燒傷、熱虛脫、脫水及呼吸道閉塞的情形，又由於溫度在超過66℃以上時，除了會使人的呼吸變得困難外，亦會使室內人員行動遲緩、逃生困難，當然也會影響消防人員救援的進行。

毒性氣體

　　根據火災死亡的統計資料得知，大部分的火災罹難者不是因為吸入過多的一氧化碳，就是因為吸入其它已燃燒的物質所產生的毒性氣體而死亡。例如：人曝露在含一氧化碳濃度1％的環境下，祇要一分鐘即會死亡。而一般高分子材料之熱分解及燃燒生成物成份的種類雖然繁多，然而，對人體生理有劇毒性效應之氣體生成物僅是其中一部分，如：

成　份	材料來源
CO，CO_2	所有有機高分子材料。
HCN，NO，NO_2，NH_3	羊毛、皮革、聚丙烯腈「PAN」、聚尿酯「PU」、耐龍、胺基樹脂……等。
SO_2，H_2S，COS，CS_2	硫化橡膠，含硫高分子材料，羊毛。
HCl，HF，HBr	聚氯乙烯「PVC」、含鹵素防火劑高分子材料、聚四氟乙烯「PTFE」。
烷，烯	聚烯類及許多其它化學分子。
苯	聚苯乙烯、聚氯乙烯、聚酯等。
酚，醛	酚醛樹脂。
丙烯醛	木材、紙。
甲醛	聚縮醛。
甲酸，乙酸	纖維素、纖維製品。

煙

　　煙是火災燃燒過程中的一項重要產物，除了會助長人們驚慌的程度亦會影響逃生者逃離火場及妨礙消防人員撲滅火災的能見度。

結構強度衰減

木造房屋在面臨火災時最容易產生付之一炬的情形,而對於一般水泥製的建築物雖然結構強度較好,但是內部的木製裝潢或地板在面對火災時亦有可能發生地板承受不起人員的重量,或牆壁、屋頂崩塌的現象。

消防安全設備

為避免火災的發生因此不論是住家、大樓、公共場所或各個營業場所都應該事先備有各種消防安全設備,例如:

1. 警報設備:係指報知火災發生之器具或設備。

 (a)火警自動警報設備。

 (b)手動警報設備。

 (c)緊急廣播設備。

 (d)瓦斯漏氣火警自動警報設備。

2. 滅火設備:係指用水或用其它滅火藥劑滅火之器具或設備。

 (a)滅火器消防砂。

 (b)室內消防栓設備。

 (c)室外消防栓設備。

 (d)自動灑水設備。

 (e)水霧滅火設備。

 (f)二氧化碳滅火設備。

 (g)泡沫滅火設備。

 (h)乾粉滅火設備。

3.避難逃生設備：係指火災發生時為避難而使用之器具或設備。

  (a)標示設備：出口標示燈、避難方向指示燈、避難指標。

  (b)避難器具：指滑台、避難橋、救助袋、緩降機、避難繩索、滑杆及其它避難器具。

4.消防搶救上之必要設備：係指火警發生時，消防人員從事搶救活動上必要之器具或設備：

  (a)連接送水口。

  (b)消防專用水池。

  (c)排煙設備：緊急升降機間排煙設備、特別安全梯間排煙設備、室內排煙設備。

  (d)緊急電源插座。

  (e)無線電通信輔助設備。

　　雖然現代人對於火災的災害已經不再陌生，且各個住家、大樓、公共場所或各個營業場所也都已經具備有各種消防安全的設備，但是，每個人或每個單位還是必須定期接受消防局的訓練，才能熟知火災發生時的逃生對策，尤其在平時或是進入陌生的場所時，都應該有隨時可能會發生火災的意識存在。

平時

　　在平時即要有危機意識，多利用機會了解有關消防安全常識，或定期參加消防局舉辦的消防逃生避難演習，至於平時居住之環境或辦公處所之消防設施及逃生避難設備也應事前擬妥逃生避難的計畫並加以演練，那麼在遇有狀況發生時才能從容應付，順利逃生。

進入陌生場所時

　　在進入陌生的場所時應先了解安全門、梯及察看有無加鎖並熟知逃生路徑，尤其是進入電影院、KTV，或夜宿飯店、旅館、三溫暖等公共場所時，更應該特別注意其四周的環境、消防設施及逃生的途徑，對於消防安全檢查記錄不佳的場所應避免進入。

發生火警時

　　當所處的環境發生火災時應立即採取下列三項措施：(1)滅火；(2)報警；(3)逃生。

　　滅火：其實火災之所以會發生都是初萌的火源沒有立即撲滅，所以當發現有火源初萌時應立即用就近的滅火器或消防栓箱之水瞄從事滅火。倘若現場無法迅速取得這些滅火器具時，則可利用棉被、窗簾等先沾濕後再進行滅火，但是，火焰若有擴大蔓延之趨向時則應迅速撤退至安全之處所。

　　報警：不論在何時何地若有發現火災時都應立即打119電話報警，但報警時一定要詳細說明火警發生的地址、處所及建築物狀況等，以便消防局適當地派遣消防車輛前往救災。倘若身邊無電話時則可用大樓內消防栓箱上的手動報警機，為使處在火災四周的人知道已有火災發生，應大聲呼喊、敲門、喚醒他人趕緊離開現場。

　　逃生：當火災發生時應掌握契機，迅速判斷出正確的逃生方向，切勿因攜帶貴重財物而延誤逃生的機會，且在逃生的時候務必保持鎮定、切勿驚慌，一切都應以保全個人性命為首務。其實在遇有火災要進行逃生時，除了不要慌張外，必須依當時的狀況

來決定不同的逃生方式。

逃生避難時

1. 不可搭乘電梯：因為火災時往往會使電源中斷，所以容易被困在電梯內。
2. 遵循避難指標：順著避難指標的方向，快速進入安全梯逃生。
3. 掩住口鼻：用沾濕的毛巾或手帕掩住口鼻，可避免濃煙的侵襲。
4. 遇濃煙密佈時採低姿勢爬行：當火場已經有濃煙瀰漫時，空氣自然會減少許多，但由於熱空氣上升的作用，會使濃煙漂浮在上層，所以在火場中離地面30公分以下的地方還殘留較為新鮮的空氣，為此逃生者在此時應儘量採取低姿勢爬行。
5. 在濃煙中戴透明塑膠袋逃生：在濃煙中逃生時為避免眼睛受煙的刺激及身體吸入過多的濃煙會導致暈厥或窒息的情形，所以可利用透明的塑膠袋，但是在選用大型的透明塑膠袋時，必須先將塑膠袋上下或左右抖動，待袋內充滿新鮮空氣後再迅速將其罩在頭部到頸部的地方，此時要同時用兩手將袋口按在頸子部位，並抓緊以防袋內空氣外漏或濃煙進入。

說明： 用袋子裝空氣時絕不可用口將氣吹進袋內，因為口中所吹進去的氣體是二氧化碳，會使效果適得其反。

6. 沿牆面逃生：在火場中由於濃煙過多、伸手不見五指最易讓人們驚慌失措，因此逃生時往往會迷失方向或錯失逃生門。其實「門一定開在牆上」，所以祇要沿著牆壁行走就容易找到出口且又不易被掉落物擊傷。

在室內待救時

1. 用避難器具逃生：利用室內既有的繩索、軟梯、緩降機或救助袋等器具進行逃生。

2. 塞住門縫、通風口，防止煙流進來：由於煙是無孔不入的，因此不論是中央空調的通風口或是門縫都容易有煙滲透進來，若要防止濃煙從門縫滲透進來，可利用膠布或沾濕的毛巾、床單、衣服塞住門縫及通風口。

3. 設法告知外面的人：想在火災現場快速獲救就應該設法告知在外面進行救援的人、或消防人員，例如：打119告知消防隊並說出待救助的位置；至窗口或陽台之明顯位置大聲呼叫，並用顯著顏色的衣物或手帕不停的揮動；若在晚間時則可利用手電筒的亮度不停揮動來求救。

4. 至易於獲救處待命：樓梯間及頂樓平台都是屬於容易獲救的地點，倘若不幸地被困在房間內時，則應至靠陽台或窗戶旁等待救援。

5. 要避免吸入濃煙：由於濃煙是火災中致命的殺手，因此不論吸入的濃煙是多或是少，都會對身體造成極大的影響，例如：輕則昏厥、重則死亡。所以在逃生時應儘量避免吸入濃煙。

無法期待獲救時

　　當火災發生時，若個人所處的位置消防人員不知、或所處的現場非常急迫時切莫自亂陣腳，或就此放棄求生的意願，其實可利用下列三種方式設法逃生，例如：

1. 以床單或窗簾做逃生繩：利用房間內的床單或窗簾，並將其捲成繩條狀，首尾互相打結銜接成逃生繩，然後將繩頭綁在房間內之柱子或固定物上，繩尾再拋出陽台或窗外，並沿著逃生繩往下攀爬逃生。

2. 沿屋外排水管逃生：如屋外有排水管時，可利用攀爬往下至安全樓層或地面。

3. 絕不可跳樓：在各種火災的例子中，人們之所以會選擇跳樓逃生都是因為情緒過於緊張及覺得自己已無任何獲救的希望，其實跳樓逃生是在萬不得已時才能進行的，因為逃生者跳樓後的結果不是死就是重傷。

　　經由上述的介紹相信你現在已經知道火災的可怕，也了解維護火災安全的重要性，但是對於有關消防的基本常識除了必須從小教育起之外，亦必須謹記在心，如此才能稱之為好國民。所謂「消防基本常識」係指：

1. 不可玩火：告知家中的小孩切不可因為無聊而玩火，否則會引起火災。

2. 火災發生時：應立刻打119電話報警，並將發生的地點，如某街（路）、某巷、某弄、某號、幾樓及附近明顯標誌一併說出，以便消防人員迅速到達現場救災。

3. 發生火警時：應一面派人報警，一面撲救，切勿驚慌失

措，僅顧逃生或搶救財物而延誤報警。

4. 一般火災：可用水或棉被等浸濕後覆蓋撲滅之。

5. 油類及化學物品火災：可用乾粉、海龍、二氧化碳等滅火器撲救。

6. 炒菜時油鍋起火：家中若無滅火器時，可用鍋蓋蓋上或用浸濕棉被覆蓋滅火。

7. 勿在火災現場圍觀：勿在火災現場圍觀，以免妨礙消防搶救。

8. 墾殖焚燒雜草或燒山：墾殖焚燒雜草或燒山時，須先向消防機關申請核准並監視實施，進行前亦須先做好防火區隔。另外，登山旅遊者不可將未熄滅之煙蒂亂丟；上山掃墓祭祖燃燒紙箔要預作防火措施，並須待紙箔餘燼熄滅後方可離開。

9. 缺水地區及消防車無法進入之地區：在缺水地區或消防車無法進入之地區應特別提高防火警覺，最好自備滅火器材或消防用水，以備不時之需。

10. 經公佈為「危險建築物」之場所，絕不可進入。

用電安全篇

　　以目前的社會來說，「電」的使用率已經是一件非常普遍的事，因為不論是家庭、個人工作室、公司、政府機關，幾乎每天都離開不了電，這是因為電的傳送可使電燈、電視、冰箱、冷

氣、電腦、電風扇及所有的電器設備都發揮出其應有的效用，但是電的使用若是不當時，亦容易因電線走火而釀成火災，因此，每個人在使用電或各種有關電器的產品時就不得不小心，其實有關用電安全方面的知識是可以分成下列三個方向來談：(1)裝置電器時；(2)平時使用電時；(3)故障發生時。

裝置電器時應注意事項

1. 燈泡或其它電熱裝置切勿靠近易燃物品，尤其不可在衣櫃內裝設電燈，以免因自動開關失靈而引起火災。

2. 室內若要裝置電燈時，至少應離開天花板1英吋處才可裝設，絕不可裝設在天花板裡面，因為電燈若裝設在天花板裡面時，那麼當溫度到達300℃時即會引起燃燒，如果在離天花板1英吋處裝設電燈，則溫度須達到攝氏1500℃才會燃燒。

3. 用電不可超過電線許可負荷能力。

4. 增設大型電器時，應先向電力公司申請重新裝設屋內配線或電表後再使用。

5. 切勿自行裝接臨時線路，或任意增設燈泡及插座。

6. 切勿利用分叉或多口插座同時使用多項電器。

7. 電線延長線，不可經由地毯或高掛有易燃物的牆上。

平時使用電時應注意事項

1. 使用電器時千萬不可因事分心突然離開忘了關閉，因為這樣是很容易造成火災的。

2. 使用電暖爐時切勿靠近衣物或易燃物品，尤其在烘烤衣服時更不可隨意離開，以免烤燃衣物引起火災。

3. 使用過久的電視機如內部塵埃厚積，則很容易使絕緣劣化發生漏電，或因電線被蟲鼠咬壞發生火花，引起燃燒或爆炸，應特別注意維護及檢查。

4. 電器插頭務必插牢不可有鬆動的情形，以免發生火花引燃旁邊的物品。

5. 近年來電熱水器發生爆炸的案子已有多起，應隨時注意檢查其自動調節裝置是否損壞，以免因熱度過高引起爆炸。

6. 電器在使用時切勿讓小孩接近玩弄，以免觸電或引起火災，離家外出時應將室內電器關閉以免發生火警。

7. 電氣房及電源開關附近，應配備四氯化碳或乾粉滅火器，以資防火。

8. 電氣火災，可用海龍、乾粉及二氧化碳滅火器撲滅。

故障發生時應注意事項

1. 電器發生故障或有異狀時，應該先切斷電源開關即時修理，以免因短路而引起電線著火。

2. 屋內配線陳舊、外部絕緣體已破壞或插座已損壞，都必須立即更換修理。

3. 保險絲熔斷通常是用電過量的警告，切勿以為是保險絲太細而換用較粗的保險絲，或用銅絲、鐵絲替代。

4. 切勿用潮濕的手碰電器設備，以防觸電。

5. 電線走火時應立即切斷電源，電源切斷前切勿用水潑覆其上，以防導電。

是非題（公共安全）

（○）1. 營業場所安全、震災安全、風震災安全、水震災安全等都是屬於公共安全的範圍。

（×）2. 公共安全須知是每個公民都應該學習與瞭解的。

〔每個國民〕

（×）3. 其實有關各項災害須知，內政部消防署分佈在全省各地的衛生局平時就已經不斷地在做相關的宣傳及教育。

〔全省各地的消防局〕

（○）4. 雖然兩個不同地點同時發生災害，且造成的結果相同，但這並不代表兩起災害發生的成因就一定相同。

（○）5. 台灣之所以會有地震發生是因為位於歐亞大陸板塊與菲律賓板塊交界處。

（×）6. 形成地震的主要成因基本上可分為：手動地震及自動地震兩種。　　　　　　　〔人工地震及自然地震〕

（○）7. 構造性地震、火山地震及衝擊性地震都是屬於自然地震的範圍內。

（×）8. 當地震要來臨前，氣象局都會先通知民眾做好事前的準備。　　　　　　　　　　〔當颱風要來臨前〕

（○）9. 為預防嚴重的地震發生，每個家庭都應先準備約三日份的飲水、乾糧及救急必需品並集中收納在急救袋內。

（○）10. 任意違法加蓋頂樓或拆除屋中牆、柱、樑、版等，都會破壞建築物原有的架構。

（○）11. 平時就將較重物品放置較低處並予以固定，或儘量減少使用吊燈、吊扇等，都是屬於地震前的預防措施之一。

（○）12.當地震來臨時應趕緊躲到堅固的傢俱下避護或靠支柱站立。

（○）13.當地震來臨時為避免門、窗卡緊，應緊急將門、窗打開。

（×）14.地震後，若發現屋內有瓦斯味道時，應趕緊將門、窗打開，並轉動電風扇。

〔不可轉動電風扇，因為電器的火花可能引起爆炸〕

（×）15.地震後，應趕緊打電話向親朋好友仔細報告地震發生時的情形及如何渡過驚心險惡的過程。

〔若有需要應長話短說，以免造成電話佔線之問題〕

（×）16.電線走火、地震、瓦斯爆炸等，都有可能會引起火災的發生，但亂丟煙蒂是不可能會引起火災發生的。

〔未熄滅的煙蒂若隨意丟在易燃物處，也是有可能會引起火災的〕

（○）17.火災依燃燒物質之不同可區分為：普通火災、油類火災、電器火災及金屬火災等四種。

（×）18.人類若處在氧濃度低於6%-8%時，持續30分鐘才會因缺氧而窒息死亡。 〔祇要6-8分鐘就會因缺氧而窒息死亡〕

（○）19.一般人類慣於在大氣之21%氧氣濃度下自在活動，但是當氧濃度低至17%時肌肉功能會開始減退，此為「缺氧症」的現象。

（○）20.皮膚若處在攝氏66℃以上或受到3w/cm²以上時，祇須1秒鐘就能使皮膚造成燒傷的情形。

（×）21.大部分的火災罹難者都是因為吸入過多已燃燒的物質所

產生的毒性氣體，但與吸入過多的一氧化碳無關。

〔與吸入過多的一氧化碳亦有關係〕

（○）22.火災現場所產生的濃煙除了會助長人們的驚慌外，亦會
影響逃生者逃離火場及妨礙消防人員撲滅火災的能見
度。

（○）23.當火災現場已濃煙瀰漫時，逃生者應採低姿勢爬行，這
是因為離地面30公分以下的地方還是有氧氣存在。

（×）24.在濃煙中若選用戴透明塑膠袋逃生時，應先用口將氣體
吹進袋內。

〔不可用口吹氣，因所吹進的氣體是二氧化碳會使效果適得
其反〕

（○）25.要撲滅油類或化學物品等引起的火災，可選用乾粉、海
龍或二氧化碳的滅火器。

選擇題

（3）1.假設將電燈裝設在天花板裡面時，那麼當溫度達到：❶100
℃；❷200℃；❸300℃；❹400℃　時即會引起燃燒。

（3）2.假設將電燈裝設在離天花板1英吋處，那麼溫度必須達到：
❶500℃；❷1,000℃；❸1,500℃；❹2,000℃　才會燃燒。

（1）3.當一個家庭或公司要增設大型電器時必須先向：❶電力公
司；❷行政院；❸衛生局；❹勞委會職訓局　申請重新裝設
屋內配線或電表後再使用。

（4）4.當電熱水器的溫度：❶正常；❷在0℃；❸過低；❹過高
時易引起爆炸。

（2）5.當電器發生故障時：❶切勿將電源拔掉；❷切勿用潮濕的
手觸碰；❸應更換較粗的保險絲；❹不管它。

（1）6.發現電線走火時應立即：❶切斷電源；❷趕緊用水潑覆；
❸逃生；❹大喊救命。

（3）7.若要參加各種災害預防的教育訓練，必須向全省各地的：
❶衛生署；❷警察局；❸消防局；❹職訓局　報名。

（4）8.每個營利事業單位應具備幾支滅火器？❶三支；❷四支；
❸五支；❹視營利事業單位坪數的大小決定。

（4）9.每個營利事業單位所具備的滅火器，其成份為何種最為標
準？❶四氯化碳；❷乾粉；❸泡沫；❹視營利事業單位的
生產項目決定。

（4）10.下列何種因素才會引起火災？❶電線走火；❷瓦斯爆炸；
❸亂丟煙蒂；❹以上皆是。

（3）11.避免引起火災的發生是每個：❶大人；❷小孩；❸國民；

❹媽媽　的責任。

（2）12.當發現某一個地方有火災發生時，應立即打：❶104；
❷119；❸112；❹117　電話報案。

（3）13.下列何者不屬於滅火藥劑的成份？❶四氯化碳；❷泡沫；
❸氧氣；❹乾粉。

（4）14.下列何者不包括在發生火災時的三項措施內？❶滅火；❷
報警；❸逃生；❹昏倒。

（1）15.多瞭解有關消防安全的知識是必須在何時養成？❶平時；
❷發生火災時；❸發生火災後；❹大難不死後。

（4）16.以濃煙密部的火災現場來說，在離地面：❶100公分；
❷70公分；❸50公分；❹30公分　以下的地方還是有空氣
存在，所以逃生者在此時應儘量採取低姿勢爬行。

（3）17.當火災發生時，屋內的人若無法立即逃出且必須在室內待
救，此時何者行為是不妥當的？❶打119電話求救；❷用
沾濕的毛巾塞住門縫及通風口，以防止煙流進來；❸趕緊
躲在棉被內；❹站在窗口或陽台，並用明顯顏色的衣物或
手帕不停的揮動。

（1）18.在家烹煮食物時，若遇油鍋起火但又無滅火器時應用何種
方法滅火？❶用鍋蓋蓋上；❷用沙拉油；❸用味素；❹用
醬油。

（4）19.下列何者物品不適合存放在預防地震來臨時所準備的急救
袋內？❶可飲用的水；❷乾糧；❸簡易急救必需品；❹麻
將。

（2）20.當地震來臨時下列何項動作不宜？❶趕緊打開門、窗，以

免門、窗被卡緊；❷趕快搭乘電梯至樓下；❸趕緊躲到堅固的傢俱下或靠支柱站立，以求庇護；❹趕緊關閉使用中的電源或火源以免引起火災。

（1）21. 人類慣於在大氣之21% 氧氣濃度下自在活動，若氧氣濃度低至：❶6%−8%；❷10%−14%；❸15%−17%；❹18%−20%　時則呼吸會停止並在6−8分鐘內發生窒息死亡。

（1）22. 當皮膚面對溫度攝氏66℃以上，或受到輻射熱3W/cm²以上，僅須：❶1秒鐘；❷5秒鐘；❸1分鐘；❹5分鐘　即可使皮膚造成燒傷。

（2）23. 下列何者不屬於滅火設備的器具之一？❶乾粉滅火設備；❷瓦斯漏氣火警自動警報設備；❸四氯化碳滅火設備；❹二氧化碳滅火設備。

（4）24. 發生火災時下列何者不屬於逃生避難的方法？❶掩住口鼻；❷採低姿勢爬行；❸沿牆面逃生；❹不須等待救援，直接跳樓。

（2）25. 當電氣火災發生時不適用何種成份的滅火器來撲滅火源？❶海龍滅火器；❷四氯化碳滅火器；❸乾粉滅火器；❹二氧化碳滅火器。

乙級學科測驗試題

是非題

（○）1.為了生意，也為了顧客和我們自己的健康，我們必須徹底做好營業場所衛生與個人衛生。

（○）2.營業場所、樓梯間及廚房，除了要注意通風與採光外，要隨時清掃，以保持衛生。

（×）3.室內溫度保持舒適，且與室外溫度不要相差二十度以上。

〔10度〕

（○）4.美容場所，相對濕度應保持在60%至80%之間。

（○）5.美容場所外周兩公尺內與連接之騎樓及人行道要每天打掃乾淨，並經常疏通水溝，以防惡臭及蚊蠅孳生。

（×）6.營業場所應備有不透水、無蓋垃圾桶並隨時將垃圾放入桶內，以避免病媒聚集，微生物散播或外洩。 〔有蓋〕

（×）7.飲用水非自來水者，應經常消毒，如使用氯液消毒者，其有效餘氯量應維持在0.2至1.2ppm（百萬分之一）。

〔1.5PPM〕

（○）8.水塔或儲水槽要經常清洗，保持乾淨，以避免微生物及病媒孳生、繁殖。

（○）9.病媒防除法，即是不讓它來、不讓它吃、不讓它住，並採用捕蟲燈、捕鼠籠或化學殺蟲劑等撲滅病媒。

（×）10.營業場所衛生設備最低標準，光度應在100米燭光以上。

〔200米燭光〕

（×）11.營業場所的沖水式廁所，光度在30米燭光以上，並開適
當窗戶。　　　　　　　　　　　　　　　〔50米燭光〕

（×）12.咳嗽或打噴嚏時，要用手帕或衛生紙遮住口鼻，吐痰或
擤鼻涕不需要包在衛生紙上。　　　　　　　〔需要〕

（○）13.下列情形是否皆應該洗手：(1)清洗飲食器具或調理飲食
物前；(2)工作前或吃東西前；(3)咳嗽、打噴嚏、吐痰及
大小便後；(4)修剪指甲或清潔打掃或手髒的時候。

（×）14.美容從業人員，應兩年定期辦理肺部X光檢查一次，以發
現有無肺結核病。　　　　　　　　　　　　〔一年〕

（○）15.美容從業人員，應每年定期辦理血清檢查一次，以發現
有無感染性病。

（○）16.美容從業人員，應每年定期辦理臨床檢查一次，以早期
發現傳染性眼疾、癩病、皮膚病或其他傳染病。

（○）17.美容從業人員，應每年定期辦理視力檢查和精神病臨床
檢查各一次。

（○）18.意外災害的發生，反而成為一種防害健康、威脅生命的
主要原因，也帶來社會嚴重負擔。

（○）19.美容從業人員應具備基本的急救知識及正確的急救技
能，除了自己受益之外，更可提供顧客安全的保障。

（○）20.在意外災害的預防與處理上，安全是第一道防線，急救
是第二道防線。

（○）21.營業場所應具備下列幾點：(1)安全防護措施；(2)良好的
照明設備；(3)清除走道雜物；(4)注意防火措施；(5)注意
環境衛生用藥安全。

（×）22.急救的定義就是在醫師尚未到達或未將患者送醫前，針對患者所做的一種長期而有效的處理措施。　　〔短暫〕

（○）23.急救的目的是：(1)維持生命；(2)預防更嚴重的傷害及傷口感染；(3)協助患者及早獲得治療。

（○）24.心肺復甦術的意義係指人工呼吸及人工胸外按壓心臟的合併使用，英文簡稱C.P.R.。

（○）25.心肺復甦術的適用情況，係用於猝死患者，所謂猝死是指因突發的意外事件所導致的呼吸、心臟停止。

（○）26.創傷處理共有：(1)直接加壓止血法；(2)升高止血法；(3)冷敷止血法；(4)止血點止血法；(5)止血帶止血法。

（○）27.心肺復甦術實施步驟如下：看到臥倒病人→大聲叫喚他→求救，並請他人尋找支援→判定有無呼吸→若無呼吸即連吹兩口氣（暢通氣道）→摸頸動脈如有跳動→人工呼吸；如無跳動→心肺復甦術。

（×）28.直接加壓止血法即是直接在傷口上面或周圍施以壓力而止血，敷料不需完全蓋住傷口，至少5至10分鐘。

〔必須完全〕

（×）29.挫傷或扭傷，可用揉或熱敷，並用冷濕敷料蓋於傷處，可使血管收縮，減少皮下出血、腫脹及疼痛。

〔絕不可用揉或熱敷，且應用冷敷〕

（○）30.止血帶止血法即是當四肢動脈出血，用其他方法不能止血時才使用的。

（×）31.由於身體接觸火焰、乾熱、電、日曬、腐蝕性化學藥品、放射線而受傷稱為燙傷。　　〔灼傷〕

（×）32.由於身體接觸燙熱液體、蒸氣（濕熱）而受傷稱為灼
傷。　　　　　　　　　　　　　　　　　　〔燙傷〕

（○）33.嚴重灼、燙傷時，採取要件：(1)不要企圖移去粘在傷處
的燒焦衣物；(2)用消毒過的厚紗布敷蓋並固定敷料；(3)
緊急送醫治療。

（×）34.染髮劑、燙髮劑、清潔劑、消毒劑，如果碰到身體發生
灼傷稱之為化學藥品燙傷。　　　　　　　　〔灼傷〕

（×）35.發生化學藥品灼傷時，應立即用少量的水沖掉灼傷部位
的化學藥物，至少沖洗10分鐘，並將灼傷部位的衣物脫
除掉。　　　　　　　　　　　　　　　　〔大量的水〕

（×）36.如果灼傷眼睛，應讓患者頭側向灼傷另一邊，打開眼瞼
用水從眼睛內角沖向外角，以免傷到健側眼睛。

〔應側向傷處那一邊〕

（○）37.如果化學藥品容器上有急救指示，必須照著指示去做，
且送醫治療，並將化學藥瓶帶去，以利辨識。

（○）38.人遇到外傷、出血、疼痛或暴露於冷處過久，饑餓、疲
勞、情緒過度刺激及恐懼就會發生休克。

（×）39.休克的急救方式為讓患者平躺，頭部抬高約20～30公
分。　　　　　　　　　　　　　　　　　〔下肢抬高〕

（×）40.頭部外傷急救姿勢為：腳部抬高並儘速送醫。

〔頭部抬高〕

（○）41.中風急救就是讓患者平臥，將頭、肩部墊高10～15度，
或採半坐半臥位，並鬆解頸、胸、腰部等處之衣物後，
加以保暖。

（○）42.暈倒是由於腦部短時間內突然血液供給不足，而發生意識消失，以致倒下的現象。

（○）43.暈倒急救方法為讓患者平躺，抬高下肢並移患者於陰涼處，使獲得充分之新鮮空氣，鬆解其頸部、胸部及腰部之衣物，若有呼吸困難，將他擺於復甦姿勢，若長時間不能恢復，應即送醫。

（×）44.大氣中溫度過高且有乾和熱的風，致使身體無法控制體溫，汗腺失去排汗功能，以致不能散熱稱之中風。　〔中暑〕

（×）45.藥物化學品中毒如為非腐蝕劑，給喝蛋白或牛奶後，切勿催吐。　〔予以催吐〕

（×）46.藥物化學品中毒如為腐蝕劑，給喝蛋白或牛奶以保護粘膜，予以催吐。　〔切勿催吐〕

（○）47.傳染病會互相傳染，越傳越多，受害的人不只是一人，如流行起來會由一個地區傳染到另一個地區，甚至傳染到其他的國家並危害人類的健康。

（○）48.假如從業人員或顧客有傳染病，就可能相互傳染，害人害己，因此人人都要認識傳染病，並知道如何預防，方能保障自己和顧客的健康。

（○）49.凡因病原體侵入人體所引起的疾病，由患者或帶原者以直接或間接的方式傳染給別人，或由動物傳至人體的疾病，都稱為傳染病。

（×）50.會引起人們生病的微生物，稱為帶原者。　〔病原體〕

（○）51.病原體進入人體後，有些人會發病，另有些人表面上好

像健康人一樣，並不顯現病症，可是存在他身上的病原
體，仍可傳給別人使其生病，這種人稱之為帶原者。

（×）52.健康的人與病人或帶原者經由直接接觸或間接接觸而發
生傳染病，稱之為病媒傳染。　　　　　　〔接觸傳染〕

（○）53.傳染病的傳染途徑：(1)接觸傳染；(2)飛沫或空氣傳染；
(3)經口傳染；(4)病媒傳染；(5)其他。

（○）54.小兒麻痺常發生在夏末秋初，屬於世界性的傳染病，尤
其在溫帶發生較多。

（○）55.多發生於夏季侵犯腦部，且最初在日本發現的，稱之為
日本腦炎。

（×）56.日本腦炎的傳染病媒為帶有病毒的埃及斑蚊或白線斑
蚊。　　　　　　　　　　　　　　〔三斑家蚊或環蚊〕

（×）57.登革熱的傳染病媒為三斑家蚊或環蚊。

〔埃及斑蚊或白線斑蚊〕

（○）58.病毒性肝炎又分：(1)A型肝炎；(2)B型肝炎；(3)C型肝
炎。

（×）59.A型肝炎是經由輸血、外傷或共用同一針筒、針頭所引
起，再傳染給健康的人，潛伏期28～30天。　　〔B型〕

（×）60.B型肝炎是由病人的糞便污染飲水或食物，才引起傳染
的，潛伏期60～90天。　　　　　　　　　　　〔A型〕

（○）61.C型肝炎又叫非A非B肝炎，大部分發生於輸血、受傷或
使用不潔的針筒、針頭，潛伏期3～4星期。

（×）62.後天免疫缺乏症候群俗稱AIDS或愛滋病，是在1881年才
開始發現的，目前還沒有疫苗和根本治療的藥，發病的

人，死亡率很高。 〔1981〕

（×）63.狂犬病是一種非法定性傳染病，又叫恐水症，死亡率將
近100%。 〔法定傳染病〕

（○）64.霍亂的病原體是霍亂弧菌。

（○）65.霍亂的傳染源是病人的排泄物、嘔吐物，或帶原者的排
泄物或嘔吐物，潛伏期為數小時至5天，平均為3天。

（○）66.霍亂預防最積極而有效的方法就是徹底改善環境衛生，
尤其以安全的給水和滅蠅最為重要，並注意飲食衛生。

（×）67.傷寒的病原體為痢疾桿菌，潛伏期為7～14天。

〔傷寒桿菌〕

（×）68.細菌性痢疾的病原體為傷寒桿菌，其潛伏期為1～7天。

〔痢疾桿菌〕

（○）69.白喉的病原體為白喉桿菌，其潛伏期為2～5天。

（○）70.百日喉病原體為百日咳桿菌，其潛伏期為7～12天。

（×）71.肺結核又稱肺癆，病原體為立克次氏體，可侵犯人體所
有組織、器官。 〔結核桿菌〕

（×）72.鼠疫可分腺鼠疫和肺炎性鼠疫兩種，為非法定傳染病，
病人死亡時全身發黑，因此又稱黑死病。 〔法定〕

（×）73.斑疹傷寒的病原體為結核桿菌，潛伏期為1～2週。

〔立克次氏體〕

（○）74.羌蟲病原體為立克次氏體，潛伏期為5～10日。

（○）75.梅毒病原體為梅毒螺旋體，潛伏期為10天～10週，平均
為3週。

（×）76.淋病病原體為披衣菌，若新生兒於分娩時經過產道而被

傳染，其眼睛被感染而未予以治療，則可能導致失明。

〔淋病雙球菌〕

（○）77.破傷風病原體為破傷風桿菌。

（○）78.癩病又叫痲瘋病，其病原體為痲瘋分支桿菌。

（○）79.癩病患者粘膜病變之滲出液或皮膚之潰瘍，會將病原體透過健康的人的皮膚傷口而傳播。

（○）80.皮膚的化膿病其病原體為葡萄球菌或鏈球菌等。

（×）81.砂眼病原體為淋病雙球菌，潛伏期為5～12天。

〔砂眼披衣菌〕

（○）82.細菌性結膜炎其病原體為球菌、桿菌等多種。

（×）83.水泡長在手掌、手指（俗稱富貴手）、或腳底、腳趾（俗稱香港腳）的表面，是由梅毒引起。　　〔黴菌〕

（○）84.瘧疾分惡性瘧原蟲，間日瘧原蟲，卵性瘧原蟲。

（○）85.瘧疾病原體為瘧疾原生蟲，潛伏期平均約14日。

（○）86.迴蟲病原體為迴蟲，傳染途徑是由被蟲卵污染的蔬菜，未完全煮熟，經口傳染給人。

（×）87.蟯蟲病原體為疥蟲。　　　　　　　　　〔蟯蟲〕

（×）88.疥瘡病原體為蟯蟲。　　　　　　　　　〔疥蟲〕

（○）89.蝨病依其寄生的位置分為頭蝨、陰蝨、體蝨三種，病原體為蝨子。

（○）90.避免病原體進入身體的方法有：(1)消滅傳染源；(2)減少傳染機會；(3)切斷傳染途徑。

（○）91.切斷傳染途徑方面有下列兩種方法：(1)隔離；(2)檢疫。

（○）92.定期實施身體健康檢查，可以早發現疾病及早接受治

療，以免病情惡化，造成殘障或死亡。

（○）93.預防接種俗稱預防注射，是把疫苗或類毒素經口服或注射到人體，使身體產生抗體，增加對傳染病的抵抗力，以避免某種傳染病的感染。

（×）94.依據「傳染病防治條例第27條：公共場所之負責人或管理人，發現疑似法定傳染病之病人或因疑似傳染病致死之屍體，應於48小時內通知該館衛生主管機關」。

〔24小時內〕

（×）95.傳染病人之排泄物、嘔吐物，及其衣服、用具，不需隨時消毒；也不必要焚毀之，其居住之病室或住所，祇要施行消毒。 〔應隨時消毒，也必須焚毀之〕

（×）96.目前台灣地區設有三個檢疫所。 〔八個〕

（○）97.一般菌體的芽胞構造可分成三層。

（×）98.引起德國麻疹的病原體是立克次氏體。 〔桿菌〕

（○）99.麻疹疫苗是一種抗毒素。

（○）100.接種牛痘是用來預防天花。

（×）101.預防白喉所用的預防注射疫苗是白喉桿菌。 〔類毒素〕

（○）102.日本腦炎發生病變的部位是腦部。

（○）103.霍亂疫苗是死菌。

（×）104.鳥型結核桿菌很容易傳染給人類。 〔不會〕

（×）105.回歸熱的傳染病媒是瘧蚊。 〔蝨〕

（○）106.注射疫苗可產生人工自動免疫。

（×）107.麻疹、傷寒、霍亂目前已免疫，可不必注射。

〔有疫苗，要注射〕

（×）108.流行性斑疹傷寒是一種非法定傳染病由蝨子引起；地方
性斑疹傷寒則由鼠蚤引起。　　　　　　　〔法定〕

（×）109.肺結核、砂眼、痲瘋病都是急性傳染病。　〔慢性〕

（○）110.白喉會侵犯肺部。

（○）111.梅毒第三期會侵犯神經。

（○）112.患有白血病、肺結核者，不得注射麻疹疫苗。

（○）113.傳染病得以流行的條件是病原體、傳染窩，易感染宿
主。

（×）114.天花已經是國際傳染病。　　　　　　　〔不是〕

（×）115.我國法定傳染病包括麻疹。　　　　　　〔不包括〕

（×）116.痲瘋是屬於急性傳染病。　　　　　　　〔慢性〕

（○）117.痢疾、小兒麻痺、霍亂皆是經由蠅傳染的疾病。

（○）118.斑疹傷寒的病原體是立克次氏體。

（○）119.流行性感冒常見的併發症是支氣管炎、肺炎。

（○）120.麻疹主要致死的併發症是繼發性肺炎。

（×）121.罹患麻疹後免疫期不可達終生。　　　〔可達終生〕

（○）122.狂犬病最明顯的症狀為喉頭肌肉痙攣。

（○）123.A型、B型肝炎的致病原是病毒。

（×）124.傳染黃熱病的媒介是三斑家蚊，而人與人之間不會直接
傳染。　　　　　　　　　　　　　　　〔埃及斑蚊〕

（○）125.細菌性痢疾的傳播媒介為被污染的飲水或蠅、糞便等。

（○）126.AIDS的傳染病原體是病毒。

（○）127.通常具有家族性傳染的寄生蟲病為蟯蟲。

（○）128.梅毒的病原體是螺旋體。

（○）129.免疫球蛋白是被動免疫疫苗。

（×）130.結核菌素測驗陽性者表示不曾被感染過。　〔曾被感染〕

（○）131.結核病B.C.G.預防注射的免疫力為終生。

（○）132.罹患麻疹、腮腺炎、德國麻疹後所產生的免疫是屬自然
　　　免疫。

（×）133.我國檢疫工作由環保署機關所負責。　　　〔衛生署〕

（○）134.細菌的基本構造由外至內為細胞壁、細胞膜、細胞質。

（○）135.細胞壁主要由醣類、氨基酸、脂肪質與氨基酸醣等物質
　　　組成。

（○）136.細胞膜主要由蛋白質與多醣體構成，並具有控制物質進
　　　出菌體之功能。

（×）137.細胞質屬於一種水狀物質，含有很多核醣體，DNA、
　　　RNA是菌體生命及繁殖的重要部分。　　　〔膠狀〕

（×）138.RNA為一去氧核糖核酸，是菌體的遺傳物質。〔DNA〕

（×）139.DNA為一核糖核酸是一種菌體合成蛋白質時所必需的物
　　　質。　　　　　　　　　　　　　　　　　　　〔RNA〕

（×）140.滅菌係指殺滅致病微生物之繁殖型或活動型，但不一定
　　　能消滅抗拒惡劣環境的芽胞型。　　　　　　　〔消毒〕

（○）141.消毒的原理即是以物理或化學的方法使病原體的組成成
　　　份發生變化，致其菌體本身或機能受損，以致不能成
　　　長，甚至死亡。

（×）142.化學消毒法係指運用物理學的原理如光、熱、幅射線、
　　　超音波等方式，達到消滅病原體的目的。　　　〔物理〕

（×）143.消毒係指消滅所有的微生物，無論繁殖型及芽胞型均一

一予以消滅。　　　　　　　　　　　　　　　　　〔滅菌〕

（○）144.煮沸消毒法係指將毛巾等棉製品先予清洗乾淨，再置於沸騰的100℃煮5分鐘以上，即達到殺滅病菌的目的。

（○）145.蒸氣消毒法只適用於毛巾類。

（×）146.紫外線消毒箱照明強度至少要達到每平方公分85微瓦特的有效光量，照射時間要5分鐘即可。　〔20分鐘以上〕

（○）147.理想的化學消毒劑必須符合下列幾個要件：(1)無刺激性；(2)具經濟性；(3)不具有腐蝕性；(4)除了可殺死病原體的繁殖型外，尚可殺死細菌之芽胞型。

（×）148.化學消毒法又分：煮沸消毒法、蒸氣消毒法、紫外線消毒法等。　　　　　　　　　　　　　　　〔物理消毒法又……〕

（×）149.物理消毒法又分：氯液消毒法、陽性肥皂液消毒法、酒精消毒法、煤餾油酚肥皂液消毒法等。

　　　　　　　　　　　　　　　　　　　　　　〔化學消毒法又……〕

（○）150.適用於煮沸消毒法的金屬類為剃刀、剪刀、挖杓、鑷子、髮夾等，及玻璃、毛巾類。

（○）151.適用於紫外線消毒法的金屬類為剃刀、剪刀、挖杓、鑷子、髮夾等。

（○）152.適用氯液消毒法的物品有塑膠類的挖杓、髮夾等，及白色粉撲、玻璃杯、白色毛巾等。

（×）153.使用氯液消毒法時必須先將塑膠類的挖杓、髮夾或粉撲、玻璃杯及白色毛巾等清洗乾淨再完全浸泡於餘氯量200PPM，消毒時間20分鐘以上再予以清水清洗、瀝乾或烘乾後，置於乾淨櫥櫃。　　　　　　　　　〔2分鐘〕

（○）154.適用於陽性肥皂液的物品有塑膠類的挖杓、髮夾等，及白色（有色）毛巾等。

（×）155.選用陽性肥皂液消毒法時，須先將塑膠類的挖杓、髮夾或白色（有色）毛巾等清洗乾淨再完全浸泡於含0.1～0.5%陽性肥皂液內，消毒時間5分鐘即可，再予以清水清洗、瀝乾或烘乾後，置於乾淨櫥櫃內。　　〔20分鐘〕

（○）156.適用於酒精消毒法的物品有金屬類的剃刀、剪刀、挖杓、鑷子、髮夾、睫毛捲曲器、塑膠類的挖杓、髮夾及化妝用刷類、粉撲等。

（×）157.含藥化妝品不需標示藥品名稱及使用時應注意事項。

〔應標示〕

（○）158.化妝品衛生管理條例管轄機關為衛生主管機關。

（○）159.化妝品衛生管理條例在中央為行政院衛生署。

（○）160.化妝品衛生管理條例在中央為行政院衛生署、在省（市）為省（市）政府衛生處（局）、在縣（市）為縣（市）政府。

（○）161.含藥化妝品之申請書須向中央衛生主管機關申請查驗，經核准並發給許可證後始可輸入或製造。

（○）162.含藥化妝品其作用超出化妝品的定義範圍，而涉及治療疾病或足以影響人體結構及生理機能、或其所含醫療毒劑藥品超過法定基準時，則該藥品應依藥物藥商管理法的規定辦理。

（×）163.化妝品色素均不需事先向中央衛生主管機關申請查驗，即可直接輸入或製造。　　〔應事先申請，並經核准後〕

（×）164.含藥化妝品應標示藥品名稱及使用時應注意事項，違規處7萬元以下罰鍰，其妨害衛生之物品沒入銷毀之。

〔10萬以下〕

（×）165.化妝品販賣業者，不得將化妝品之標籤、仿單、包裝或容器等改變出售，否則以違反化妝品條例第12條之規定，處以15萬元以下罰鍰，其妨害衛生之物品予以沒入銷毀。 〔10萬元以下〕

（○）166.輸入之化妝品出售應以原裝為限，非經中央衛生主管機關核准，不得在國內分裝或改裝出售，否則以違反化妝品條例第9條之規定，處以10萬元以下罰鍰，其妨害衛生之物品予以沒入銷毀。

（×）167.化妝品之製造，非經領有合法之工廠登記證者，不得為之，否則以違反化妝品條例第15條處以一年以下有期徒刑，拘役或科或併科10萬元以下罰鍰，其妨害衛生之物品予以沒入銷毀。 〔15萬元以下〕

（○）168.化妝品經使用後，足以損害人體健康，且違反衛生機關輸入製造、販賣並意圖供應、陳列，以違反化妝品條例第23條第一項之規定，處以一年以下有期徒刑、拘役或科或併科15萬元以下罰鍰，其妨害衛生之物品予以沒入銷毀。

（×）169.輸入化妝品之樣品，未經申請、核准證明時，不得販賣，否則以違反化妝品條例第23條之一之規定，處以15萬元以下罰鍰，其妨害衛生之物品予以沒收銷毀。

〔10萬元以下〕

（○）170.化妝品色素來源不明，不得販賣供應、意圖販賣或供應
陳列，否則以違反化妝品條例第23條第3項之規定，處
以10萬元以下罰鍰，其妨害衛生之物品予以沒入銷毀。

（×）171.化妝品色素足以損害人體健康，經公告必須停止使用並
辦理回收處理，違者以違反化妝品條例第23條第2項之
規定，處以7萬元以下罰鍰，其妨害衛生之物品沒入銷
毀之。　　　　　　　　　　　　　　　　〔10萬以下〕

（×）172.化妝品不得於報紙、刊物、傳單、廣播、幻燈片、電
影、電視及其他宣播工具登載或宣播猥褻、有傷風化或
虛偽誇大，或文字畫面、言詞未經核准，且與傳播內容
不符，以違反化妝品條例第24條之規定，處以10萬元以
下罰鍰，情節重大或再次違反者，撤銷營業或沒廠。
　　　　　　　　　　　　　　　　　　　〔5萬元以下〕

（○）173.輸入化妝品或化妝品色素之核准或備查事項，不得私自
變更，否則以違反化妝品條例第10條，處以10萬元以下
罰鍰。

（×）174.化妝品販賣業者不得將化妝品之標籤、仿單、包裝或容
器等改變出售，否則以違反化妝品條例第23條第1項，
處以10萬元以下罰鍰。　　　　　　　　　〔第12條〕

（○）175.化妝品色素未經許可販賣營業者，以違反化妝品條例第
13條之規定，處以10萬元以下罰鍰。

（○）176.化妝品未含醫療或劇毒藥品者，未申請備查而製造，以
違反化妝品條例第16條第2項，處以10萬元以下罰鍰。

（×）177.化妝品製造含有醫療或劇毒藥品者，若無聘請藥師駐

廠，以違反化妝品條例第21條之規定，處以10萬元以下罰鍰。 〔19條〕

（×）178.化妝品製造及色素，未經核准不得擅自變更，否則以違反化妝品條例第19條之規定，處以10萬元以下罰鍰。

〔第21條〕

（○）179.國外輸入或國內產銷之化妝品及色素，不得拒絕檢查或抽查，否則以違反化妝品條例第25條、26條之規定，處以7萬元以下罰鍰。

（○）180.未經許可輸入含醫療或劇毒藥品者，以違反化妝品條例第7條第1項，處一年以下有期徒刑、拘役或科或併科15萬元以下罰鍰，其妨害衛生之物品予以沒入銷毀。

（○）181.未經許可輸入化妝品色素者，以違反化妝品條例第8條第1項，處以一年以下有期徒刑、拘役或科或併科15萬元以下罰鍰，其妨害衛生之物品予以沒入銷毀。

（○）182.化妝品內含有不合法定標準之化妝品色素者，不得輸入或販賣，違者以違反化妝品條例第11條之規定，處以一年以下有期徒刑、拘役或科或併科15萬元以下罰鍰，其妨害衛生之物品予以沒入銷毀。

（×）183.未經許可製造含醫療或劇毒藥品者，以違反化妝品條例第16條第1項之規定，處以一年以下有期徒刑、拘役或科或併科10萬元以下罰鍰，其妨害衛生之物品，予以沒入銷毀。 〔15萬元以下〕

（○）184.未經許可製造化妝品色素者，以違反化妝品條例第17條第1項之規定，處以一年以下有期徒刑、拘役或科或併

科15萬元以下罰鍰,其妨害衛生之物品,予以沒入銷毀。

（×）185.未經核准,使用法定外其他色素,以違反化妝品條例第18條第1項之規定,處以二年以下有期徒刑、拘役或科或併科15萬元以下罰鍰,其妨害衛生之物品,予以沒入銷毀。　　　　　　　　　　　〔一年以下〕

（×）186.違反化妝品條例第27條之規定,是處以三年以下有期徒刑、拘役或科或併科15萬元以下罰鍰,其妨害衛生之物品,予以沒入銷毀。　　　　　　　　〔一年以下〕

（○）187.與化妝品條例第27條之規定,相同處罰的有第7條第1項、第8條第1項、第11條、第15條第1項、第16條第1項、第17條第1項、第18條第1項及第23條第1項等。

（×）188.違反化妝品條例第28條之規定,處以15萬元以下罰鍰,其妨害衛生之物品沒入銷毀。　　　　〔10萬元〕

（○）189.與化妝品條例第28條之規定,相同處罰的有第6條、第7條第2項、第9條、第10條、第12條、第13條、第16條第2項、第19條、第21條、第23條第2項、3項或第23條之一等。

（○）190.違反化妝品條例第29條規定,亦是違反第25條、第26條之規定,皆是處以7萬元以下罰鍰。

（○）191.違反化妝品條例第30條之規定,亦是違反第24條之規定,皆是處以5萬元以下罰鍰。

（×）192.屬於中華民國的報告傳染病是指,在發現後24小時內報告衛生主管機關。

〔48小時，瘧疾、日本腦炎、小兒麻痺、恙蟲病、破傷
風、百日咳皆屬於中華民國報告傳染病〕

（○）193.報告傳染病係指瘧疾、日本腦炎、小兒麻痺、恙蟲病、
破傷風、百日咳共計六種。

（○）194.台灣區傳染病包括報告傳染病六種以外，另有十五種。

（○）195.國際傳染病有：(1)霍亂；(2)鼠疫；(3)黃熱病等三種。

（×）196.人體免疫力可分為：(1)自然免疫；(2)天生免疫。

〔人工免疫〕

（○）197.人工免疫包括：(1)自動免疫；(2)被動免疫。

（○）198.自動免疫包括：(1)活菌疫苗；(2)死菌疫苗；(3)類毒
素；(4)毒素；(5)抽提物。

（○）199.被動免疫包括：(1)動物免疫血清；(2)復原期病人血
清；(3)健康人血清；(4)免疫球蛋白。

（○）200.台灣地區嬰兒應按時接種的預防注射共有五種疫苗。

（×）201.食用色素目前祇有三種可用。　　　　　　〔7種〕

（○）202食用色素七種：1、2號為藍色；3號為綠色；4、5號為黃
色；6、7號為紅色。

（×）203.兩人或兩人以上，吃不同食物，發生相同或類似癥狀，
將剩下食物、排泄物，經化驗結果發現相類似的致病病
菌，稱之為食物中毒。　　　　　　〔相同食物〕

（○）204.所謂批號係指工廠製造產品一批一批的產生，每一批皆
有一個批號。

（○）205.員工因職業工作環境不良所引起的疾病稱為職業病。

（○）206.米燭光係指光線的照度值。

（○）207.濃度的單位為P.P.M.。

（○）208.先開啟並維持一個通暢的氣道，提供人工呼吸經由體外心臟按摩提供人工循環，稱之心肺復甦術。

（×）209.異物梗塞急救，幼兒須採以腹部壓擠法（又名海式法）。　　　　　　　　　　　　　　　〔成人〕

（×）210.進行異物梗塞急救時，患者若為肥胖或孕婦者則不適用胸部壓擠法，應選用腹部壓擠法。

〔必須選用胸部擠壓法〕

（×）211.皮膚是人體中最小的器官。　　　　　　　〔最大〕

（○）212.細胞包含下列的構造：細胞膜、細胞質、中心體、細胞核。

（×）213.組織是由成群相同種類的器官所組成。　　〔細胞〕

（○）214.人體組織可分成：結締組織、肌肉組織、神經組織、上皮組織、液態組織等五個部分。

（○）215.由兩種或兩種以上不同的組織為達到特殊的功能結合稱之為器官。

（○）216.人體中心最重要的器官如下：腦、心臟、肺、肝、腎、胃腸、皮膚等。

（○）217.皮膚可稱為是一種組織，亦是一個器官。

（○）218.系統是幾組器官為了人體的利益所組成。

（○）219.人體由骨骼系統、肌肉系統、循環系統、內分泌系統、排泄系統、呼吸系統、神經系統、消化系統、生殖系統所組成。

（○）220.除了牙齒外，骨骼是人體最硬的結構，人體中共有206

塊骨頭。

（×）221.頭骨分成兩部分，即14塊顱骨及8塊顏面骨，與頭皮及
臉部的運動有關。　　　　　　　〔8塊顱骨及14塊顏面骨〕

（○）222.肌肉具有收縮性的纖維組織，與美容師有關的肌肉有：
頭部、臉部、手臂、手部的隨意肌。

（×）223.美容師按摩時施壓的方向通常由起始端向終止端用力。

〔由終止端向起始端〕

（○）224.神經系統負責身體各部組織、器官和系統的協調，行使
整體的工作。

（○）225.神經系統可分中樞神經、末梢神經系統、自主神經系
統。

（×）226.骨骼是人體中最大的神經組織體。　　　　　　　〔腦〕

（×）227.腦神經有12對，與臉部護理最有關係的是第7對三叉神
經、第5對顏面神經及第11對副神經。

〔第5對三叉神經、第7對顏面神經及第11對副神經〕

（○）228.血管可分為三大類，即動脈、靜脈、微血管。

（○）229.淋巴系統可說是人體組織的廢物處理與排水系統。

（×）230.皮膚的厚度以手掌及腳掌最薄，而眼瞼最厚。

〔眼瞼最薄，手掌及腳掌最厚〕

（○）231.皮膚構造由表皮、真皮、皮下組織以及附屬器官所構
成。

（○）232.表皮由外至內為角質層、透明層、顆粒層、有棘層及基
底層所組成。

（×）233.表皮層中的角質層是由已經完全角質化的活細胞所構

成。　　　　　　　　　　　　　　　　　　　〔死細胞〕

（×）234.角質層的細胞是一種有核的死細胞。　　　　〔無核〕

（○）235.透明層只存在手掌、腳底。

（○）236.角質層和游離的脂肪酸為皮膚主要的化學屏障。

（×）237.顆粒層與基底層合稱為馬氏層，亦稱生發層。

　　　　　　　　　　　　　　　　　　〔有棘層與基底層〕

（×）238.基底層內含基底細胞和黑色素細胞，其比率大約為1：
10。　　　　　　　　　　　　　　　　　　〔10：1〕

（×）239.纖維母細胞產生的纖維，是表皮的最大部分，成份包括
膠原纖維、網狀纖維、彈性纖維及少量平滑肌纖維。

　　　　　　　　　　　　　　　　　　　　　〔真皮〕

（×）240.表皮中含有微血管可供給皮膚營養。　　　　〔真皮〕

（○）241.人類的活動環境中對人體健康和生存所有可能發生的危
害因子加以控制，謂之環境衛生。

（○）242.管理係將人力和物質資料導入動態組織中，以達到預定
的工作目標。

（○）243.不適當姿勢及單調的工作，是造成人體工學性危害的因
子。

（○）244.衛生管理人員管理衛生事項，擔負推動衛生自主管理工
作的重要任務，以提高衛生品質，確保消費者的衛生安
全與健康。

（×）245.火警發生時，應隨即採取不理他人、祇顧自己逃生、看
笑話等三種應變措施，人人應有火災危機意識，並多了
解消防安全常識。　　　　　〔採取滅火、報警、逃生〕

（○）246.菌體處於高滲透壓的環境中，會導致菌體膨大或破裂，而趨向死亡。

（×）247.日光中含有紫外線能使菌體的RNA產生變化，而喪失繁殖能力，以達消毒殺菌的目的。　　　　　　　〔DNA〕

（×）248.含藥化妝品是施於人體外部，以潤澤髮膚、刺激嗅覺、掩試體臭或修飾之物品。　　　　　　　〔一般化妝品〕

（○）249.愛滋病經感染後就沒完沒了，因無藥可完全去除細胞外病毒粒子及細胞內原病毒。

（○）250.由退伍軍人所造成的疾病是肺炎。

（○）251.滅火原理中之窒息法是用泡沫或乾粉滅火劑。

（×）252.發現愛滋病含HIV感染患者，依台灣地區性病防治通報系統應依非法定傳染病的系統報告。　　　　　〔法定〕

（×）253.以95%藥用酒精，欲稀釋為75%酒精總重量100C.C.時，則原液與蒸餾水所需的量各為75C.C.、25C.C.。

〔79C.C.、21C.C.〕

（×）254.以25%甲苯酚溶液，欲稀釋為200C.C.時，則原液與蒸餾水所需的量各為20C.C.、180C.C.。〔24C.C.、176C.C.〕

（×）255.以10%漂白水欲稀釋為500C.C.時，則氯液原液與蒸餾水所需的量各為5C.C.、495C.C.。〔1C.C.、499C.C.〕

（×）256.以10%苯基氯卡銨溶液稀釋為100C.C.時，則原液與蒸餾水所需的量各為10C.C.、190C.C.。〔5C.C.、95C.C.〕

（○）257.計算藥劑的種類所需原液量的公式為：原液量＝消毒劑濃度÷原液濃度×總重量。

（○）258.計算藥劑種類所需蒸餾水量的公式為：蒸餾水量＝總重

量－原液量。

（×）259.不論化學消毒法或物理消毒法在進行消毒前，皆不需將
所要消毒之物品先清洗乾淨。　　　　〔皆必須〕

（×）260.進行化學消毒法將物品消毒以後，皆不需再用清水清洗
乾淨。　　　　　　　　　　〔皆需要，除酒精外〕

（×）261.進行藥劑調配時，要取出所需藥劑時，其瓶蓋口必須朝
下。　　　　　　　　　　　　　　　　〔朝上〕

（×）262.進行藥劑調配時，萬一多倒出的藥劑可再倒回藥劑瓶
內，每樣藥劑取完後，必須立即加蓋。　〔不可再倒回〕

（×）263.進行藥劑調配時，不論所調配的量為多少，只要取出喜
歡的量筒來使用即可。　　　　　〔需找出適當之量筒〕

（○）264.進行暢通呼吸道及人工呼吸後，若空氣仍不能進入傷患
肺中，則繼續重複腹部擠壓、手指掃探、暢通呼吸道吹
氣，直到異物被清除，空氣能順利吹入患者肺中。

（○）265.盤尼西林是一種抗生素。

（○）266.美容師學習細菌學可以有助於努力防止疾病的傳染。

（×）267.細胞的休止期稱為胞子期。　　　　　　　〔細菌〕

（×）268.身體受細胞感染的徵象是膿。　　　　　〔受細菌感染〕

（×）269.能阻礙或消除細菌的物質是維生素。　　　〔抗生素〕

（○）270.甲醛蒸氣使用在消毒櫃時，效果最佳。

（○）271.美容中心使用消毒是公共保健的表現。

（×）272.四元素銨化合物做為消毒劑時是有氣味的。　〔無氣味〕

（○）273.電極器可用酒精來消毒。

（×）274.美容中心裡使用的化學溶液可任意放置於容器內。

〔應該存放在有標示的容器內〕

（○）275.四元素銨化合物是用來殺菌。

（○）276.細菌較平常的名稱是微生物。

（○）277.大部分細菌的本質是植物性，且無害的。

（○）278.病理性的細菌是有害的。

（○）279.桿菌的形狀是桿狀的。

（×）280.在活動其中，細菌會停止生長。　　　〔繼續生長〕

（×）281.愈潮濕骯髒的環境下，細菌成長得愈不好。　〔愈好〕

（×）282.細菌到達生長極限時，會死亡。　　　　〔會繁殖〕

（○）283.球形胞子有堅硬的外表。

（○）284.引起疥癬細菌是動物性的。

（○）285.胞子形的細菌是破傷風菌。

（×）286.細菌繁殖是分裂成一倍。　　　　　　　〔一半〕

（×）287.要仰賴活生物生長的病理性細菌又稱微生物。

〔寄生物〕

（○）288.無害的細胞稱為非病原性的。

（○）289.美容師最重要的是要發展愉快的個性。

（○）290.微笑和溫馨的言語是表示親切。

（×）291.舉起重物時，應該儘量使用大腿部位的肌肉。　〔背部〕

（×）292.從地板上拾起東西時，應該使用背部部位的肌肉。

〔大腿部位〕

（○）293.腳部變形和腰酸背痛通常都是因為不合腳的鞋。

（○）294.不良的飲食習慣及缺乏營養會導致暗沉的膚色。

（×）295.生氣和憤怒的情緒會使心臟活動停止。　〔增加〕

（○）296.公共保健或公共衛生是指提昇社區大眾的健康。

（×）297.定期牙齒護理也無法保持健康的牙齒。　　〔可保持〕

（○）298.公共保健對每個人都很重要，因為可保持大眾的健康。

（○）299.健康的飲食習慣是定時定量的飲食。

（○）300.緊張會使心臟、動脈和腺體受到傷害。

（○）301.均衡的飲食有助消化系統功能的正常運作。

（×）302.工作過度且缺乏休息亦不會消耗身體的活力。

〔會消耗〕

（×）303.美容中心不需用長袍來保護女性顧客。　　〔需用〕

（○）304.眼墊應該足夠大到可以蓋住整個眼部。

（×）305.按摩會增進溫度是因為血液供給及循環減弱的關係。

〔循環增加〕

（○）306.進行按摩時，最重要的是讓顧客完全放鬆。

（○）307.美容師應該維持正確姿勢，以減少疲勞。

（×）308.臉部有擦傷的情形，亦可以進行按摩動作。　〔不可以〕

（○）309.為了保持手部放鬆且有力，美容師最好多練習手部運動。

（○）310.撫摸是用手指和手掌進行持續且緩慢的按摩動作，也稱為撫摸按摩。

（×）311.美容師若必須暫停按摩時，手部可隨時隨地離開顧客的臉部。　　　　　　　　　　　　　〔應該輕輕的〕

（○）312.臉部按摩對顧客的好處是生理和心理的。

（○）313.按摩有時可以減輕疼痛是因為促使肌肉放鬆。

（○）314.進行臉部按摩時，手部動作最重要的是保持有規律的節

奏。

（○）315.適用於煤餾油酚肥皂液法的物品有金屬類及塑膠類的挖
杓、髮夾等。

（○）316.適用於煤餾油酚肥皂液消毒法的物品於消毒前，應先清
洗乾淨並完全浸泡於含6%煤餾油酚肥皂液內，消毒時
間為10分鐘以上，再予以清水沖洗、瀝乾或烘乾。

（○）317.衛署妝輸字第000000號是代表輸入含藥化妝品。

（○）318.一般化妝品第000000號是代表一般進口保養品。

（○）319.省衛妝製字第000000號、北市衛妝製字第000000號、高
市衛妝製字第000000號是代表國內製造化妝品。

（×）320.一般化妝品的仿單上應有品名、許可證或核准字號、廠
名、地址、出廠日期、保存期限、成份、用法、用途、
容量、重量或數量。

〔一般化妝品已不需刊載許可字號或核准字號〕

（×）321.紫外線消毒箱照明強度至少要達到每平方公分85微瓦特
的有效光量，消毒時間祇須5分鐘即可。

〔消毒時間為20分鐘〕

（×）322.理想的化學消毒劑必須符合下列幾個要件：(1)無刺激
性；(2)具經濟性；(3)具有腐蝕性；(4)除了可殺死病原
體的繁殖型外，尚可殺死細菌之芽胞型 〔不具腐蝕性〕

（×）323.化學消毒法又分：煮沸消毒法、蒸氣消毒法、紫外線消
毒法等。 〔物理消毒法〕

（×）324.物理消毒法又分：氯液消毒法、陽性肥皂液消毒法、酒
精消毒法、煤餾油酚肥皂液消毒法等。 〔化學消毒法〕

（○）325.適用於煮沸消毒法的物品有金屬類的剃刀、剪刀、挖杓、鑷子、髮夾及玻璃杯、毛巾類等。

（○）326.適用紫外線消毒法的物品有金屬類的剃刀、剪刀、挖杓、鑷子、髮夾等。

（○）327.適用氯液消毒法的物品有塑膠類的挖杓、髮夾等，及白色粉撲、玻璃、白色毛巾等。

（×）328.使用氯液消毒法時必須先將欲消毒物品清洗乾淨，再完全浸泡於餘氯量200PPM容器內，消毒時間20分鐘以上，再予以清水清洗、瀝乾或烘乾後，置於乾淨櫥櫃內。　　　　　　　　　　　　　　　〔2分鐘〕

（○）329.適用於陽性肥皂液的物品有：塑膠類的挖杓、髮夾，及白色、有色毛巾等。

（×）330.塑膠髮夾若用陽性肥皂液來消毒時，其消毒的程序為：先用清水清洗乾淨，再將其完全浸泡於含0.1～0.5%陽性肥皂液內，消毒時間5分鐘以上，再予以清水清洗、瀝乾或烘乾後，最後置於乾淨櫥櫃內。　　〔20分鐘〕

（○）331.適用於酒精消毒法的物品有金屬類的剃刀、剪刀、挖杓、鑷子、髮夾、睫毛捲曲器，塑膠類的挖杓、髮夾及化妝用刷類、粉撲等。

（○）332.選用酒精消毒法時，須先將器材清洗乾淨，塑膠類完全浸泡於75%酒精內，消毒時間10分鐘以上，金屬類則選用擦拭數次的方法，經瀝乾後置於乾淨的櫥櫃內。

（×）333.面膜中所用的一種有溫和防腐及收斂性質的成份是鎂。

〔氧化鋅〕

（×）334.面膜中能夠溶解死的表面細胞的成份是杏仁油。　〔硫〕

（○）335.加入基本面膜成份內的非乾燥性物質，有溫和刺激效果的是杏仁油。

（○）336.面膜成份中有調理、緊縮及乳化效果的是蜂蜜。

（×）337.款冬及薄荷茶的使用，對過度乾燥的皮膚特別有益。

〔微血管破裂〕

（○）338.伏特是電壓的單位。

（○）339.安培是電流強度的單位。

（×）340.暫時性除毛可用電針除毛。　　　　〔化學除毛劑〕

（×）341.永久性除毛可用化學除毛劑。　　　〔電針除毛〕

（×）342.塗抹脫毛蠟時，其塗抹方向應該與毛髮生長方向相反。

〔相同〕

（×）343.拔除脫毛蠟時，拔除方式是以順著毛髮生長方向。

〔逆著〕

（×）344.化學除毛劑通常都必須停留在皮膚大約30～40分鐘。

〔5～10分鐘〕

（×）345.用電鑷除毛法時，一分鐘大約拔除5～10根。　〔1~2根〕

（○）346.使用括除法除毛，體毛仍然又會快速長出的。

（○）347.眉毛部位的除毛通常是使用眉夾或刀片。

（×）348.面皰治療中常用的殺菌劑是甘菊。　　　　〔水陽酸〕

（○）349.成份中香劑有宜人氣味及刺激性質。

（○）350.殺菌劑的作用是用來摧毀或抑制細菌。

（○）351.乳液的作用是安撫並軟化皮膚。

（×）352.具有安撫並能使皮膚達到鎮靜作用的產品成份是殺菌

劑。　　　　　　　　　　　　　　　　　〔甘菊〕

（○）353.保養品種類分親水性及親油性兩種。

（×）354.親水性保養品的水或酒精成份含量較高，使用後的感覺
　　　　較清爽，因此適用於乾性肌膚。　　　〔油性肌膚〕

（×）355.親油性保養品的油脂成份含量較高，使用後的感覺較油
　　　　膩，因此適合於油性皮膚。　　　　　〔乾性皮膚〕

（○）356.化妝品的功能除了能對皮膚補給水份，並能使皮膚濕潤
　　　　柔軟。

（○）357.化妝品是由各種原料混合而成，用量最多的原料是水，
　　　　例如：化妝水70%以上為水、面霜40～80%為水、乳液
　　　　60～80%為水。

（○）358.一般皮膚外用的消炎劑，主要以磺胺劑為主。

（○）359.維生素的分類可分油溶性和水溶性兩種。

（×）360.水溶性維生素有維生素A、D、E、F等。〔維生素B、C〕

（×）361.缺乏維生素D時，皮膚會產生乾燥、角化異常，令皮膚
　　　　產生皮屑及粗糙。　　　　　　　　　〔維生素A〕

（○）362.缺乏維生素D時，會影響骨骼及牙齒的正常發育。

（×）363.缺乏維生素A時，易造成細胞破裂及影響生殖腺運作。
　　　　　　　　　　　　　　　　　　　　　〔維生素E〕

（○）364.缺乏維生素F時，皮膚會乾燥裂痕、皺紋、毛髮易變
　　　　脆。

（○）365.與皮膚較有密切關係的維生素B群有B1、B2、B6、
　　　　B12，缺乏時會影響皮膚、黏膜之健康，嚴重者易生濕
　　　　疹，並令頭髮變白及掉落。

（×）366.維生素E與細胞之氧化還原有密切關係，但缺乏時則易
引起壞血病，甚至感染傳染病。　　　　　〔維生素C〕

（×）367.化妝品的管理共分二種，一為含醫療或劇毒藥品化妝
品，簡稱一般化妝品；另一為未含有醫療或劇毒藥品化
妝品簡稱含藥化妝品。

〔含藥稱含藥化妝品，未含藥稱一般化妝品〕

（○）368.含藥化妝品及化妝色素不論為輸入或國產，均須向行政
院衛生署辦理查驗登記，經核准並發給許可證後，始得
輸入或製售。

（×）369.含藥化妝品其含量若超過該基準範圍者，則以一般化妝
品管理之。　　　　　　　　　　　　　〔藥品管理〕

（○）370.化妝品若其效能刊載防止黑斑、雀斑、皺紋及去頭皮屑
等內容者，均列入含藥化妝品管理。

（○）371.真皮層中含有許多微血管、皮脂腺和汗腺等。

（×）372.皮下組織的微血管藉著擴張和收縮的動作，調節血液的
流量，讓人體保持一定的體溫。　　　　　　〔真皮〕

（○）373.網狀層是由膠原纖維和彈性纖維所構成。

（×）374.表皮內網狀層之膠原纖維及彈性纖維衰退，會使皮膚失
去彈性。　　　　　　　　　　　　　　　　〔真皮〕

（×）375.表皮組織由脂肪構成，皮下脂肪的厚度因人而異，通常
女性較男性為厚。　　　　　　　　　　　〔皮下組織〕

（×）376.皮下組織所含的脂肪量會因個人年齡、性別及健康狀況
而不同，但其厚度皆為相同。　　　　　〔亦會有所不同〕

（×）377.「流汗」是因阿波克蓮汗腺大量分泌而造成皮膚潮濕。

〔艾克蓮〕
（×）378.狐臭是因艾克蓮汗腺的分泌在細胞的分解下產生的異
臭。　　　　　　　　　　　　　　〔阿波克蓮〕

（×）379.皮膚表面有皮脂膜的關係而產生弱鹼性，較不利於微生
物的滋長。　　　　　　　　　　　　〔弱酸性〕

（×）380.皮脂腺分泌的皮脂，和汗腺分泌的汗液在皮膚的表面形
成強鹼性的保護膜。　　　　　　　　〔弱酸性〕

（○）381.皮膚表面的皮溝淺而窄，則表示其膚質越細緻。

（×）382.皮膚表面的膚紋路是由許多細小的陷凹及隆起交叉分布
而成，其隆起部分稱為皮溝。　　　　　〔皮丘〕

（×）383.表皮的角化過程，由新生至剝落大約是4天。　〔28天〕

（○）384.表皮沒有微血管，但有神經末梢。

（×）385.大汗腺的分佈與小汗腺不盡相同，但其開口與小汗腺一
樣都在皮膚裏面。　　　　　　　　　　〔表面〕

（○）386.皮膚具有保護、感覺、分泌、呼吸、排泄及體溫調節等
作用。

（×）387.角質層是人體最外層器官與我們的情緒及身體健康皆極
為重要。　　　　　　　　　　　　　　〔皮膚〕

（×）388.正常一天的排汗量為3,000C.C.，每日至少必須攝取
3,000C.C.的水。　　　　　　〔排汗量為900C.C.〕

（○）389.人體汗液的比重約1.005，酸鹼度在4.5～5.5之間。

（×）390.每蒸發一升的汗可以帶走450卡路里的體熱。

〔540卡路里〕

（×）391.大汗腺所分泌的汗液含有豐富的水脂。　　　〔油脂〕

（○）392.皮膚正常的酸鹼度（4.2～5.6）可以減緩某些微生物的生長。

（○）393.黑色素細胞分泌黑色素，而白種人與黑種人黑色素的量是不同的。

（×）394.陽光中紫外線對皮膚傷害力最強者為可見光，它會使皮膚曬黑及曬傷。　　　　　　　　　　　　　〔短波長〕

（○）395.黑色素細胞若受到紫外線的強烈刺激時，黑色素的生長會變得較活潑，而使膚色變得較黑。

（×）396.隨著年齡的增長，表皮內纖維組織的彈性逐漸降低，使皮膚失去彈性，這就是皺紋出現或皮膚下垂的原因。
　　　　　　　　　　　　　　　　　　　　　〔真皮〕

（○）397.皮脂是皮脂腺分泌的脂肪酸、三酸甘油脂、膽固醇及細胞碎屑的混合物。

（×）398.「雞皮疙瘩」的形成是因為豎毛肌放大的結果。
　　　　　　　　　　　　　　　　　　　　　〔收縮〕

（○）399.賀爾蒙的分泌對皮膚有很大的影響。

（○）400.經由知覺神經末梢，皮膚可以對冷、熱、觸摸、壓力、疼痛有所反應。

（×）401.油性皮膚紋理細、皮溝淺、毛孔明顯、皮丘凹凸較多。
　　　　　　　　　　　　　　　　　〔紋理粗，皮溝深〕

（○）402.乾性皮膚的人，在眼尾處易呈現小皺紋，而且化妝不易均勻。

（○）403.皮膚的完整性受破壞時，易導致微生物增生。

（○）404.氣體極易通過皮膚障壁，但一氧化碳例外。

（×）405.汗腺的數目比皮脂腺和體毛較少。　　　　〔更多〕

（○）406.指（趾）甲在正常的情況下，其生長可持續終生。

（×）407.每個人指甲生長的速度皆相同。　　　　　〔不同〕

（○）408.濕敷往往可清潔皮膚，也有止癢的作用。

（×）409.信譽卓著之化妝品製造過程極為嚴謹，故絕對不會引起
　　　　皮膚病變。　　　　　　　　　　　　　〔亦有機會〕

（○）410.清潔劑是很普遍的刺激性，非過敏性皮膚炎之因。

（×）411.同一種化妝品在不同人身上有不同的反應，而許多不同
　　　　的化妝品也會造成完全不同的反應。

　　　　　　　　　　　　　　　　　　　　〔完全相同的反應〕

（○）412.一般成人的皮膚厚度約0.5至5毫米，含蓋的表面積約18
　　　　平方公呎。

（×）413.皮脂的成份受日光照射後會形成維生素C以及抗維生素
　　　　的物質，而成為極佳的微生物障壁。　　〔維生素D〕

（×）414.維生素D能保護皮膚與粘膜細胞，缺乏時會促進皮膚角
　　　　化而使表面乾燥。　　　　　　　　　　〔維生素A〕

（×）415.維生素B與皮膚的氧化與還原有密切關係，會改善肝斑
　　　　等色素的沉澱。　　　　　　　　　　　〔維生素C〕

（×）416.蠟脫毛是永久脫毛的方法之一。　　　　　〔暫時性〕

（○）417.女子的體毛過多及過長，有可能是身體內在疾病的表
　　　　徵。

（×）418.使用同一品牌的染髮劑多年後，若臉部皮膚有過敏現象
　　　　產生，絕不可能是該種染髮劑引起的。　　〔亦有可能〕

（○）419.美容技術士，依法不得從事割雙眼皮、拉皮、小針美

容、換膚、隆乳、隆鼻等醫療行為。

（○）420.美髮水、收斂液、化妝水等賦香製品是揮發性產品，對眼睛、皮膚或粘膜也具有刺激性。

（○）421.隨著年齡的增長，真皮內纖維組織的彈性逐漸降低，使皮膚失去彈性，這就是皺紋出現或皮膚下垂的原因。

（×）422.防止青春痘惡化的第一要件是時時保持皮膚清潔，且要常用含香料的肥皂洗臉。　　〔不含香料……〕

（○）423.青春痘若擠壓不當，容易使症狀惡化或留下疤痕。

（○）424.預防或減輕足癬（香港腳）的方法是保持足部乾爽。

（○）425.含維生素C較多的食物是蕃茄、橘子和青椒。

（○）426.老年人毛髮漸稀，是因為毛髮週期縮短，每日脫落頭髮的數目漸增的緣故。

（×）427.眼睫毛屬於短毛髮，最主要的功用是增加眼部美麗。
　　　　　　　　　　　　　　　　　　　〔保護作用〕

（×）428.若依毛髮的長短、粗細來分，生理上有三種毛髮：長毛髮、纖毛髮和短毛髮，或者依身體上區分為硬毛和毳毛兩種。　　　　　　　　　　〔身體上，生理上〕

（○）429.皮膚在缺乏某些維生素和礦物質時，有可能會失去光澤與彈性，甚至於出現種種病症。

（○）430.紫外線照射過量，致使皮膚表面水份、油份缺失過多時，皮膚就易形成老化現象。

（○）431.有軟化、乳化、溶化作用，且能將皮膚上之污垢清除的用品稱之為清潔化妝品。

（×）432.將按摩霜當洗面霜或營養霜使用，可達到皮膚清潔及按

摩功效，真是一舉兩得。

〔因成份不同所產生的效用也會不同，故不可如此使用〕

（×）433.皮下脂肪分泌皮脂，汗腺分泌汗液，二者在皮膚表面形成弱酸性薄膜。　　　　　　　　　　〔皮脂腺分泌皮脂〕

（○）434.紫外線照射過量，皮膚表面水份流失過多時，皮膚容易產生乾裂現象。

（×）435.皮膚有保護的作用，但不能防止水份和化學物質的滲透及細菌的入侵。　　　　　　　　　　　〔能防止……〕

（○）436.按摩中輕壓的動作可以消除神經與皮膚的疲勞。

（○）437.皮膚表面因有皮脂膜的關係，而呈弱酸性，較不利於微生物的滋長。

（×）438.化妝水的功效是去除污垢、分解蛋白質，是卸妝時的必備品。　　　　　　　　　　　　　〔清潔乳的功效……〕

（○）439.按摩霜能促進表皮細胞新陳代謝、消除疲勞、增進血液循環，使肌膚有彈性。

（○）440.乾性皮膚通常較細薄，所以在進行按摩時其力道應該輕柔一些。

（○）441.眼睛的適度按摩可防止皺紋，消除眼睛的疲勞。

（×）442.為了增加肌膚美麗，化妝品的使用量愈多愈好。

〔適量即可〕

（×）443.因角質層是無核的死細胞，必須藉由磨皮，才能除淨死皮。　　　　　　　　　　　　　　　　　〔不需磨皮〕

（○）444.按摩前，顧客應先更換衣物並將飾品如：項鍊、耳環、隱形眼鏡等取下，但請顧客自行妥善保管。

（×）445.保養肌膚最主要的目的是維持肌膚處於強酸性，以抑制
　　　　　細菌繁殖。　　　　　　　　　　　　　　　　〔弱酸性〕

（○）446.面皰皮膚者應少吃油炸類食品，而需多攝取蔬菜、水果
　　　　　類的食物。

（○）447.臉部按摩時，應先考慮顧客之年齡及膚質特性，再決定
　　　　　保養時間之長短。

（×）448.含汞或含鉛的化妝品可使皮膚白皙，因此可長期使用。
　　　　　　　　　　　　　　　　　　　　　　　　　〔不可使用〕

（×）449.「雞皮疙瘩」的形成是因為豎毛肌放鬆的結果。
　　　　　　　　　　　　　　　　　　　　　　　　　　〔收縮〕

（×）450.人種膚色的深淺與黑色素細胞的多寡有關。　〔無關〕

（○）451.即使是容易脫妝的肌膚，清潔時的程序仍需先卸妝再洗
　　　　　臉。

（○）452.皮膚保養時，應先判斷皮膚性質，再依膚質來選擇保養
　　　　　品。

（○）453.經由知覺神經末梢，皮膚可以對冷、熱、觸摸、壓力、
　　　　　疼痛有所反應。

（×）454.當皮膚產生過敏反應時，應立即更換新的保養品。
　　　　　　　　　　　　　　　　　　〔應停止使用任何一種保養品〕

（×）455.乳液含豐富的養份，任何膚質均適用，用量愈多，皮膚
　　　　　愈細緻、光滑。　　　　　　　　　　　　　〔適量即可〕

（○）456.皮下組織含有許多的脂肪，此脂肪含量會因個人年齡、
　　　　　性別，以及健康狀況致使其厚度不同。

（○）457.基底層內有黑色素細胞，它所產生的黑色素會影響皮膚

的顏色。

（×）458.膠原質是一種纖維蛋白質，構成表皮中最大的一部分。

〔真皮〕

（○）459.暫時性硬水經煮沸可成為適合洗臉的水質。

（○）460.任何類型肌膚都可能產生過敏現象。

（×）461.按摩沒有一定的方向，只要舒服就可以。

〔需順肌肉紋理〕

（×）462.冷水能收縮毛孔，因此洗臉時應以冷水最適當。

〔溫水〕

（×）463.美容從業人員為顧客按摩時，不需了解臉部及頸部之神經中樞點。　　　　　　　　　　　　　　　　〔需要了解〕

（×）464.乾性皮膚避免受到冷風侵襲，但不怕受陽光之曝曬。

〔也怕〕

（○）465.為顧客作皮膚保養時，為防止顧客衣領污穢，應幫顧客蓋肩巾以保持清潔。

（○）466.按摩中的敲打動作是所有按摩動作中最具劇烈的，因此在進行時須特別小心。

（○）467.正確的保養手勢以指腹為主，依部位的不同施以輕重有彈性的保養。

（○）468.蒸臉的目的是使毛細孔張開，徹底清除污垢，並使面部的血液循環順暢。

（○）469.美容從業人員進行按摩動作，應保持上半身挺直的姿勢，可防止工作疲勞。

（×）470.陽光中含有多種不同的光線，但是會對皮膚造成傷害的

只有紅外線。　　　　　　　〔尚有紫外線，可見光〕

（○）471.皮膚患有發炎之疾病時，不能施以按摩。

（○）472.皮膚因日曬而出現脫皮時，護理皮膚的方法是多補充皮膚的水份與油份。

（○）473.正確技巧的按摩有助於促進皮膚的血液循環。

（○）474.防曬用品每隔適當時間須重新使用一次，以確保防曬之效果。

（○）475.按摩需順著肌肉的紋理，施壓的方向由終止端向起始端。

（×）476.脆弱皮膚於曝曬後，須馬上敷面以免皮膚敏感。
　　　　　　　　　　　　　　〔須注意保濕以免……〕

（×）477.洗臉時利用冷水既清涼又可達到清潔皮膚之效果。
　　　　　　　　　　　　　　　　　　　　　〔溫水〕

（×）478.角質特別肥厚的肌膚，按摩時力道要重些。〔不需要〕

（×）479.黑皮膚的人較白皮膚的人容易曬傷。〔不一定〕

（○）480.曬傷的皮膚，保養時應避免在皮膚上造成刺激的摩擦與拍打等動作。

（×）481.皮膚的表皮含有豐富的微血管，提供皮膚充足的營養。
　　　　　　　　　　　　　　　　　〔真皮含有……〕

（×）482.當皮膚過敏紅腫時，馬上做按摩，可幫助肌膚回復正常。　　　　　　　　　　　　　〔不可按摩〕

（×）483.額頭的肌肉紋理是橫向生長，所以按摩也要左右橫向來回操作。　　　　　〔縱向生長，由下往上〕

（×）484.皺紋的產生是由於肌膚缺乏油份，故補充油份即可改

善。　　　　　　　　　　　　　　　　　〔亦需補充水份〕

（×）485.在照射強烈陽光時，只需在臉部擦上防曬霜。

　　　　　　　　　〔直接暴露在外的皮膚皆需擦拭防曬霜〕

（×）486.頸部的肌膚紋理是縱方向成長，所以要左右按摩。

　　　　　　　　　　　　　　　　　　　　〔由下往上〕

（○）487.皮膚清潔程序，是先清除顧客的口紅及眼部化妝。

（×）488.嚴重面皰者應用手將面皰擠破再做治療，效果會更好。

　　　　　　　　　　　　　　　　　　〔不可直接用手〕

（○）489.敷面可以清除阻塞毛孔的污垢，促進皮膚的新陳代謝。

（○）490.按摩時加上按壓穴道，可減輕神經的疲勞。

（×）491.重力且快速的按摩，是最好的按摩方式。　〔最不好〕

（×）492.豎毛肌的收縮是由意志控制的。　　　　〔中樞神經〕

（×）493.皮膚的角質變厚時會變成黑斑。　　　　〔與黑斑無關〕

（○）494.正確的按摩必須了解肌肉紋路才能收到良好的效果。

（×）495.角質細胞生命力極強，對化妝品的吸收效果良好。

　　　　　　　　　　　　〔角質細胞是一種無核的死細胞〕

（○）496.皮膚所需養份是由血液與淋巴的循環來補給。

（○）497.「貨物出門」仍需考慮對顧客的售後服務。

（×）498.表皮比真皮厚得多，其內有細胞、纖維、無定形基層，
　　　並有血管組織分佈其中。　　　　　〔表皮比真比薄〕

（×）499.表皮的透明層由無核的透明細胞所組成且分佈於全身。

　　　　　　　　　　　　　　　　　　　　〔手、腳〕

（○）500.皮膚的完整性受到破壞時，易導致微生物增生。

（×）501.人的一生中，皮脂腺的數目及活動性皆相當穩定。

〔皮脂腺的數目及活動性會隨著青春期而改變〕

（○）502. 皮脂腺由毛囊所演變而來，並且與毛囊相連接，但其內不一定含有毛囊。

（○）503. 皮膚也可以藉汗液分泌的多寡來調節體溫。

（○）504. 敬業、熱忱的服務精神，是美容從業人員成功的要素之一。

（×）505. 不論皮膚表面皮脂分泌如何，只有油性肌膚才有可能造成敏感皮膚的狀態。　　　　　　　　　　　　　　〔不一定〕

（×）506. 水溶性物質比脂溶性物質容易被皮膚吸收。　　〔相反〕

（×）507. 皮膚表面的脂肪酸對於某些細菌與黴菌有助長之作用。

〔抑制〕

（×）508. 食用醬油會使皮膚傷口色素增多而變黑。　　　〔不會〕

（○）509. 說服顧客購買你所推銷的產品時，不應惡意批評顧客原來使用的產品品質不良。

（○）510. 當皮膚有第二度灼燙傷，痊癒後可能留下疤痕。

（×）511. 敏感皮膚發生的原因，都是先天特殊體質的一種因素。

〔另有其它因素〕

（○）512. 黑色素可保護皮膚、減少紫外線的傷害。

（○）513. 工作敷衍、言辭誇張、不負責是美容工作的大敵。

（×）514. 唇部水份的蒸發比皮膚約快10倍，所以唇部比皮膚容易乾燥。　　　　　　　　　　　　　　　　　　　　〔6倍〕

（○）515. 同一種化妝品在不同人身上有不同的反應，而許多不同的化妝品也會造成完全相同的反應。

（×）516. 皮下組織中包含許多微血管、毛囊、豎毛肌、皮脂腺和

汗腺。　　　　　　　　　　　　　　　　〔真皮〕

（×）517.黑色素細胞分泌黑色素，而白種人與黑種人黑色素的量
　　　　是相同的。　　　　　　　　　　　　〔不同〕

（×）518.皮膚有體溫調節的作用，熱時毛細血管會收縮，冷時毛
　　　　細血管會擴張。　　　　　　　　〔擴張，收縮〕

（×）519.有棘層位於真皮最深的一層，此層必須無恙才可產生新
　　　　的細胞。　　　　　　　　　　　　〔表皮〕

（○）520.不論顧客消費金額多或少，都應給予相同的尊重及服
　　　　務。

（×）521.頂漿腺（大汗腺）所分泌的皮脂含有豐富的油脂。
　　　　　　　　　　　　　　　　〔所分泌的汗……〕

（×）522.角質層的角化細胞生命力極強，可促使皮膚的新陳代
　　　　謝。　　　　　　　　　　　〔屬無核死細胞〕

（×）523.當皮膚受到紫外線的照射時，它會增加黑色素細胞，以
　　　　吸收紫外線並防止其侵入深層。
　　　　　　　　　　　　　　〔會增加黑色素，以……〕

（○）524.當美容從業人員建議顧客接受服務時，應用技巧與機智
　　　　不可強迫推銷。

（×）525.割雙眼皮不涉及醫療行為，美容從業人員可為顧客執
　　　　行。　　　　　　　　　　　　　〔涉及醫療〕

（○）526.對顧客的埋怨與訴苦要迅速採取合理的改善辦法，不可
　　　　推諉或狡辯。

（×）527.「敬人者，人恆敬之」、「嚴以律己，寬以待人」這些
　　　　古人明訓，不適用於美容工作。　　　〔適用〕

（×）528.以高價再打折的促銷方式，招攬顧客，增加營收，值得
學習。　　　　　　　　　　　　　　　〔不可學習〕

（○）529.不使用來源不明的化妝品，是美容從業人員基本的職業
道德。

（○）530.表皮細胞在進行角化的過程中，細胞會變成扁平且硬的
角片，由角質層上剝落，成為皮膚的污垢。

（○）531.賀爾蒙失調、腸胃障礙、睡眠不足，容易產生面皰。

（○）532.預防或減輕足癬（香港腳）的方法是保持足部乾爽。

（×）533.顧客的皮膚如發生病變，美容從業可自行處理。
〔不可自行處理，應建議顧客找皮膚科醫生〕

（○）534.接到預約電話、要清楚的記下顧客的姓名、服務項目以
及預約時間。

（○）535.「換膚」已涉及醫療行為，美容從業人員不得從事。

（×）536.用木質銼刀時，呈45度角由兩側往中間修，且以雙向進
行，修完後再以銼刀上、下磨下。　　　　　　〔單向〕

（○）537.汗毛可以幫助汗水的有效蒸發。

（○）538.美容技術士，依法不得從事割雙眼皮、拉皮、小針美
容、換膚、隆乳、隆鼻等醫療行為。

（×）539.皮脂腺之分泌量，會影響身材的胖瘦。　　〔皮下脂肪〕

（×）540.蠟脫毛是永久脫毛的主要方法，因為它可以連根拔起。
〔暫時性〕

（○）541.皮膚的紋理可以反映出每個人的年齡與健康狀況。

（○）542.皮下血管擴張的皮膚，不可以用紅外線燈照射。

（×）543.皮膚的彈性需要靠角質層是否含有恰當的水份而定。

〔彈力纖維〕

（×）544.對於顧客的抱怨及訴苦應置之不理，以免糾纏不清。

〔有耐心傾聽〕

（×）545.年齡愈大，皮膚彈性愈大。　　　　〔彈性愈小〕

（×）546.眼睫毛屬於短毛髮，最主要的功用是增加眼部的美觀。

〔保護作用〕

（×）547.油脂類及脂溶性物質通常經由大汗腺及小汗腺吸收。

〔由皮脂腺〕

（×）548.晚上睡覺時是皮膚活動最不旺盛的時刻，其新陳代謝也最弱。　　　　〔活動最旺盛，代謝亦最強〕

（○）549.非必要時，應避免在長「青春痘」的地方化妝。

（○）550.皮膚具有保護、感覺、分泌、呼吸、排泄及體溫調節等作用。

（○）551.在擦眼影時，眼瞼上如有皺紋或鬆弛時，可用手將眼瞼撐高，如此就會擦得勻稱。

（○）552.上眼瞼眼影的基本擦法是靠近睫毛處顏色要濃，然後往上及周圍則淡淡地擦朦朧。

（○）553.在色彩中暖色表現熱情、興奮的感覺。

（○）554.描唇型時，口角稍微向上，可給人們愉快的印象。

（○）555.標準臉型的比例，眉毛的位置應從中央髮際開始約臉長三分之一處。

（○）556.擦腮紅的技巧是以毛刷沾上適當的腮紅，在雙頰上朦朧地刷勻。

（○）557.指甲油除美化功能外也能增加指甲的硬度。

（×）558.利用口紅可以改變唇型。嘴型要顯得大時，就把口紅色度塗深些；相反，色度愈淡，會使唇型愈小。

〔塗深色可令唇形變小〕

（×）559.美化眼睛的技術，可利用「眼影」來改變眼睛的大小，「眼線」用來表現眼部的色彩與型態。

〔改變眼睛大小用眼線，表現眼部的色彩與型態用眼影〕

（×）560.眼影的基本塗法，愈近睫毛處色彩愈淡。　　〔愈濃〕

（○）561.菱型臉其粉底的修飾技巧是在上額及下顎處擦上明色粉底。

（○）562.理想兩眼的距離即為一隻眼睛的長度。

（○）563.使用眉刷可使眉型呈現自然柔順。

（○）564.浮腫的眼睛，眼瞼處可用咖啡色系加以修飾。

（×）565.化妝時頸部可以不必塗抹任何粉底。　　　〔亦需要〕

（×）566.化妝打粉底時不需考慮肌肉紋理的方向。　　〔需要〕

（○）567.在色相環內，暖色是指紅、黃、橙等會令人感覺溫暖的顏色。

（○）568.為避免化妝時，眼影散落臉頰，可在下眼瞼多按一層蜜粉。

（○）569.短眉型可給人年輕的感覺。

（○）570.唇膏的色彩宜配合膚色，偏黃的膚色以橘、紅色系唇膏較適宜。

（×）571.欲使唇型看起來較小，可使用彩度高的大紅色唇膏。

〔彩度低的深色口紅〕

（○）572.臉型小的人在修眉型時，可將眉毛修短且不要太粗。

（○）573.正三角型臉的人，粉底的修飾技巧是在額部兩側塗抹明色粉底，兩頰及下顎部塗抹暗色粉底。

（○）574.年輕少女採用液狀粉底作為化妝粉底較適宜。

（○）575.深陷的眼睛較適合選用淺且含有亮粉的眼影來修飾。

（○）576.化妝的色彩宜配合時間、地點、場合來選擇，才能使化妝更完美。

（○）577.在太陽光下，宜採用金黃色系化妝，更能顯出明亮、調和感。

（×）578.圓型臉的人其粉底的修飾技巧是在兩頰側面使用明色的粉底，在上額及下顎使用暗色粉底。〔暗色，明色〕

（×）579.標準眉的眉峰位置宜在眉長的二分之一處。
〔三分之二處〕

（×）580.接近本身膚色的粉底稱明色粉底。〔基本色〕

（×）581.小麥膚色使用粉紅色的腮紅，其膚色會顯得明亮。
〔褐色的腮紅〕

（×）582.在化妝色彩的分類上，橙色屬於粉紅色系。
〔屬於金黃色系〕

（×）583.明度是指色彩的鮮艷度。〔明暗程度〕

（×）584.厚唇型宜採用明亮色的唇膏，以掩飾厚唇的缺點。
〔暗色〕

（×）585.方型臉（角型臉）的粉底修飾技巧是在兩上額及下顎角兩頰處使用明色粉底來修飾。〔暗色〕

（×）586.白色會將光線完全吸收，而黑色則會將光線全部反射。
〔相反〕

（○）587.有彩色是指黑、白、灰以外的色彩。

（×）588.色彩分類中，灰色是屬於有彩色。　　　　　〔無彩色〕

（×）589.逆三角型臉其粉底的修飾技巧是在額頭部擦上明色粉
　　　　　底，下顎擦上暗色粉底來修飾。　　　　〔暗色，明色〕

（○）590.晚宴化妝以華麗、高雅的設計較能表現出優雅的風采。

（×）591.小麥膚色者，一般化妝宜選用象牙色系粉底。

　　　　　　　　　　　　　　　　　　　　　　　　　〔紅褐色〕

（×）592.寶藍色和桃紅色是屬於金黃色系的化妝色彩。

　　　　　　　　　　　　　　　　　　　　　〔屬於粉紅色系……〕

（×）593.基本畫鼻影的技巧是以褐色或灰色眼影，在鼻子兩側擦
　　　　　出兩條明顯的直線。　　　　　　　　　〔模糊的直線〕

（×）594.水粉餅沾水使用，適合乾性皮膚。　　　　　　〔油性〕

（○）595.粉化妝是指基礎保養後直接使用蜜粉或粉餅為粉底的一
　　　　　種化妝方法。

（○）596.用眉夾拔除眉毛時，一次只能拔除一根，且應順著眉毛
　　　　　生長的方向拔。

（○）597.擦鼻影可使鼻樑更加挺直、立體。

（×）598.為自己畫上眼線時，鏡子宜在臉上方、下顎拉低，眼睛
　　　　　向上看。　　　　　　　　　　　　　　〔眼睛向下看〕

（×）599.彩度是指色彩的明暗度。　　　　　　　　　〔鮮艷程度〕

（×）600.明色的粉底是比一般膚色淡的顏色，所以使用後會使臉
　　　　　看起來較削瘦而有收縮感。　　　　〔較豐滿且有膨脹感〕

（○）601.褐色系的唇膏給人有知性與穩重的感覺。

（○）602.色料的三原色是指紅、黃、藍（青）等三種顏色。

（×）603.太陽光下的妝扮，選用紅色調的眼影最自然。

〔金黃色系〕

（×）604.圓型臉的人，眉型在修飾時應將眉峰修平。

〔不可將眉峰修平〕

（○）605.指甲油與口紅的顏色要協調一致同時需搭配服裝色彩。

（×）606.化妝設計時對褐色皮膚，粉底宜選用象牙色系。

〔褐色系〕

（○）607.眉筆顏色的選擇應配合頭髮與眼球的顏色。

（○）608.粉底的色調大致分為明色、暗色、基本色三種。

（○）609.菱型臉眉型應避免有明顯的眉峰，且眉尾稍長於眼尾即可。

（×）610.宴會妝扮特別強調眼影與唇型的色彩搭配，但與服裝色彩無關。　　　　　　　　　　　　　　　　〔有關〕

（○）611.鼻子高又挺者，不適合畫箭型眉，否則會顯得嚴肅。

（○）612.粉底的作用可以修飾臉部的缺點，改善膚色。

（○）613.臉型標準比例中理想的鼻寬是與眼長相同。

（○）614.職業婦女在辦公室裏的妝扮以褐色系列為主，較能表現出沉著知性的感覺。

（×）615.軟毛化妝刷宜使用鹼性強的洗劑，方可徹底清洗刷子上殘留的化妝品。　　　　　　　　　　　　　　〔中性〕

（○）616.化妝設計，除了考慮其特性及條件外，並需了解設計主題。

（×）617.圓型臉在雙頰部分宜使用明色調的腮紅修飾。　〔暗色〕

（○）618.眼下有黑眼圈想遮掩時，可用蓋斑膏或明色粉底掩飾。

（×）619.長型臉之眉型設計應選擇有角度的眉型較為適合。

〔一字眉〕

（×）620.在皮膚容易乾燥的部位（眼下、嘴四周）按蜜粉時，量
要多些才會均勻。　　　　　　　　　　　〔適量〕

（×）621.方形臉是一種額頭窄，下顎帶角，顎線呈方形的臉。

〔正三角形臉是……〕

（×）622.皮膚較黑者可選用淺膚色或淺粉色的粉底。

〔較白皮膚者〕

（○）623.裝假睫毛的技巧基本上是在裝戴之前，宜先用睫毛夾將
眼睫毛適度夾翹，再裝上已修剪好的假睫毛。

（○）624.蓋斑膏可掩飾黑斑、雀斑及局部暗沉膚色。

（×）625.圓型臉服裝的衣領以圓型領較恰當，可使臉型看起來柔
和。　　　　　　　　　　　　　　　　　〔V型〕

（×）626.裝戴假睫毛時，眼睛要往上看，才容易裝好。

〔往下看〕

（○）627.正三角型臉與圓型臉，服裝以V型的領口較恰當。

（○）628.一般上班族的女性化妝應以淡妝為主，表現端莊、大方
的知性美。

（×）629.在色相中紅、黃色是屬於寒色系。　　　〔暖色〕

（×）630.避免指甲變黃，擦拭有色指甲油前底層的顏色可塗紅
色。　　　　　　　　　　　　　　　　　〔透明色〕

（○）631.指甲油的色彩應與化妝及服裝色彩搭配，以達到色調統
一的美感。

（○）632.上眼皮浮腫者，可用較深、較暗的眼影做修飾。

（×）633.臉長可分成相等的三部分，第一部分是從中央髮際到眉毛，第二部分是從眉毛到唇部，第三部分是唇部到下巴。　〔髮際→眉毛，眉毛→鼻尖，鼻尖→下巴尖端〕

（○）634.修眉的目的是將多餘的眉毛修剪、調整眉型，使整體有明朗、清爽的感覺。

（○）635.基本的眼線畫法是：眼尾稍為向上描畫。

（×）636.色相環的各色相中，黃色的明度最低。　　　〔最高〕

（×）637.色彩的三屬性是明度、色彩、色相。

〔彩度，明度，色相〕

（○）638.鼻子較塌的人，鼻影修飾宜從眉頭開始。

（○）639.蛋形臉服裝的衣領是任何領型均適合。

（○）640.攝影化妝又分為：(1)黑白攝影化妝；(2)彩色攝影化妝；(3)專業化妝。

（○）641.攝影妝要上粉底前，可先選用較厚的粉底進行某些部位的遮瑕，再選用較透明之粉底為底層。

（×）642.黑白攝影妝中唇部化妝唇膏顏色的選擇用膚色或淺色，彩色攝影用正紅色。　　　　　　　　　　〔相反〕

（×）643.畫攝影妝時，眼部的眼線、睫毛皆需要畫粗、濃，才能顯現出彩妝效果。　　　　　　　　　　　〔不宜〕

（○）644.黑白攝影妝畫眼影時，可以黑、白、灰、咖啡色為主。

（○）645.黑白攝影妝中唇部唇膏顏色若選用粉橘、粉紅，可令膚色表現出透明感；若選用正紅色則可表現出自然、清楚的唇型。

（○）646.美容化妝的定義：即是用化妝的技巧使臉部的缺陷加以

美化，再以適當之髮式襯托出臉部美的輪廓。

（○）647.造型化妝的定義：即是配合個人之喜好，並依其個性、習慣、職業、身材、穿著等，設計出整體造型之設計。

（○）648.舞台化妝的定義：即是利用服裝、化妝來確定人物的外形及外貌，並可表現出人物的社會、地位與精神，也是舞台形象最直接輔助物品。

（×）649.舞台化妝時，臉部若有過於突出的部位，如鼻子太大、眼皮過厚、額頭過於突出、雙下巴等，皆可選用淺色的底妝或掩飾用的化妝粉底，即可達到收縮或改善效果。

〔深色的底妝〕

（○）650.舞台化妝時，臉部若有黑眼圈、下巴後縮、鼻子太短、眼睛下陷、瘦長的臉部與頸部，皆需利用淺色底妝或光亮醒目的化妝粉底才能達到改善的效果。

（×）651.角度眉眉型令人感覺年輕可愛、有朝氣，適合長臉形。

〔直線眉〕

（×）652.直線眉眉型令人感覺精明能幹，屬於幹練型人物。

〔角度眉〕

（×）653.利用化妝技巧要讓臉看起來豐滿、年輕，其眉毛須畫短；但眼睛要畫大。　　　　　　　〔眼睛要畫小〕

（×）654.利用化妝技巧要讓臉部明顯呈現嚴肅，其眉毛須畫淡。

〔濃〕

（○）655.利用化妝技巧要讓臉部呈現溫和可親，其眉頭要畫向外側。

（×）656.眼部眼影漸層法即是利用深、淺兩種顏色，在眼皮上由

接近睫毛部位開始畫，由淺至深慢慢模糊。

〔由深至淺——指化法〕

（×）657.眼部眼影兩段式畫法即是利用深、淺兩種顏色，在眼皮上上色，深色在眼頭、淺色在眼尾，但兩種顏色不可有明顯界限，畫法一律由接近睫毛處開始。

〔淺色→眼頭，深色→眼尾〕

（○）658.眼部眼影三段式法即是深、淺兩種或三種顏色，在眼皮上分三段上色；但中間段部位必須是淺色，兩側是較深或較鮮艷之色。

（×）659.眼部眼影倒勾法又分：(1)往外擴散法適合正常眼型；(2)內包法適合浮腫型眼型。　〔相反〕

（○）660.粉底的三色調：基本色、明色、暗色。

（○）661.粉底即是讓膚色更漂亮，並能達到掩飾缺點的目的。

（×）662.固體狀粉底其油份低，多保濕型態，適合中、油性肌膚使用。　〔液狀粉底〕

（×）663.液狀粉底的遮蓋力厚、質地較油，適合冬季或乾性肌膚使用。　〔固體狀粉底〕

（○）664.霜狀粉底的遮蓋力佳，適合臉部有瑕疵需要遮蓋者使用。

（○）665.腮紅之目的是為求能增加氣色及強調立體效果。

（○）666.由於照射的光量不同，會影響對色彩的辨識。

（○）667.正確卸妝的步驟是先卸眼部、唇部、再卸粉底。

（○）668.美的真諦即是有美感才能產生，並創造美。

（×）669.修剪手部指甲時，祇要喜歡可由左或右任意修剪，亦不

會破壞指甲的健康。〔會破壞〕

（○）670.修剪指甲時應由側邊先修。

（○）671.為保護指甲可在指甲上塗一層護甲油。

（○）672.化妝品的皮膚試驗是先以少量化妝品塗於手肘內側或耳後，待24～48小時後皮膚沒有任何不良的反應，表示可以完全使用。

（×）673.為顧客修剪指甲前，不須先用酒精消毒雙手。

〔需要〕

（×）674.用木質銼刀時，呈90℃角由兩側往中間修，但須以單向修手，修完後再以銼刀上下磨下。〔45度角〕

（○）675.圓形指甲，修剪時呈標準型最為適合。

（○）676白天的宴會妝重點是使臉部呈現出自然不做作的神采，膚色宜表現乾淨、清晰。

（×）677.眉筆在化妝品種類中，係歸屬覆敷用化妝品類。

〔色彩用〕

（×）678.化妝設計時，手足美化之色彩，不必考慮臉部化妝時的色彩。〔需要考慮〕

（○）679.柔和燈光下的晚宴妝，不宜採用深色的粉底做化妝。

（×）680.日間宴會妝以明艷照人、顏色鮮艷最吸引人。

〔夜間宴會妝〕

（○）681.粉撲使用後，不可將正面直接蓋在粉餅上。

（○）682.宴會妝的整體設計，宜考慮化妝色彩、服飾顏色與髮型樣式。

（×）683.粉撲使用後，可直接蓋在粉餅上，對粉餅品質有保護作

用。　　　　　　　　　　　　　〔有破壞作用〕

（○）684.唇膏色彩須配合膚色、唇色、化妝與服飾之色彩來選擇。

（×）685.色彩鮮艷的程度叫彩度，色彩愈鮮艷則代表彩度愈低。
　　　　　　　　　　　　　　　　　　　　　　〔愈高〕

（○）686.到夜總會或參加迪斯可舞會時，其化妝色系可選用彩度高的色系。

（○）687.能使眉型表現自然的化妝用具是眉刷。

（○）688.晚間宴會妝，其重點宜著重在眼部與唇部的化妝。

（○）689.針對臉部化妝設計時，要觀察臉部線條及膚色後再決定化妝的造型。

（×）690.在日光燈下，臉色顯得較青黃，宜選用金黃色系的化妝。　　　　　　　　　　　　　　　〔粉色色系〕

（○）691.口紅不宜與人共用，以免感染細菌。

（○）692.用海棉塗抹油性粉底時，海棉應含有適度的水份。

（×）693.有雙下巴及下顎鬆弛部分，宜使用淺色調的粉底修飾。
　　　　　　　　　　　　　　　　　　　　　　〔深色調〕

（○）694.當人與人接觸時，第一印象很重要，因此適度的化妝是必要的。

（○）695.唇型的描劃方法宜先畫出唇峰，再由嘴角向中央描出輪廓。

（○）696.美容霜是一種粉底面霜或稱隔離霜，它能與任何類型的粉底充分的溶合在一起，並使化妝的附著力良好及持久。

（○）697.眼皮浮腫的人在化妝技巧上，應在眉骨上採用明度高的色系來修飾。

（○）698.完美的化妝設計應配合本身的條件，創造出個人獨特的風格。

（○）699.使用蜜粉時，需先將汗水吸乾，否則蜜粉會呈現不均勻的塊狀。

（○）700.蒸餾水是軟水。

（○）701.晚宴化妝所使用的色彩，主要能夠表現明亮艷麗的宴會效果。

（○）702.為保持化妝用具的清潔，必須選用中性清潔劑輕輕地清洗污垢。

（○）703.在化妝的每個步驟中，使用適當的工具是非常重要的。

（○）704.正確的化妝程序是先做皮膚基礎保養，再做膚色、眼部、唇部的美化。

（×）705.化妝時為求效果完美，顧客宜採站姿，最能表現出特性。 〔坐姿〕

（○）706.眼部化妝的目的主要是增加眼睛的亮麗並具修飾效果。

（○）707.妝扮因季節轉換而異，如秋天宜採用橙紅色，藍色宜於夏天使用。

（×）708.一般外出化妝時，應以濃妝為主，使自己更突出。 〔淡妝〕

（○）709.初入社會的女性在上班時可以淡妝設計來表現出年輕的朝氣。

（○）710.化妝是一種文化，承受各時代文化背景的影響，適度表

現出理想美的一種行為。

（○）711.高雅、華麗表現感的唇型，其唇峰宜稍帶圓形。

（×）712.濃眉會給人有溫柔的感覺。　　　　　　〔嚴肅〕

（○）713.香水適合擦在體溫較高或脈搏跳動處。

（×）714.在色調中用單一色調化妝給人有壓迫感，因而產生恐懼
　　　　感。　　　　　　　　　　　〔能給人柔和的感覺〕

（○）715.假睫毛的寬幅在修剪時應從兩端修剪起。

（×）716.在色相中，藍、紫色是屬於暖色系。　　〔寒色系〕

（○）717.身材矮小的人，其髮型以短髮較合適。

（○）718.色彩中，紅色與綠色是互補色。

（×）719.假睫毛的寬幅是配合眉毛的長度來修剪。　〔眼長〕

（○）720.化妝是一種禮貌，且能使人容光煥發。

（×）721.上班族應以表現出智慧性的造型設計，因此宜採用濃
　　　　妝。　　　　　　　　　　　　　　　　　〔淡妝〕

（×）722.不同型態美的化妝設計其差別只是在於粉底的色彩不同
　　　　而已。　　　　　　　　　　　　〔色系的選用不同〕

（×）723.為出外方便，可將化妝品長期置於車上。　〔不可〕

（○）724.化妝與色彩是密不可分的，故美容從業人員應熟知色彩
　　　　理論。

（○）725.眉筆的選購必須注意筆心不要太硬或太軟。

（×）726.香味愈濃的保養品，品質愈好。　　　　〔不一定〕

（○）727.修容餅可增加色彩和溫暖的感受，產生出陰暗和光亮的
　　　　效果。

（×）728.畫嘴唇時以唇筆沾取唇膏先塗滿內唇再描出唇型輪廓。

〔先描輪廓再塗內唇〕

（×）729.膏狀腮紅是在粉餅之後使用以增加健康的膚色。

〔粉霜之後〕

（○）730.若唇型不理想時，可利用化妝的技巧與色彩修正加強嘴唇的生動感。

（○）731.兩眼距離較近者，眼影的修飾重點應放在眼尾部分。

（○）732.乳液有水包油、油包水兩種，其中以後者較油膩。

（○）733.夏季粉底，宜選用防水、耐汗且清爽的製品。

（×）734.臉型大的人修眉毛時，眉毛宜修細且短。　〔粗且長〕

（×）735.圓型臉雙頰部分可使用明色調的腮紅修飾。　〔暗色〕

（○）736.裝假睫毛最主要的作用是要使睫毛看起來濃密、長翹。

（○）737.職業婦女之妝扮宜表現沈著穩重且具知性美。

（○）738.陽光下之化妝色彩以褐色系及金黃色系為主。

（○）739.化妝除美化功能外，也有保護皮膚的效果。

（○）740.香料及防腐劑是造成皮膚過敏的原因之一。

（○）741.現代的審美觀是注重整體造型，追求由內而外的整體表現。

（○）742.色彩的彩度低，使色彩具有收縮的效果。

（○）743.色彩的彩度高，使色彩具有膨脹的效果。

（○）744.腮紅不可低於鼻翼，宜向上刷至太陽穴下方。

（○）745.假睫毛的顏色有很多種，可從淡棕色、黑色至多彩色。

（×）746.一般化妝選擇粉底時，不需考慮膚色。　〔需要考慮〕

（○）747.美顏的目的是為了強調優點，掩飾缺點。

（○）748.使用粉餅時，粉撲要保持乾淨，否則會使粉餅表面變硬

而不易使用。

（○）749.畫眼影可給眼部增添顏色、創造印象、修飾眼型。

（×）750.面皰產生化膿現象時，是因許多紅血球聚集而形成黃色的膿。　　　　　　　　　　　　　　　〔白血球〕

（×）751.隨著年齡的增加，存於表皮的角質層會因逐漸衰老而失去濕潤和彈性，造成皮膚原有的張力和彈性喪失。
　　　　　　　　　　　　　　〔真皮層的膠原蛋白會因……〕

（×）752.皮膚的附屬器官包含有汗腺、皮脂腺及指甲，但不包含毛髮。　　　　　　　〔毛髮亦屬於皮膚的附屬器官〕

（○）753.指甲床有神經和血管，但指甲板卻不包含神經和血管。

（×）754.由於汗水中含有99％的水及少量的鹽和代謝廢物，因此若要將溶於水的代謝廢物排出就必須藉由屬於皮膚功能之一的呼吸作用。　　　　　　　　　　〔排泄作用〕

（○）755.當兩個可動骨骼連接在一個關節時，由於關節面之間有軟骨存在，所以可承受骨骼關節吸收激烈的顫動。

（○）756.醫生之所以會建議年齡較大者多喝牛奶及多運動，主要的因素為：人隨著年齡增長，骨液不再正常分泌且骨骼末端的關節軟骨面會開始骨化。

（○）757.為避免發生骨質疏鬆症的情形，其最佳的方法就是多攝取蛋白質、鈣、維生素C、維生素D的食物及有適當的運動量。

（○）768.當皮膚受到輕傷流血時會因自行凝血而停止，但能使受傷流血的皮膚停止流血除了必須靠血小板外，亦須有維生素K的輔助。

（×）759.當皮膚受到輕傷流血時會，人類自行凝血的時間大約為4-6秒，倘若在此時間內尚無法停止流血時，就必須趕緊去看醫生。　　　　　　　　　〔大約為4-6分鐘〕

（×）760.分佈在表皮的血管比分佈在真皮的血管少5條。

〔表皮雖然沒有血管但有許多的神經末稍〕

（○）761.由於皮膚較黑的人其黑色素細胞會比皮膚白的人較活躍，所以可提供更多的保護使皮膚不致被陽光中的紫外線傷害，這句話的意思就是指：皮膚較黑的人得到皮膚癌的機率會比皮膚白的人小。

（○）762.當皮膚受到輕微的燙傷時會讓人有疼痛的感覺，但是當皮膚受到嚴重的灼傷時卻不感覺痛，這是因為知覺神經已被摧毀所以不會覺得痛。

（○）763.知覺神經可從知覺器官將衝動或訊息傳送到大腦，並感受到觸覺、冷、熱、視覺、嗅覺及痛覺。

（×）764.下皮組織能接受刺激，並把消息傳遞到身體各部。

〔神經組織能……〕

（×）765.人體的骨骼可區分為長骨、短骨和四肢骨。

〔可分為頭骨、軀幹骨及四肢骨〕

（×）766.所謂的「血癌」是指：血液內的紅血球數目大量增加，且血液內有很多不成熟白血球的疾病。

〔血液內的白血球數目大……〕

（×）767.許多相同種類的細胞聚合成為組織，而系統是由兩種或兩種以上不同的組織所結合。

〔而器官是由兩種或……〕

（○）768.腦神經是人體最大的神經組織，位於顱腔內被顱骨所包
覆，人體共有12對腦神經可延伸到頭部、臉部及頸部的
各個部位。

（×）769.第10對的迷走神經又稱三叉神經是最大的腦神經，可控
制臉部、舌頭及牙齒的知覺。

〔第5對的三叉神經是……〕

（○）770.面皰形成的前後順序為：皮脂腺分泌旺盛→毛孔角化→
閉鎖性粉刺→毛囊性丘疹→膿皰。

（×）771.當毛巾選用煮沸消毒法來進行時，其正確的操作程序
為：先清洗乾淨、水量分次給足但必須完全浸泡，在水
溫80℃以上煮沸時間為5分鐘，再次用蒸餾水清洗乾
淨、然後瀝乾或烘乾再放進乾淨櫥櫃內。

〔水量一次給足但必須完全浸泡，在水溫100℃以上〕

（×）772.適合塑膠髮夾之器材的消毒法為煤餾油酚消毒法及煮沸
消毒法。　〔塑膠類的器材不適用任何一種物理消毒法〕

（○）773.適合金屬類器材的消毒法共有煤餾油酚消毒法、酒精消
毒法、紫外線消毒法及煮沸消毒法等。

（×）774.適合毛巾類的消毒法共有化學消毒法中的煤餾油酚消毒
法、陽性肥皂液消毒法及物理消毒法中的蒸氣消毒法及
煮沸消毒法等。

〔化學消毒法中的氯液消毒法及陽性肥皂液消毒法及…
…〕

（○）775.植物精油的產品除了可用於臉部及身體之外，亦可與洗
髮系列的產品調和以便進行頭髮的清潔與護理。

（×）776.不同的皮膚性質其所選用的皮膚保養品亦不同，例如油
性皮膚所用的保養品其成份會比乾性皮膚較具滋養效果
。　　　　　　　　　　　　　　　　　〔較具清爽〕

（×）777.維生素E具有延緩老化的功效，所以它是屬於水溶性的
維生素。　　　　　　　　　　　　　　　〔脂溶性〕

（×）778.為避免皮膚初次接觸果酸產品會產生不適應的現象，所
以一開始就應直接選用濃度較高的果酸。　　〔較低〕

（○）779.雖然深海內的海藻種類非常多，但是人們常食用的藻類
卻以紅藻、褐藻與綠藻為最多。

（○）780.木瓜酵素及鳳梨酵素是酵素工技上十分重要的兩種水解
脢，同時也被用以製成或幫助消化作用的胃腸藥劑。

（×）781.在意外災害的預防與處理上，急救是第一道防線，安全
是第二道防線。

〔安全是第一道防線，急救是第二道防線〕

（×）782.當呼吸道遭異物梗塞時，其急救方式為：一般成人用胸
部擠壓法而肥胖及孕婦則適用腹部擠壓法。

〔一般成人用腹部擠壓法而肥胖及孕婦則適用胸部擠壓
法〕

（○）783.當受傷部位較大，無法以環狀包紮法來固定敷料時則可
採用螺旋包紮法。

（×）784.當美容從業人員向合法的化妝品公司進一套沙龍產品為
顧客服務後，由於顧客十分滿意而有意購買此套產品
時，美容從業人員為顧及成本的問題可自行找一些空
瓶，然後將整套合法的沙龍產品分裝在空瓶內再銷售給

顧客。

〔美容從業人員不可自行將原裝產品進行分裝，否則會
依違反衛生管理條例罰新台幣十萬元〕

（×）785.所謂「合法的化妝品」係指：一般保養品或色彩化妝品
其標籤上都應明顯標示品名、成份、功效、使用方法、
製造日期或批號、保存期限、使用時注意事項、代理商
名稱、地址或製造廠商、廠址。

〔一般保養品或色彩化妝品的標籤上是不須標示使用時
注意事項的〕

（×）786.為避免化妝品因取用的方法不正確致使產品內容物產生
變質的情形，所以不同包裝的產品其取用的方法及方式
亦有不同，例如：有壓嘴噴頭的清潔乳在取用時只要直
接按壓噴頭即可、霜狀包裝的面霜或面膜則可用手指直
接挖出，至於軟裝包裝的面霜或面膜產品在取用前則必
須先將其擠在小碟上再用手取用。

〔霜狀包裝的產品在取用時必須用挖棒取出〕

（×）787.美容從業人員只要為顧客進行臉部皮膚按摩，至於頸部
及耳部的皮膚則是屬於皮膚科醫生的醫療範圍內，所以
美容從業人員不可為其進行按摩。

〔因不屬於皮膚科醫生的醫療範圍，所以從業人員可為
其進行按摩〕

（○）788.以臉部的肌肉紋理來說，眼輪匝肌位於眼睛周圍而口輪
匝肌則位於唇部周圍。

（×）789.由於頰部的肌肉紋理是縱向的，所以在進行此部位的按

摩時動作必須是由下往上。

〔頰部的肌肉紋理是橫向且稍斜，進行按摩時必須是順
肌肉紋理〕

（○）790.額肌、鼻根肌及闊頸肌的肌肉紋理皆為縱向的。

（×）791.當蒸臉器噴出氣體後，必須先打開臭氧才進行蒸臉，其
中臭氧的功用就是能為皮膚帶來美白的效果。

〔殺菌的效果〕

（○）792.以專業護膚的過程來說，美容從業人員若選用按摩霜來
為顧客進行按摩時其操作的程序應擺在蒸臉之前。

（○）793.為使顧客在接受按摩的同時能消除身體上的疲勞及達到
護膚的目的，肩、頸部的按摩絕不可省略。

（×）794.由於敷面霜具有潔淨皮膚的功效，所以不論是哪一種皮
膚性質都適用同一種成份的敷面霜。

〔不同膚質的皮膚其選用的敷面霜成份亦不同〕

（○）795.石蠟在不用時有如石頭般的堅硬，若要使用時必須先將
它放在金屬容器內並靠著較低的溫度使其軟化及溶化才
可使用，所以許多美容從業人員又稱它為低溫蠟。

（×）796.暫時性的脫毛法包括有：低溫蠟脫毛法、冷蠟脫毛法、
化學除毛脫毛法、剃刀脫毛法及電針脫毛法。

〔電針脫毛法是屬於永久脫毛法〕

（×）797.其實有關各項公共安全須知，內政部消防署分佈在全省
各地的衛生局平時就已經不斷地在做相關的宣傳及教
育。　　　　　　　　〔全省各地的消防局平時……〕

（○）798.當兩個不同地點同時發生火災後，雖然造成的結果相

同，但這並不代表兩起火災發生的成因就一定相同。

（×）799.當地震要來臨前，氣象局都會先通知民眾做好事前的準
備。　　　　　　　　　　　〔當颱風要來臨前……〕

（○）800.當地震來臨時為避免門、窗卡緊，應趕緊將門、窗打開
並快速躲到堅固的傢具下避護或靠支柱站立。

（×）801.發生嚴重的地震後，應趕緊打電話向親朋好友報平安並
詳細述說自己如何渡過驚心險惡的過程。

〔若有需要應長話短說，以免造成電話佔線〕

（○）802.一般人類慣於在大氣之21％氧氣濃度下自在活動，但是
當氧氣濃度低至17％時肌肉功能會開始減退，此為「缺
氧症」的現象。

（×）803.皮膚若處在攝氏66℃以上或受到3w/cm^{2}以上時，祇須1
分鐘就能使皮膚造成燒傷的情形。　　　　〔1秒鐘〕

（×）804.火災後，大部分的罹難者都是因為吸入過多已燃燒的物
質所產生的毒性氣體，但與吸入過多的一氧化碳無關。

〔與吸入過多的一氧化碳有關係〕

（×）805.當電線走火時應立即用大量的水潑覆其上，然後再切斷
電源。
〔在切斷電源前，為避免發生導電的情形絕不可用水潑
覆〕

（○）806.其實電熱水器之所以會發生爆炸的主要原因，就是因為
熱度過高及自動調節裝置損害的關係。

（○）807.不論是經營哪一種行業，其經營的費用基本上可分為固
定開支與非固定開支兩種。

（×）808.以美容沙龍的經營管理來說，房租、押金利息、員工薪資、儀器折舊、裝潢折舊與郵、水費、電費及瓦斯費等都是屬於固定開支的項目。

〔水費、電費及瓦斯費是屬於非固定開支的項目〕

（○）809.當經營者在年度結算時，發現整年度的收入扣除支出後其利潤為零，那麼此年度就可稱之為「虧損年」。

（○）810.成立一個大型的美容沙龍每月最大、最多的開銷為房租、員工薪資、沙貨產品、器材消耗及廣告費。

（○）811.由於經營者與從業人員經驗不足、地點不佳、資金不足或資金未做好妥善的分配都是造成美容沙龍經營失敗的最大原因。

（○）812.經營者想要使沙龍達到有盈餘的目標就必須先擬定出一份周詳的計畫表，然後再交由管理者去執行。

（×）813.美容沙龍的主要服務項目包含有臉部按摩、身體皮膚保養、手部皮膚保養、脫毛、修眉、彩妝設計等，至於從業人員有無銷售產品並不重要。

〔其實產品銷售可為店內增加收入，所以適度銷售產品是有必要的〕

（×）814.為促使從業人員對店內所採用的產品有更深入的認識及利於銷售，經營者只要將產品教育手冊交給從業人員自行研討即可。

〔應讓有合作關係的化妝品公司派員至店內教導每一種產品的特色，再由經營者或管理者傳受銷售技巧〕

（○）815.由於不同品牌及不同種類的產品成份不同，所以每個從

業人員必須對店內所選用的產品成份、功效及使用方法
有完全的認知後才能依顧客皮膚的需要進行銷售。

（×）816.當顧客回籠要進行皮膚護理時，從業人員已不需要再做
諮詢的工作或查看已存檔的顧客資料卡，只須待皮膚護
理後再記載顧客此次購買的產品內容。
〔不論是新或舊的顧客在進行皮膚護理前都應先做諮詢
或查看已有的顧客資料卡內容〕

（×）817.想要成為一個全方位的美容師，祇要專修有關皮膚的知
識與手技即可，對於色彩的認識與運用是屬於彩妝師的
專業領域，因此不必學習。〔亦屬於必修的課程之一〕

（○）818.以色彩來說，暖色系的色彩的確會讓人顯得有活力，而
寒色系的色彩卻會讓人顯得沉著。

（○）819.色彩的三屬性是指色相、明度及彩度。

選擇題

（1）1.使用陽性肥皂液浸泡消毒時，需添加多少濃度亞硝酸鈉：
❶0.5％；❷0.3％；❸0.2％；❹0.1％　可防止金屬製品受腐
蝕而生銹。

（3）2.手指、皮膚適用下列哪種消毒法：❶氯液消毒法；❷煤餾
油酚消毒法；❸酒精消毒法；❹紫外線消毒法。

（1）3.梅毒傳染途徑為：❶接觸傳染；❷空氣傳染；❸經口傳
染；❹病媒傳染。

（4）4.B型肝炎感染途徑下列敘述何者錯誤？❶輸血；❷共用針
筒、針頭；❸外傷接觸病原體；❹病人的糞便污染而傳
染。

（2）5.最常用且有效的人工呼吸法為：❶壓背舉臂法；❷口對口
人工呼吸法；❸壓胸舉臂法；❹按額頭推下巴。

（1）6.中風患者的症狀之一是：❶兩眼瞳孔大小不一；❷兩眼瞳
孔放大；❸兩眼瞳孔縮小；❹沒有改變。

（3）7.營業場所容易發生呼吸停止的原因是：❶呼吸道痙攣；❷
氣道阻塞；❸氣體中毒；❹閉氣。

（1）8.異物梗塞時不適用腹部壓擠法者為：❶肥胖者及孕婦；❷
成年人；❸青年人；❹兒童。

（1）9.恙蟲病之恙蟲寄生在：❶野鼠；❷蚊子；❸蠅；❹蝨子。

（3）10.腹部壓擠法的施力點為：❶胸骨中央；❷胸骨下段；❸胸
骨劍突與肚臍間之間；❹胸骨劍突。

（3）11.壓背舉臂法與壓胸舉臂法，應多久做一次？❶15秒；❷10
秒；❸5秒；❹1秒。

（1）12.可用肥皂、清水或優碘洗滌傷口及周圍皮膚者為：❶輕傷
少量出血之傷口；❷嚴重出血的傷口；❸頭皮創傷；❹大
動脈出血。

（3）13.胸外按壓應兩臂垂直用力往下壓：❶9～10公分；❷7～8
公分；❸4～5公分；❹1～2公分。

（3）14.歷年來意外災害引起的死亡，一直高居台灣地區十大死亡
原因的：❶第一位；❷第一～二位；❸第二～三位；❹第
四～五位。

（4）15.美容業營業場所的光度應在：❶50；❷100；❸150；
❹200　米燭光以上。

（4）16.來蘇水消毒劑其有效濃度為：❶3%；❷4%；❸5%；❹6%
之煤餾油酚。

（1）17.對於神智不清的患者應採：❶復甦姿勢；❷半坐臥姿勢；
❸仰臥姿勢；❹坐姿。

（4）18.急性心臟病的處理是：❶讓患者平躺，下肢抬高20～30公
分；❷要固定頭部；❸以酒精擦拭身體；❹採半坐半臥姿
勢，立即送醫。

（2）19.對中風患者的處理是：❶給予流質食物；❷患者平臥，頭
肩部墊高10～15公分；❸腳部抬高10～15公分；❹馬上做
人工呼吸。

（3）20.急性心臟病的典型症狀為：❶頭痛眩暈；❷知覺喪失，身
體一側肢體麻痺；❸呼吸急促和胸痛；❹臉色蒼白，皮膚
濕冷。

（4）21.胸外按摩與人工呼吸次數的比例為：❶5：1；❷10：1；

❸10：2；❹15：2。

（4）22.病人在毫無徵兆下，由於腦部短時間內血液不足而意識消失倒下者為：❶中風；❷心臟病；❸糖尿病；❹暈倒。

（1）23.口對口人工呼吸法，成人每隔幾秒鐘吹一口氣：❶5秒；❷10秒；❸15秒；❹1秒。

（4）24.下列何種情況可予熱飲料或食鹽水：❶腹部有貫穿傷者；❷須接受麻醉治療者；❸神智不清者；❹意識清醒者。

（3）25.挫傷或扭傷後應施以：❶止血點止血法；❷止血帶止血法；❸冷敷止血法；❹升高止血法。

（2）26.可用來固定傷肢、包紮傷口，亦可充當止血帶者為：❶膠布；❷三角巾；❸棉花棒；❹安全別針。

（4）27.用三角巾托臂法，其手部應比肘部高出：❶1～2公分；❷3～4公分；❸7～8公分；❹10～20公分。

（3）28.移動傷患者之前應：❶做人工呼吸；❷驅散圍觀人群；❸將骨折及大創傷部位包紮固定；❹消除患者恐懼心理。

（2）29.美容業營業場所內溫度與室外溫度不要相差：❶5℃；❷10℃；❸15℃；❹20℃　以上。

（3）30.漂白水為含：❶酸性；❷中性；❸鹼性；❹強酸性　物質。

（2）31.急救時應先確定：❶自己沒有受傷；❷患者及自己沒有進一步的危險；❸患者沒有受傷；❹患者有無恐懼。

（4）32.美容從業人員兩眼視力經矯正後應為：❶0.1；❷0.2；❸0.3；❹0.4　以上。

（2）33.直接在傷口上面或周圍施以壓力而止血的方法稱為：❶止

血點止血法；❷直接加壓止血法；❸升高止血法；❹冷敷止血法。

（1）34.顧客要求挖耳時應：❶拒絕服務；❷偷偷服務；❸可以服務；❹收費服務。

（1）35.對食物中毒之急救是：❶供給水和牛奶後立即催吐；❷將患者移至陰涼地，並除去其上衣；❸做人工呼吸；❹做胸外按壓。

（1）36.胸外按壓的壓迫中心為：❶胸骨下端三分之一處；❷胸骨中段；❸胸骨劍突；❹肚臍。

（4）37.當四肢動脈大出血，用其他方法不能止血時才用：❶直接加壓止血法；❷止血點止血法；❸升高止血法；❹止血帶止血法。

（4）38.下列情況何者最為急迫：❶休克；❷大腿骨折；❸肘骨骨折；❹大動脈出血。

（4）39.檢查有無脈搏，成人應摸：❶肱動脈；❷靜脈；❸股動脈；❹頸動脈。

（3）40.營業衛生管理之中央主管機關為：❶省（市）政府衛生處（局）；❷行政院環境保護署；❸行政院衛生署；❹內政部警政署。

（2）41.使用陽性肥皂液消毒時，機具須完全浸泡至少多少時間以上：❶10分鐘；❷20分鐘；❸25分鐘；❹30分鐘。

（3）42.愛滋病的病原體為：❶葡萄球菌；❷鏈球菌；❸人類免疫缺乏病毒；❹披衣菌。

（1）43.使用氯液消毒時，機具須完全浸泡至少多少時間以上：

❶2分鐘；❷5分鐘；❸10分鐘；❹20分鐘。

（3）44.美容從業人員發現顧客患有：❶心臟病；❷精神病；❸傳
染性皮膚病❹胃腸病　時應予拒絕服務。

（4）45.下列傳染病何者非為性接觸傳染病：❶梅毒；❷淋病；❸
非淋菌性尿道炎；❹肺結核。

（4）46.咳嗽或大打噴嚏時：❶順其自然；❷面對顧客；❸以手遮
住口鼻；❹以手帕或衛生紙遮住口鼻。

（2）47.美容從業人員應每隔多久接受一次定期健康檢查？❶每半
年一次；❷每年一次；❸每二年一次；❹就業時檢查一次
就可以。

（2）48.每一位美容從業人員應有：❶一套；❷二套；❸三套；❹
不須要　以上白色（或素色）工作服。

（4）49.下列哪一種水是最好的飲用水：❶泉水；❷河水；❸雨
水；❹自來水。

（4）50.盥洗設備適用下列哪一種消毒法？❶紫外線消毒法；❷酒
精消毒法；❸煮沸消毒法；❹氯液消毒法。

（1）51.根據統計，歷年來意外災害引起的死亡，高居台灣地區十
大死亡原因的：❶第二～三位；❷第四～五位；❸第五～
六位；❹第六～七位。

（1）52.美容從業人員經健康檢查發現有：❶開放性肺結核病；❷
胃潰瘍；❸蛀牙；❹高血壓　時，應立即停止執業。

（3）53.梅毒之病原體是：❶桿菌；❷球菌；❸螺旋體；❹病毒。

（4）54.梅毒的傳染途徑下列敘述何者錯誤？❶與梅毒的帶原者發
生性行為；❷輸血傳染；❸經由患有梅毒者潰瘍之分泌物

接觸粘膜傷口傳染；❹由患者的痰或飛沫傳染。

（4）55.小豆入耳之處理是：❶滴入沙拉油；❷用燈光照射；❸頭側一邊跳一邊；❹滴入95%酒精。

（1）56.病患突然失去知覺倒地，數分鐘內呈僵直狀態，然後抽搐，這是：❶癲癇發作；❷休克；❸暈倒；❹中暑　的症狀。

（3）57.如果異物如珠子或硬物入耳，應立即：❶滴入95%酒精；❷滴入沙拉油或橄欖油；❸送醫取出；❹用日燈光照射。

（2）58.對鼻出血的處理是：❶使患者安靜坐下，頭後仰；❷使患者捏緊鼻子，上身前傾；❸張口呼吸，將血液吞入；❹將鼻內血塊拿掉。

（3）59.遇癲癇患者的處理方式是：❶制止其抽搐；❷將硬物塞入嘴內；❸先移開周圍危險物，待患者嘴巴張開時再放入手帕等柔軟物；❹不要理他。

（3）60.禁止為顧客挖耳朵，可以避免傳染：❶白癬；❷水泡；❸外耳黴菌病；❹結核病。

（1）61.休克患者的症狀之一是：❶兩眼瞳孔放大；❷兩眼瞳孔縮小；❸兩眼瞳孔一大一小；❹沒有改變。

（3）62.會引起人體生病的微生物又稱為：❶帶原者；❷帶菌者；❸病原體；❹病媒。

（2）63.地下水用氯液或漂白粉消毒，其有效餘氯量應維持百萬分之：❶0.02～0.15；❷0.2～1.5；❸2～15；❹20～150 PPM。

（1）64.瘧疾之病原體為：❶原生蟲；❷病毒；❸細菌；❹黴菌。

（1）65.每年一次胸部X光檢查，可發現有無：❶肺結核病；❷癲癇病；❸精神病；❹愛滋病。

（1）66.煮沸消毒法於沸騰的開水中煮至少幾分鐘以上？❶5分鐘；❷4分鐘；❸3分鐘；❹2分鐘　以上，即可達到殺滅細菌的目的。

（3）67.酒精消毒之濃度為：❶50%；❷65%；❸75%；❹95%。

（3）68.霍亂預防最積極有效的方法為：❶霍亂疫苗接種；❷殺死瘋狗；❸改善環境衛生；❹避免到公共場所。

（3）69.後天免疫缺乏症候群最早何時發現：❶1971；❷1975；❸1981；❹1985　年。

（3）70.細菌之基本構造，在菌體最外層為：❶細菌膜；❷細胞質；❸細胞壁；❹DNA。

（2）71.消毒液鑑別法，煤餾油酚在味道上為：❶無味；❷特異臭味；❸特異味；❹無臭。

（3）72.陽性肥皂液與何種物質有相拮抗的特性，而降低殺菌效果：❶酒精；❷氯液；❸肥皂；❹煤餾油酚。

（4）73.紫外線消毒箱內其照明強度至少要達到每平方公分85微瓦特的有效光量，照射時間至少要：❶5；❷10；❸15；❹20　分鐘以上。

（3）74.200PPM即：❶一萬分之二百；❷十萬分之二百；❸百萬分之二百；❹千萬分之二百。

（2）75.肺結核是由哪一類病原體所引起的疾病：❶病毒；❷桿菌；❸黴菌；❹寄生蟲。

（1）76.金屬製品的剪刀、剃刀、剪髮機等，切忌浸泡於：❶氯

液；❷熱水；❸酒精；❹複方煤餾油酚　中，以免刀鋒變鈍。

（2）77.B型肝炎之潛伏期為：❶28～30天；❷60～90天；❸3～4星期；❹1～2星期。

（1）78.陽性肥皂液消毒劑，其有效殺菌濃度為：❶0.1～0.5％；❷0.5～1％；❸1～3％；❹3～6％　之陽性肥皂苯基氯卡銨。

（3）79.下列何種機具不適合用煮沸消毒法消毒：❶剪刀；❷玻璃杯；❸塑膠夾子；❹毛巾。

（2）80.肺結核的預防接種為：❶沙賓疫苗；❷卡介苗；❸免疫球蛋白；❹三合一混合疫苗。

（1）81.傷寒的病原體是一種：❶桿菌；❷弧菌；❸球菌；❹立克次氏體。

（1）82.依據消毒原理的不同，我們將消毒方法分為幾大類：❶二大類；❷三大類；❸四大類；❹五大類。

（1）83.最簡易的消毒方法為：❶煮沸消毒法；❷蒸氣消毒法；❸紫外線消毒法；❹化學消毒法。

（3）84.百日咳之傳染原為患者之：❶排泄物；❷嘔吐物；❸分泌物；❹尿液、糞便。

（3）85.下列哪一種消毒法不是屬於化學消毒法：❶氯液清毒法；❷酒精消毒法；❸紫外線消毒法；❹煤餾油酚消毒法。

（3）86.白喉的預防是接種：❶沙賓疫苗；❷沙克疫苗；❸三合一混合疫苗；❹卡介苗。

（2）87.陽性肥皂液屬於陽離子界面活化劑之一種，其有效殺菌濃

度，對病原體的殺菌機轉為蛋白質會被：❶氧化；❷溶解；❸凝固；❹變質。

（3）88.稀釋消毒劑以量筒取藥劑時，視線應該：❶在刻度上緣位置；❷在刻度下緣位置；❸與刻度呈水平位置；❹在量筒注入口位置。

（1）89.登革熱是由哪一類病原體所引起的疾病：❶病毒；❷細菌；❸黴菌；❹寄生蟲。

（2）90.下列何者為外傷感染之傳染病：❶肺結核；❷破傷風；❸流行性感冒；❹百日咳。

（2）91.對大多數病原體而言，在多少PH值間最適宜生長活動：❶9～8；❷7.5～6.5；❸6.5～5；❹5～3.5。

（1）92.日光之所以具有殺菌力，因其中含有波長在：❶300～410；❷300～200；❸200～100；❹100～20　NM的紫外線。

（1）93.加熱會使病原體內的蛋白質產生：❶凝固作用；❷氧化作用；❸溶解作用；❹變性作用　並破壞其新陳代謝最後導致病原體的死亡。

（4）94.化學藥劑灼傷眼睛在沖洗時應該：❶健側眼睛在下；❷緊閉眼瞼；❸兩眼一起沖洗；❹傷側眼睛在下。

（2）95.霍亂的病原體是一種：❶桿菌；❷弧菌；❸球菌；❹立克次氏體。

（2）96.紫外線消毒法是：❶運用加熱原理；❷釋出高能量的光線；❸陽離子活性劑；❹氧化原理　使病原體的DNA引起變化，使病原體不能生長。

（2）97.患有淋病之母體，其新生兒分娩時經過產道感染未予以治療可能導致：❶啞巴；❷眼睛失明；❸兔唇；❹失聲。

（2）98.開放性肺結核最好的治療為：❶預防接種；❷隔離治療；❸避免性接觸；❹接種卡介苗。

（1）99.使用酒精消毒時，機具須完全浸泡多少時間以上？❶10分鐘；❷15分鐘；❸20分鐘；❹25分鐘。

（1）100.對暈倒患者的處理是：❶讓患者平躺於陰涼處，抬高下肢；❷用濕冷毛巾包裹身體；❸立即催吐；❹給予心肺復甦術。

（2）101.殺滅致病微生物（病原體）之繁殖型或活動型稱為：❶防腐；❷消毒；❸滅菌；❹感染。

（1）102.煮沸消毒法常用於消毒：❶毛巾、枕套；❷塑膠髮卷；❸磨刀皮條；❹洗頭刷。

（2）103.百日咳病原體存在於患者咽喉或支氣管粘膜的：❶唾液；❷分泌物；❸嘔吐物；❹排泄物中。

（3）104.雙手最容易帶菌，從業人員要經常洗手，尤其是：❶工作前、大小便後；❷工作前、大小便前；❸工作前後、大小便後；❹工作後、大小便後。

（3）105.第二次感染不同型之登革熱病毒時：❶不會有症狀；❷症狀較第一次輕微；❸會有嚴重性出血或休克症狀；❹已有免疫力，固不會感染。

（3）106.消毒液鑑別法，煤餾油酚在色澤上為：❶無色；❷淡乳色；❸淡黃褐色；❹淡紅色。

（4）107.登革熱之病原體有：❶一型；❷二型；❸三型；❹四

型。

（4）108.癩病之病原體為：❶原生蟲；❷病毒；❸球菌；❹分支桿菌。

（3）109.病原體進入人體後並不顯現病症，仍可傳染給別人使其生病這種人稱之為：❶病媒；❷病原體；❸帶原者；❹中間寄主。

（3）110.面對受傷部位較大、且肢體粗細不等時，應用：❶托臂法；❷八字形包紮法；❸螺旋形包紮法；❹環狀包紮法來包紮。

（1）111.使用煤餾油酚肥皂液消毒時，機具須完全浸泡至少多少時間以上？❶10分鐘；❷15分鐘；❸20分鐘；❹25分鐘。

（1）112.蒸氣消毒箱內之中心溫度需多少以上殺菌效果最好：❶80℃；❷70℃；❸60℃；❹50℃。

（4）113.性病檢查是做：❶X光檢查；❷桿菌；❸病毒檢查；❹血清檢查。

（4）114.玻璃適用下列哪種消毒法：❶蒸氣消毒法；❷酒精消毒法；❸紫外線消毒法；❹氯液消毒法。

（1）115.流行性感冒是由哪一種病原體所引起的疾病：❶病毒；❷細菌；❸黴菌；❹寄生蟲。

（4）116.疥瘡的病原體為：❶蝨子；❷蚊蟲；❸蒼蠅；❹疥蟲。

（1）117.砂眼的傳染途徑最主要為：❶毛巾；❷食物；❸空氣；❹嘔吐物。

（1）118.下列何者係由黴菌所引起的傳染病：❶白癬；❷痲瘋；

❸阿米巴痢疾；❹恙蟲病。

（1）119.香港腳是由下列何者所引起：❶黴菌；❷細菌；❸球菌；❹病毒。

（1）120.煤餾油酚消毒劑其有效殺菌濃度，對病原體的殺菌機轉是造成蛋白質：❶變性；❷溶解；❸凝固；❹氧化。

（3）121.黃熱病之傳染媒介為：❶蝨子；❷疥蟲；❸埃及斑蚊；❹三斑家蚊。

（1）122.蝨病的病原體為：❶蝨子；❷蚊蟲；❸蒼蠅；❹疥蟲。

（2）123.日本腦炎之傳染原：❶白線斑蚊；❷環蚊或三斑家蚊；❸埃及斑蚊；❹鼠蚤。

（2）124.癩病是一種：❶急性傳染性皮膚病；❷慢性傳染性皮膚病；❸急性上呼吸道傳染病；❹消化道傳染病。

（4）125.霍亂之潛伏期平均：❶四～六週；❷三週；❸十四天；❹三天。

（1）126.病毒性結膜炎的傳染原為：❶病人；❷老鼠；❸三斑家蚊；❹埃及斑蚊。

（4）127.傷風係指：❶百日咳；❷肺結核；❸傷寒；❹感冒　之疾病。

（3）128.登革熱之傳染原為：❶三斑家蚊；❷環蚊；❸埃及斑蚊；❹鼠蚤。

（1）129.流行性感冒是一種：❶上呼吸道急性傳染病；❷上呼吸道慢性傳染病；❸下呼吸道急性傳染病；❹下呼吸道慢性傳染病。

（1）130.霍亂在台灣光復後曾流行兩次，第一次於：❶1946；

❷1956；❸1936；❹1926　年。

（2）131.蝨病依其寄生的部位，可分：❶二種；❷三種；❸四種；❹五種。

（4）132.下列何者不是屬於急性呼吸系統傳染病：❶流行性腦脊髓膜炎；❷猩紅熱；❸肺炎；❹傷寒。

（2）133.接觸病人或帶原者所污染之物品而傳染係為：❶直接接觸傳染；❷間接接觸傳染病；❸飛沫傳染；❹經口傳染。

（1）134.病人常出現黃疸的疾病為：❶A型肝炎；❷愛滋病；❸肺結核；❹梅毒。

（2）135.接種卡介苗可預防：❶霍亂；❷肺結核；❸日本腦炎；❹白喉。

（2）136.砂眼之病原體為：❶病毒；❷披衣菌；❸立克次氏體；❹桿菌。

（3）137.A型肝炎之傳染病為：❶三斑家蚊；❷白線斑蚊；❸病人之糞便；❹病人飛沫。

（1）138.下列何者是最容易接觸到病原體的地方：❶手；❷腳；❸頭部；❹身體。

（1）139.狂犬病病毒存在已受感染動物的：❶唾液中；❷分泌物中；❸嘔吐物中；❹排泄物中。

（1）140.依傳染病防治條例規定，公共場所之負責人或管理人發現疑似傳染病之病人應於多少小時內報告衛生主管機關：❶24；❷48；❸72；❹84　小時。

（1）141.無菌敷料的大小為：❶超過傷口四周2.5公分；❷與傷口

一樣大；❸小於傷口；❹小於傷口2.5公分。

（4）142.煮沸消毒法的溫度至少需：❶50℃；❷75℃；❸90℃；
❹100℃　以上。

（3）143.頭部外傷的患者應該採取：❶仰臥姿勢；❷復甦姿勢；
❸抬高頭部；❹抬高下肢。

（2）144.胸外按壓的速度為每分鐘：❶150；❷80～100；❸50；
❹12　次。

（3）145.染髮劑、燙髮劑、清潔劑或消毒劑灼傷身體時應用大量
水沖洗灼傷部位：❶1；❷5；❸10；❹100　分鐘以上。

（2）146.對腐蝕性化學品中毒的急救是：❶給喝蛋白或牛奶後，
立即催吐；❷給喝蛋白或牛奶，切勿催吐但須立刻送
醫；❸給予腹部壓擠；❹給予胸外按壓。

（2）147.對輕微灼燙傷的處理為：❶塗敷清涼劑；❷用冷水沖至
不痛；❸刺破水泡；❹塗醬油或牙膏。

（3）148.一氧化碳中毒之處理是：❶給喝蛋白或牛奶；❷給喝食
鹽水；❸將患者救出至上風處，並鬆解頸部衣扣；❹採
半坐臥姿勢。

（3）149.急救的定義是：❶對有病的患者給予治療；❷預防一氧
化碳中毒；❸在醫師未到達前對急症患者的有效處理措
施；❹確定患者無進一步的危險。

（1）150.夏季腦炎是指：❶日本腦炎；❷腦膜炎；❸愛滋病；❹
泡疹。

（2）151.地方性斑疹傷寒之病媒為：❶蝨子；❷鼠蚤；❸蒼蠅；
❹蚊子。

（3）152.恙蟲病之病原體為：❶病毒；❷細菌；❸立克次氏體；❹原生蟲。

（2）153.發現染患霍亂的病人時：❶不必管他；❷須隔離治療；❸病情嚴重時再送醫治療；❹買成藥治療即可。

（1）154.預防登革熱的方法，營業場所插花容器及冰箱底盤應：❶一週；❷三週；❸一個月；❹二週　洗刷一次。

（4）155.病媒防治法，即是不讓它來、不讓它吃和：❶不管它；❷隨便它；❸抓它；❹不讓它住。

（2）156.營業場所室內光線最低標準，光度應在：❶100；❷200；❸300；❹400　米燭光以上。

（3）157.營業場所的沖水式廁所，光度應在：❶20米燭光以下；❷10米燭光以下；❸50米燭光以上；❹40米燭光以上。

（1）158.咳嗽或打噴嚏時，需要：❶手帕或衛生紙；❷直接用手；❸不需遮掩；❹毋須用紙　來遮住口鼻、吐痰或鼻涕。

（3）159.美容從業人員，應每：❶二年；❷三年；❸一年；❹半年　定期辦理肺部X光檢查一次，以發現有無肺結核病。

（1）160.心肺復甦術的適用情況，係用於：❶猝死患者；❷已死亡患者；❸身體健康者；❹年老者。

（2）161.直接加壓止血法即是直接在傷口上面或周圍施以壓力而止血，敷料必須完全蓋住傷口，至少：❶2～3；❷5～10；❸30；❹60　分鐘。

（1）162.止血帶止血法時是當：❶四肢動脈大出血；❷破皮流血；❸骨折；❹創傷出血　時才使用的。

（4）163.由於身體接觸火焰、乾熱、日曬、腐蝕性化學藥品、放射線而受傷稱為：❶燙傷；❷中風；❸中暑；❹灼傷。

（2）164.染髮劑、燙髮劑、清潔劑、消毒劑如果碰到身體，使其受到傷害稱之：❶燙傷；❷灼傷；❸中毒；❹過敏。

（4）165.中風急救姿勢為讓患者平臥，將頭肩部墊高：❶90℃；❷46℃；❸30℃；❹10～15℃ 或採半坐半臥，並鬆解頸、胸、腰部等處衣物後，加以保護。

（2）166.休克的急救方式為讓患者平躺：❶頭部；❷下肢；❸臀部；❹腰部 抬高約20～30公分。

（4）167.❶中暑；❷中風；❸休克；❹暈倒 是由於腦部短暫時間內突然血液供給不足，而發生意識消失，以致倒下的現象。

（2）168.會引起人們生病的微生物稱為：❶細菌；❷病原體；❸帶原者；❹昆蟲。

（1）169.健康的人與病人或帶原者經由直接接觸或間接接觸而發生傳染病叫做：❶接觸傳染；❷病媒傳染；❸飛沫傳染；❹空氣傳染。

（4）170.小兒麻痺發生在：❶春末夏初；❷春天來臨；❸冬天；❹夏末秋初 是世界性的傳染病，尤其在溫帶發生較多。

（1,2）171.日本腦炎的傳染病媒為有病毒的：❶三斑家蚊；❷環蚊；❸埃及斑蚊或白線斑蚊；❹瘧疾。

（2）172.後天免疫症候群俗稱AIDS，愛滋病是在：❶1881；❷1981；❸1991；❹1681 年才開始發現的，目前還沒

有疫苗和根本治療的藥，發病的人死亡率很高。

（3）173.傷寒的病原體為：❶痢疾桿菌；❷立克次氏體；❸傷寒桿菌；❹結核桿菌　其潛伏期為7～14天。

（1）174.梅毒的病原體為：❶螺旋體；❷立克次氏體；❸披衣菌；❹黴菌。

（4）175.目前台灣地區設有：❶5；❷6；❸7；❹8　個檢疫所。

（2）176.接種牛痘是用來預防：❶日本腦炎；❷天花；❸白喉；❹霍亂。

（3）177.我國檢疫工作是由：❶環保署；❷行政院；❸衛生署；❹考試院　機關所負責。

（2）178.消滅所有的微生物無論繁殖型及芽胞型，均能一一予以消滅稱之：❶消毒；❷滅菌；❸殺菌；❹消炎。

（3）179.以物理或化學的方法使病原體的組成成份發生變化，致其菌體本身或機能受損，以致不能成長，甚至死亡是：❶滅菌；❷消炎；❸消毒；❹停止成長　的原理。

（1）180.菌體合成蛋白質時所必需的物質是：❶RNA；❷DNA；❸EHA；❹DHA。

（1）181.適用蒸氣消毒法的是：❶毛巾；❷塑膠類；❸瓷器類；❹金屬類。

（4）182.化妝品色素均應事先向：❶行政院；❷考試院；❸監察院；❹中央衛生主管機關　申請查驗，經核准後並發給許可證後，始得輸入或製造。

（2）183.進口之化妝品出售以原裝為限，非經：❶衛生署；❷中央衛生主管；❸監察院；❹考試院　機關核准，不得在

國內自行分裝或改裝出售。

（1）184.未領有合格之工廠登記證者，不得製造化妝品，否則以違反化妝品條例：❶第15條；❷第21條；❸第7條；❹第7條第2項　之規定，處一年以下有期徒刑、拘役或併科15萬元以下罰鍰，其妨害衛生之物品，予以沒入銷燬。

（4）185.含藥化妝品未標示藥品名稱及使用時注意事項，以違反：❶第15條；❷第8條；❸第23條第12項；❹第7條第2項　處以10萬元以下罰鍰，其妨害衛生之物品沒入銷燬之。

（3）186.進口化妝品，若國內有分裝或改裝出售情形，是以違反化妝品條例：❶第7條；❷第21條；❸第9條；❹第8條之規定，處以10萬元以下罰鍰，其妨害衛生之物品，予以沒入銷燬。

（3）187.卸妝時，首先是由下列哪個部位先行卸妝：❶雙頰；❷額頭；❸眼、唇；❹下顎。

（3）188.敘述錯誤的是：❶皮脂腺與青春痘有關；❷美容師不應該為顧客換膚；❸正常皮膚 PH 值是7；❹每日落髮的數目正常值是40～100根左右。

（3）189.若臉上有嚴重「青春痘」時，下列何者行為不適宜：❶保持皮膚清潔；❷去看皮膚科醫生；❸畫濃妝掩飾；❹注意飲食起居。

（1）190.乾性皮膚比油性皮膚蒸臉時間為：❶較短；❷較長；❸時間一樣；❹無所謂。

（1）191.當蒸臉器中的水低於最小容量刻度時，應：❶先關電源

再加水；❷先加水再關電源；❸使用中加水；❹繼續使用。

（2）192.蒸餾水是常壓下以加溫至幾度時所蒸餾而得的水：❶70℃；❷100℃；❸150℃；❹200℃。

（1）193.敏感性皮膚較中性皮膚蒸臉時間宜：❶縮短；❷延長；❸不變；❹無所謂。

（4）194.目前台電公司所供應三孔插座之電壓為：❶100V；❷110V；❸200V；❹220V。

（2）195.台灣地區主要電壓頻率的規格是：❶110V/50Hz；❷110V/60Hz；❸220V/50Hz；❹100V/50Hz。

（2）196.蒸臉器正常使用時，噴霧口與顧客臉部距離須保持約：❶20；❷40；❸60；❹10　公分左右。

（2）197.蒸臉器的用水，必須使用：❶自來水；❷蒸餾水；❸礦泉水；❹碳酸水。

（2）198.蒸臉器使用時，第一步驟是插插頭，第二步驟是：❶打開臭氧燈；❷打開電源；❸打開照明燈；❹打開放大鏡。

（2）199.無色透明，具有特別異味，揮發性強的液體是：❶軟水；❷酒精；❸硬水；❹蒸餾水。

（2）200.美容院儀器為避免損壞，用水應使用：❶硬水；❷蒸餾水；❸自來水；❹碳酸水。

（3）201.1安培等於多少毫安培：❶10；❷100；❸1,000；❹10,000　毫安培。

（4）202.蒸臉器電熱生鏽時，應以何種液體處理：❶鹹水；❷汽

油；❸酒精；❹白醋。

（3）203.將電壓110V的電器插頭插在電壓220V的插座上會產生何
種現象：❶沒關係；❷馬上減弱；❸損壞電器；❹馬上
增強。

（3）204.電阻的單位是：❶安培；❷伏特；❸歐姆；❹千瓦。

（4）205.以下何者是造成黑斑的原因：❶服用某些藥物；❷使用
不當的化妝品；❸紫外線照射；❹以上皆是。

（2）206.欲將交流電轉換變成直流電，要使用：❶轉換插頭；❷
整流器；❸變壓器；❹插座。

（1）207.顧客的抱怨與不滿，美容從業人員應迅速處理並且：❶
不偏頗；❷輕視；❸潦草收場；❹態度只求息事寧人。

（2）208.蒸臉器中，水的添加應：❶高於最大容量刻度；❷低於
最大容量刻度；❸低於最小容量刻度；❹無所謂。

（4）209.美容從業人員可為顧客從事的服務：❶換膚；❷隆鼻；
❸割雙眼皮；❹皮膚保養。

（2）210.當顧客有觸電感覺時美容從業人員應：❶沒有關係不必
理會；❷趕緊切斷電源；❸用手將顧客移開；❹拿濕毛
巾將他包起來。

（2）211.皮膚的彈性，與下列何者有關：❶顆粒層所包含的油
脂；❷角質層所含的水份；❸有棘層所包含的水份；❹
基底層所含的油脂。

（3）212.在大氣中被臭氧層所吸收，未達地面而對皮膚影響不大
的光線是：❶紫外線A；❷紫外線B；❸紫外線C；❹紅
外線。

（3）213.使用電源為求安全，須了解何者為非導體：❶人體；❷自來水；❸橡膠；❹鐵棒。

（3）214.美容師的證書、執照等，應：❶放置在辦公桌內；❷給每個顧客看，以為證明；❸陳列在顯著處；❹放在家中。

（4）215.美容從業人員應該努力的目標，不包括：❶學習優雅的職業談吐；❷進修專業的知識和技術；❸關心社會及流行的趨勢；❹詢問顧客的隱私。

（4）216.如果顧客要點掉臉上或身上的黑痣時應該：❶幫他用香燒掉；❷用燙髮液燒掉；❸請他到外科診所燒掉；❹請他給皮膚科醫師檢查。

（4）217.電流的單位是：❶歐姆；❷伏特；❸千瓦；❹安培。

（1）218.面皰性皮膚較中性皮膚蒸臉時間宜：❶縮短；❷延長；❸不變；❹無所謂。

（3）219.顧客的手飾皮包應放在：❶顧客看得見的地方；❷工作檯上；❸顧客專用櫃裡；❹按摩椅上。

（4）220.臉上有化妝，洗臉時應：❶僅用溫水即可；❷直接用洗面皂洗；❸使用蒸氣洗臉；❹先卸妝再洗臉。

（2）221.皺紋容易出現在與肌肉紋理：❶平行之處；❷垂直之處；❸重疊之處；❹毫無關係。

（2）222.暗瘡（青春痘）的治療是誰的工作：❶美容從業人員；❷皮膚科醫師；❸皮膚科醫師及美容從業人員均可；❹有經驗者即可。

（3）223.說服顧客購買產品時最好的方式是：❶誇大商品功效；

❷批評產品品質；❸親切的服務詳細解說；❹強迫推銷。

（3）224.不屬於含藥化妝品的是：❶染髮劑；❷青春痘乳膏；❸清潔霜；❹漂白霜。

（3）225.蒸臉噴霧器具有殺菌、消炎作用，是因噴霧中會有：❶雙氧；❷過氧；❸臭氧；❹酸氧。

（1）226.下列哪一層與皮膚表面柔軟、光滑有關：❶角質層；❷透明層；❸顆粒層；❹基底層。

（1）227.身體上沒有皮脂腺的部位是：❶手掌；❷背部；❸臉部；❹腰部。

（1）228.電流持續向同一方向流動的電力稱之為：❶直流電；❷交流電；❸安培；❹伏特。

（1）229.全臉油膩、毛孔粗大、易生面皰是：❶油性；❷乾性；❸中性；❹敏感性　皮膚的特徵。

（4）230.美容從業人業為保持良好的職業道德，宜避免何種行為：❶誠實、公平；❷負責、盡職；❸言而有信；❹工作敷衍。

（1）231.皮膚主要屏障為：❶角質層和游離的脂肪；❷基底層和汗液；❸顆粒層和皮脂膜；❹有棘層和黑色素。

（4）232.為顧客做美容時，若發現她臉上有粉刺應該：❶擠掉；❷塗外用藥；❸口服藥；❹請她看皮膚科醫師。

（4）233.專業的皮膚護理，應多久做一次：❶每天；❷每月；❸每年；❹因人而異　視肌膚狀況而定。

（4）234.保養主要是順著：❶骨骼；❷汗毛生長方向；❸毛孔方

向；❹肌肉紋理方向。

（1）235.美容從業人員與顧客交談時應：❶注視對方；❷左顧右盼；❸嚼口香糖；❹大聲說話。

（2）236.在身體與外界環境之間角質層充當保護屏障，下列敘述何者為是：❶角質層是死皮，需要經常磨皮去掉它；❷角質層會自然地日日換新，不必去除它；❸角質層是無核的死細胞，要設法去掉它；❹角質層必須靠換膚術才能除淨死皮。

（4）237.下列何者不是皮脂膜的功用：❶潤滑皮膚；❷潤滑毛髮；❸防止微生物繁殖；❹防止長青春痘。

（4）238.下列何者不是眼睫毛的主要生理功用：❶防止塵土吹入眼睛；❷防止刺目的強光刺激眼睛；❸防止昆蟲侵入眼睛；❹增加眼部美觀。

（1）239.皮下組織中脂肪急遽減少時，皮膚表面會呈現：❶皺紋；❷緊繃；❸平滑；❹粗糙。

（4）240.敏感性肌膚按摩之力量與時間應該如何較妥：❶輕、長；❷重、短；❸重、長；❹輕、短。

（3）241.有暫時隔絕空氣，使毛孔收斂達到保養效果的是：❶清潔；❷乳液；❸敷面；❹蒸臉。

（4）242.為達到臉部按摩最佳之效果，美容從業人員應瞭解人體的：❶肌肉紋理；❷臉部神經中樞點；❸循環系統；❹以上皆是。

（4）243.人類毛髮的生長週期約為：❶2～6週；❷2～6天；❸2～6月；❹2～6年。

（2）244.下列何者，不是按摩的功效：❶促進血液循環；❷降低皮膚溫度；❸促進皮膚張力和彈力；❹延緩皮膚老化。

（2）245.臉部皮膚同時具有三種以上特徵性質，此種皮膚為：❶中性肌膚；❷敏感性肌膚；❸混合性肌膚；❹油性肌膚。

（3）246.按摩時，應順著肌肉紋理：❶由上往下、由內往外；❷由下往上、由外往內；❸由下往上、由內往外；❹由上往下、由外往內。

（4）247.面皰問題皮膚保養時宜：❶多蒸臉、多按摩；❷多蒸臉、少按摩；❸少蒸臉、多按摩；❹少蒸臉、少按摩。

（4）248.敏感性皮膚保養時：❶多蒸臉、多按摩；❷多蒸臉、少按摩；❸少蒸臉、多按摩；❹少蒸臉、少按摩。

（2）249.皮膚的重量約為體重的：❶5/10；❷15/100；❸5/1,000；❹5/10,000。

（4）250.汗水是腎臟以外的另一個排泄廢物之管道，下列何者不會由汗水排泄：❶新陳代謝產生的鹽分；❷乳酸、尿酸；❸其他廢物與毒物；❹醣類。

（3）251.為避免面皰的惡化，化妝品不宜選用：❶親水性之化妝品；❷無刺激性之化妝品；❸過度油性之化妝品；❹消炎作用之化妝品。

（2）252.護理青春痘時，應著重：❶按摩；❷清潔、消炎；❸擠壓；❹去角質。

（2）253.皮脂的功用在使皮膚保持：❶清潔；❷滋潤；❸乾燥；❹角化。

（3）254.一般成年人全身的皮膚重量約佔體重的：❶5％；
❷10％；❸15％；❹20％。

（1）255.每蒸發一公升的汗所帶走的體熱約為：❶540；❷640；
❸740；❹840　卡路里。

（4）256.防止青春痘之發生或症狀惡化，最好的方法是用不含香
料的肥皂，且：❶每天早上洗臉1次；❷每天晚上洗臉1
次；❸每天早、晚各洗臉1次；❹每天洗臉3次以上。

（3）257.長青春痘時，應避免用來洗臉的是：❶刺激性小的肥
皂；❷不含香料的肥皂；❸油性、中性洗面乳；❹溫
水。

（1）258.存在於腋下大汗腺上，使其皮膚產生特殊氣味的多為：
❶革蘭氏陽性菌；❷革蘭氏陰性菌；❸皮黴菌；❹寄生
蟲。

（4）259.傷口的癒合，需依賴下列何者細胞的增殖來達成：❶組
織球；❷單核球；❸肥胖細胞；❹纖維細胞。

（1）260.就滲透性而言，下列何者動物皮膚與人類皮膚較相似：
❶豬；❷牛；❸馬；❹羊。

（4）261.人體的小汗腺約有：❶20～50萬個；❷2～5萬個；
❸2,000～5,000個；❹200～500萬個。

（3）262.有關皮膚的描述，下列何者為誤？❶皮膚有一群正常生
態的微生物；❷在間隙地區有較多的微生物；❸細菌在
乾燥地區生長較快；❹皮膚的完整性受破壞時，易導致
微生物增殖。

（3）263.乾性肌膚保養時宜：❶多蒸臉、多按摩；❷少蒸臉、少

按摩；❸少蒸臉、多按摩；❹多蒸臉、少按摩。

（1）264.若顧客臉上有嚴重的青春痘時，應鼓勵他們：❶去看皮膚科醫師；❷多來做臉；❸多化妝、擠壓痘痘；❹塗抹「戰痘」化妝品。

（2）265.物質在下列何種情況下較易穿透皮膚？❶皮膚溫度降低時；❷物質溶解在脂肪性溶劑時；❸真皮的含水量較少時；❹物質溶解在水性溶劑時。

（2）266.油性皮膚保養時宜：❶多蒸臉、多按摩；❷多蒸臉、少按摩；❸少蒸臉、多按摩；❹少蒸臉、少按摩。

（4）267.下列何者不是健美皮膚的要件？❶皮脂膜機能正常；❷血液循環順暢；❸角化功能順暢；❹黑色素細胞含量較少。

（3）268.描述有關皮膚的完整性，下列何者為誤？❶皮膚有一群正常生態的微生物；❷在間隙地區有較多的微生物；❸細菌在乾燥地區生長較快；❹皮膚的完整性受破壞時，易導致微生物增殖。

（4）269.皮膚表面雖呈乾燥狀態，但油份過多、水份極少、毛孔大且紋路不明顯的皮膚是：❶乾燥混合性皮膚；❷中性混合性皮膚；❸乾性皮膚；❹乾燥型油性皮膚。

（3）270.乳房是一種變型的：❶皮脂腺；❷小汗腺；❸頂漿腺；❹腎上腺。

（3）271.與皮膚氧化還原有密切關係的是：❶維生素A；❷維生素B群；❸維生素C；❹維生素D。

（1）272.皮膚保養時，美容從業人員的正確姿勢：❶背脊伸直；

❷上半身緊靠顧客的臉；❸手肘靠緊身體；❹兩腿交
疊。

（3）273.下列何者不是皮膚老化的原因：❶陽光；❷食物；❸化
妝品；❹乾燥。

（2）274.汗水屬：❶中性；❷弱酸性；❸弱鹼性；❹強鹼性。

（1）275.手掌、腳底、前額、腋下均含有大量的：❶汗腺；❷皮
脂腺；❸腎上腺；❹唾液腺。

（1）276.指甲平均每天長出：❶0.1mm；❷0.01mm；❸0.1cm；
❹1mm。

（1）277.皮膚能將外界刺激傳遞到大腦，是因皮膚有：❶神經；
❷血管；❸肌肉；❹脂肪。

（3）278.有關皮膚老化所產生之改變下述何者為誤？❶年紀愈大
皮膚彈性愈小；❷皮膚容易變薄與乾；❸皮脂腺的分泌
通常增加；❹指甲生長的速度正常化。

（2）279.皮脂分泌最旺盛的年齡約：❶10～12歲；❷15～20歲；
❸20～25歲；❹25～30歲。

（2）280.專業皮膚保養時應讓顧客採：❶蹲著；❷躺著；❸站
著；❹坐著　的姿勢。

（1）281.洗臉的水質以何種最為理想？❶軟水；❷硬水；❸井
水；❹自來水。

（2）282.大汗腺（阿波克蓮汗腺）是附在毛囊旁邊的汗腺，通常
在哪個時期的功能最為旺盛？❶幼兒期；❷青春期；❸
中年期；❹老年期。

（2）283.皮膚對於冷、熱、碰觸有所反應，是因為它有：❶血

液；❷神經；❸淋巴液；❹汗腺及皮脂腺。

（3）284.青春痘通常與青春期的：❶汗腺；❷淋巴液；❸性賀爾
蒙；❹血液　分泌量變化有關。

（3）285.由成群而相似的細胞所組成的構造稱為：❶器官；❷系
統；❸組織；❹繁殖。

（1）286.面皰肌膚在飲食上宜多吃：❶鹼性；❷中性；❸酸性；
❹刺激性　的食品。

（4）287.保持皮膚美麗健康，最佳的法則是：❶保持皮膚清潔；
❷均衡的營養；❸充足的睡眠；❹以上皆是。

（1,2,3,4）288.皮膚表面的神經末梢能接受的感覺為：❶痛覺；❷
觸覺；❸冷覺；❹溫覺。

（2）289.多汗症是由於：❶大汗腺；❷小汗腺；❸皮脂腺；❹頂
漿腺　分泌過量所致。

（1）290.癢覺的皮膚接受器是：❶神經末端；❷毛囊；❸皮脂
腺；❹小汗腺。

（2）291.角質層的細胞形狀為：❶圓形；❷扁平狀；❸柱狀；❹
纖維狀。

（1）292.皮膚表面呈現許多細細凹凸不平的紋路，其凹度稱為：
❶皮溝；❷皮丘；❸汗孔；❹毛囊。

（1）293.能藉著水份分泌及蒸發來散發身體熱量的構造為：❶小
汗腺；❷皮脂腺；❸大汗腺；❹胸腺。

（3）294.皮膚由外而內依次分為那三大部分？❶真皮→表下組織
→表皮；❷皮下組織→表皮→真皮；❸表皮→真皮→皮
下組織；❹真皮→表皮→皮下組織。

（3）295.判別皮膚的性質，應以何者為考量？❶油份；❷水份；
❸油份及水份並重；❹酸鹼度。

（2）296.透明層是由何者細胞構成：❶有核細胞；❷無核細胞；
❸半核細胞；❹核心細胞。

（1）297.皮脂腺分泌油脂，最多的部位是：❶鼻頭；❷下肢；❸
手掌；❹腳掌。

（3）298.與皮膚的硬度及伸張有關之組織為：❶大汗腺；❷汗
腺；❸彈力纖維及膠原纖維；❹皮脂腺。

（4）299.皮膚的排汗作用是由什麼系統所控制：❶肌肉系統；❷
循環系統；❸呼吸系統；❹神經系統。

（1）300.健康的指甲呈現：❶粉紅色；❷紫色；❸乳白色；❹黃
色。

（3）301.人體中皮膚最厚的是：❶頰部；❷眼瞼；❸手掌與足
蹠；❹額頭。

（3）302.大汗腺（阿波克蓮汗腺）分泌異常會引起：❶痱子；❷
濕疹；❸狐臭；❹香港腳。

（2）303.毛髮突出於皮膚表面的部分稱為：❶毛囊；❷毛幹；❸
毛根；❹毛球。

（2）304.皮膚之所以有冷、熱、痛等知覺，主要是因為：❶毛細
血管；❷神經；❸皮脂腺；❹淋巴液　之故。

（3）305.選出正確的敘述：❶蛋白敷臉，可以消除皺紋；❷每一
種化妝品都有益於皮膚，所以用愈多種及愈多的量，對
皮膚愈有幫助；❸化妝品所含的香料易導致過敏或顏面
黑皮症；❹買化妝品不必在乎新鮮度或製造日期等。

（2）306.下列何者最不容易引起過敏性接觸皮膚炎的物品？❶染
髮劑、燙髮劑、整髮劑；❷不含香料的肥皂；❸指甲
油、去光水；❹含香料或色素的化妝品。

（1）307.皮膚不具有的功能是：❶消化作用；❷吸收作用；❸排
泄作用；❹分泌作用。

（1）308.美容從業人員應避免的個性是：❶孤僻；❷自信；❸友
愛；❹樂觀進取。

（1）309.含有許多脂肪且與人體的曲線美有密切關係的是：❶皮
下組織；❷皮脂腺；❸真皮；❹表皮。

（3）310.皮膚毛孔粗大、T字型區域易出油，但雙頰呈乾燥現象的
是：❶乾性皮膚；❷油性皮膚；❸混合性皮膚；❹敏感
性皮膚。

（3）311.顧客臉上有黑斑應如何處理？❶做臉；❷介紹他（她）
使用漂白霜；❸告知找皮膚科醫師診治；❹依顧客之方
便，選擇上述處理方法。

（3）312.下列何項不是皮膚的功能？❶分泌；❷知覺；❸造血；
❹呼吸。

（1）313.有關皮脂膜之作用，下列何者錯誤？❶供給皮膚養份；
❷具有抑菌作用；❸潤滑作用；❹防止皮膚乾燥。

（2）314.小汗腺開口於：❶毛囊；❷皮膚表面；❸豎毛肌；❹毛
幹。

（2）315.乾性肌膚的主要特徵之一是：❶油份多；❷水份少；❸
紋路粗；❹毛孔大。

（2）316.按摩霜中除了水以外，含量最多的成份是：❶綿羊油；

❷白蠟油；❸防腐劑；❹維他命。

（1）317.一般保養性乳液中，不得含有下列何者成份？❶類固醇；❷香料；❸維他命；❹界面活化劑。

（1）318.眉峰提高可使臉型看來較：❶長；❷圓；❸寬；❹扁。

（1）319.腮紅通常塗抹在何處？❶兩頰；❷眉骨；❸下巴；❹下顎。

（3）320.正三角型臉腮紅的修飾最好是順著顴骨刷成：❶圓形；❷直線形；❸狹長形；❹三角形。

（4）321.粉紅色系的服飾在唇膏的搭配上以何種色系為宜？❶橘紅色；❷褐色系；❸咖啡色系；❹玫瑰色系。

（4）322.一般所謂化妝品的變質是指：❶部分成份發生變化；❷顏色發生變化；❸味道發生變化；❹以上皆是。

（1）323.化妝品使用過後，如有皮膚發炎、發癢、紅腫、水泡等情況發生：❶應立即停止使用；❷用大量化妝水來濕布；❸用大量的收斂水來濕布；❹立刻換品牌。

（3）324.用來沾取修容餅修飾臉型的化妝品用具是：❶眼影刷；❷眉刷；❸修容刷；❹睫毛刷。

（2）325.淡妝唇膏色彩可依個人喜愛選用，最適合的色彩是：❶鮮紅色；❷淺粉紅；❸深玫瑰色；❹暗褐色。

（3）326.兩眼距離較近，眼影的修飾重點在：❶眼頭；❷眼中；❸眼尾；❹眼窩。

（3）327.何種粉底，使用感覺較油、較厚而不透明：❶水粉餅；❷粉霜；❸粉條；❹粉餅。

（2）328.下列何者不是修眉的用具？❶刀片；❷尖頭的剪刀；❸

圓頭的剪刀；❹眉鋏（鑷子）。

（4）329.職業婦女上班的化妝最適宜的整體表現是：❶神秘；❷
艷麗；❸浪漫；❹知性。

（3）330.化妝品的成份中，能夠使油溶性與水溶性成份密切結合
的物質稱之為：❶維他命；❷賀爾蒙；❸界面活性劑；
❹防腐劑。

（1）331.欲使唇型輪廓緊縮時，宜採用：❶濃色調；❷淡色調；
❸亮色調；❹淺色調。

（1）332.一般具有抑制細菌滲透作用的化妝品其酸鹼度為：❶弱
酸性；❷強酸性；❸弱鹼性；❹強鹼性。

（4）333.簡易的補妝，粉底最好採用：❶粉條；❷粉霜；❸粉
膏；❹兩用粉餅。

（4）334.日曬後紅腫、刺痛的皮膚，最佳處理方式是：❶漂白；
❷按摩；❸敷面；❹鎮定。

（3）335.化妝品儘可能保存在：❶0℃；❷10℃以下；❸25℃以
下；❹35℃以上　環境中。

（3）336.液體的PH值愈高其：❶酸性愈強；❷酸性愈弱；❸鹼性
愈強；❹鹼性愈弱。

（1）337.混合兩種互不相溶解之液態，一液體均勻分散在另一液
體中，此狀態稱為：❶乳化；❷硬化；❸軟化；❹液
化。

（2）338.水質中含鈣、鎂等雜質的水稱為：❶軟水；❷硬水；❸
蒸餾水；❹礦泉水。

（2）339.紅色之對比色是：❶黃；❷綠；❸藍；❹紫色。

（2）340.為幫助乳液易被皮膚吸收，擦乳液之前應使用：❶清潔霜；❷化妝水；❸按摩霜；❹敷容劑。

（2）341.長型臉的人，腮紅宜採何種修飾：❶三角型；❷橫向；❸圓形；❹長條形。

（4）342.❶軟化劑；❷表面作用劑；❸乳化劑；❹防腐劑　亦稱抗菌劑可避免一些微生物在產品中滋生。

（4）343.香水、古龍水是屬於：❶清潔用品；❷保養用品；❸美化用品；❹芳香品。

（1）344.下列成份中，何者屬水溶性成份：❶天然維他命C；❷天然維他命A；❸綿羊油；❹蠟。

（3）345.化妝時，修飾臉形輪廓不可或缺的產品是：❶眉筆；❷睫毛膏；❸腮紅；❹蜜粉。

（1）346.微鹼性的化妝水也可稱為：❶柔軟化妝水；❷收斂性化妝水；❸營養化妝水；❹面皰化妝水。

（3）347.化妝品成份中具有防止老化兼具有防止變質的是：❶基劑；❷香料；❸維他命E；❹界面活性劑。

（3）348.皮膚使用洗面皂最主要的目的是：❶營養皮膚；❷美化皮膚；❸清潔皮膚；❹健美皮膚。

（2）349.化妝品存放應注意勿置於陽光直接照射或下列哪種場所？❶室溫場所；❷高溫場所；❸臥室抽屜內；❹辦公室抽屜內。

（3）350.化妝水類的保養品，其使用方法是以：❶海棉；❷化妝紙；❸化妝棉；❹粉撲　沾取使用。

（4）351.具有美化膚色效果的化妝品為：❶眼影；❷眉筆；❸唇

線筆；❹粉底。

（1）352.化妝水中最多的成份是：❶水；❷軟化劑；❸防腐劑；
❹清潔劑。

（2）353.取用化妝品時為避免髒污化妝品，因此使用前務必：❶
辨識商標；❷雙手洗淨；❸搖動商品；❹多量取用。

（4）354.短期內可使皮膚變白，但毒性會侵襲腎臟的化妝品是含
有：❶賀爾蒙；❷光敏感劑；❸苯甲酸；❹汞。

（2）355.化妝品保存時宜放在：❶陽光直射處；❷陰涼乾燥處；
❸冷凍庫；❹浴室中。

（2）356.富油質清潔霜適用於何種皮膚？❶油性皮膚；❷乾性皮
膚；❸敏感性皮膚；❹青春痘皮膚。

（1）357.能調理肌膚、收縮毛孔的化妝品是：❶收斂化妝水；❷
柔軟化妝水；❸粉底面霜；❹按摩霜。

（1）358.選擇粉底色彩時，應考慮皮膚狀態、季節及：❶自己膚
色；❷眉型；❸眼型；❹唇型。

（3）359.能掩蓋皮膚瑕疵、美化膚色的化妝製品是：❶隔離霜；
❷化妝水；❸粉底；❹營養面霜。

（4）360.在明暗基準的中心軸分組中，以何種顏色最暗：❶紅；
❷橙；❸黃；❹紫。

（4）361.純色是指色彩裡沒有：❶青色；❷紅色；❸綠色；❹白
或黑色　的成份。

（3）362擦指甲油開始的部位是：❶內側；❷外側；❸中央；❹全
部一次擦完。

（4）363.夏季化妝，粉底選擇應注意哪些特性？❶耐水；❷耐

汗；❸防曬；❹以上皆是。

（4）364.酒精在化妝品中具有何種功能：❶營養、滋潤；❷潤澤、護理；❸潤滑、美白；❹殺菌、消毒。

（3）365.能描畫出自然、柔和的線條對於初學者最理想的眼線用品是：❶液狀眼線；❷餅狀眼線；❸眼線筆；❹卡式眼線筆。

（3）366.要表現深邃的眼部化妝，眼影色彩宜彩用：❶明色；❷鮮艷色；❸暗色；❹含銀粉的顏色。

（3）367.基本腮紅刷法，由太陽穴通過眼睛下方到耳下刷成哪種形狀：❶長形；❷圓形；❸三角形；❹水平線。

（3）368.上、下眼線在眼尾處拉長，可使眼睛顯得：❶較大；❷較小；❸較細長；❹較圓。

（3）369.會使臉頰顯得豐滿的粉底是：❶暗色粉底；❷膚色粉底；❸明色粉底；❹基本色粉底。

（3）370.在色相環中，深藍色是屬於：❶暖色；❷中間色；❸寒色；❹無彩色。

（3）371.不適合用來修飾鼻影的顏色是：❶灰色；❷咖啡色；❸黃色；❹褐色。

（1）372.在色彩中，黃色的互補色為：❶紫色；❷綠色；❸藍色；❹橙色。

（1）373.含維生素A酸之面霜，係用於：❶預防面皰；❷美白皮膚；❸保養皮膚；❹止汗臭。

（3）374.化妝品應置於：❶較高溫；❷較低溫；❸適溫；❹強光的地方。

（1）375. 水與油要何種物質才能均勻混合：❶乳化劑；❷防腐劑；❸消炎劑；❹黏接劑。

（2）376. 下列屬於一般化妝品的為：❶防曬劑；❷含維生素E之眼影；❸漱口水；❹防止黑斑之面霜。

（4）377. 牙膏、牙粉係屬：❶藥品；❷含藥化妝品；❸一般化妝品；❹日用品。

（1）378. 化妝品中禁止使用氯氟碳化物（F2eon）係因它在大氣層中會消耗：❶臭氧；❷氧氣；❸二氧化碳；❹一氧化碳使得皮膚受到紫外線的傷害。

（2）379. 眉筆在化妝品種類中係歸屬：❶覆敷用化妝品類；❷眼部用化妝品類；❸香粉類；❹頭髮用化妝品類。

（4）380. 化妝品中：❶可以使用0.5％以上；❷可以使用0.1％以下；❸可以使用1％以下；❹禁止使用　硼酸（Boric Acid）。

（3）381. 粉底的選擇應考慮季節，乾性皮膚冬季最適宜的粉底是：❶粉霜；❷粉蜜；❸粉條；❹粉餅。

（1）382. 使用嬰兒爽身粉應：❶先倒在手上；❷直接灑在屁股上；❸直接灑在身上；❹直接灑在臉上。

（2）383. 乳霜狀的粉底正確取用方法：❶以海棉沾取；❷以挖杓取用；❸用手指挖取；❹倒於手心塗抹。

（3）384. 香水中，香味能持久的是：❶花露水；❷古龍水；❸香精；❹香水。

（2）385. 硬水的軟化法為：❶冷凍；❷蒸餾；❸靜置；❹攪拌。

（3）386. 游泳時具有防水效果的粉底是：❶香粉；❷粉霜；❸水

粉餅；❹粉條。

（3）387.香水類中，如違規使用甲醇代替乙醇（酒精）易導致：❶肝癌；❷腎臟衰竭；❸視神經變化；❹肺炎。

（2）388.下列化妝品包裝可無保存期限及保存方法者為：❶燙髮劑；❷香皂；❸染髮劑；❹含維生素A之面霜。

（3）389.下列何者化妝品廣告是合法的為：❶消除關節痛；❷治療皮膚炎；❸清潔肌膚；❹減肥。

（2）390.為幫助乳液易為皮膚所吸收，擦乳液之前應使用：❶清潔霜；❷化妝水；❸按摩霜；❹敷容蜜。

（2）391.穿著紅色或橙黃色的服裝，為使色彩一致，眼影宜選用：❶紫色；❷褐色；❸綠色；❹藍色。

（4）392.正確的臉部化妝，較亮色的陰影顏色是適用於：❶縮小臉部範圍；❷產生陰影效果；❸隱藏缺點；❹強調臉部範圍。

（1）393.從眉頭抹至鼻翼的鼻影擦法，適合：❶短鼻；❷長鼻；❸塌鼻；❹小鼻。

（1）394.腋臭防止劑在化妝品種類中，係歸屬：❶香水類；❷面霜乳液類；❸化妝水類；❹覆敷用化妝品類。

（2）395.卸妝時，避免用力擦拭的部位是：❶上額；❷眼睛四周；❸下顎；❹雙頰。

（1）396.指甲油中的溶劑及去光水，易使指甲：❶脆弱；❷更有光澤；❸鮮艷；❹更修長。

（3）397.紅色與橙色的關係是：❶對比色；❷補色；❸類似色；❹原色。

（1）398. 在粉底的色調中，使用後可使臉頰顯得豐滿的顏色：❶明色；❷暗色；❸基本色；❹綠色。

（1）399. 唇色暗濁欲改變唇色，可於擦唇膏前使用：❶特殊系（黃色或綠色）；❷褐色系；❸紅色系；❹粉紅色系。

（3）400. 化妝要表現華麗感時，唇膏可採用：❶褐色系；❷橘色系；❸玫瑰色系；❹粉紅色系。

（3）401. 下列何種光線宜採用粉紅色系化妝？❶太陽光；❷電燈光；❸日光燈；❹燭光。

（3）402. 長期使用副腎皮質賀爾蒙的化妝品後皮膚會：❶變褐；❷變紅；❸萎縮；❹變黑。

（2）403. 理想的眉型、眉頭應在：❶嘴角的直上方；❷眼頭的直上方；❸鼻頭的直上方；❹眼頭的外側。

（1）404. 能表現優雅、神祕女性美的眼影是何種顏色？❶紫色；❷咖啡色；❸綠色；❹橘色。

（3）405. 化妝要表現青春，活潑感時眼影可採用：❶褐色系；❷玫瑰色系；❸橘色系；❹紫色系。

（3）406. 任何臉型、任何年齡都適合的眉型是：❶弓型眉；❷短型眉；❸標準眉；❹箭型眉。

（2）407. 理想的化妝品應是：❶中性；❷弱酸性；❸弱鹼性；❹強酸性。

（2）408. 宴會妝適合的假睫毛式樣是：❶自然型；❷濃密型；❸稀長型；❹星光型。

（1）409. 修眉時，以夾子拔除多餘眉毛應：❶順；❷逆；❸垂直；❹傾斜45° 毛髮方向。

（2）410.化妝品有異狀時，應：❶趕快用完；❷立刻停用；❸降價出售；❹當贈品。

（4）411.會引起化妝品變質的因素是：❶空氣；❷陽光；❸黴菌；❹以上皆是。

（4）412.明亮的色彩，會給人何種感覺：❶遠而狹小；❷近而狹窄；❸近而寬大；❹遠而寬大。

（1）413.上、下眼線在眼尾處要拉長的畫法，適合何種眼睛：❶圓眼睛；❷細小眼睛；❸下垂眼睛；❹狹長眼睛。

（4）414.要表現鼻樑的高挺，鼻樑中央部位宜採用：❶灰色；❷褐色；❸膚色；❹白色。

（2）415.在色相環中，屬於暖色系的顏色有：❶青紫、青、青綠；❷紅、橙、黃；❸黑、白灰、黃綠；❹青紫、紫色等。

（2）416.無彩色就是指：❶紅、橙、黃；❷黑、白、灰；❸青紫、青、青綠；❹黃、綠、紫色　等。

（3）417.色彩組合是利用相同色相、彩度、明度的配色方法稱為：❶色彩調和；❷對比調和；❸類似調和；❹統一調和。

（1）418.可產生嬌美、溫柔感覺的色彩是：❶粉紅色；❷紅色；❸褐色；❹綠色。

（4）419.帶給臉色紅潤、美化膚色，並具修飾臉型效果的是：❶蜜粉；❷眼影；❸眼線；❹腮紅。

（1）420.正三角型臉的人，在上額部兩側應以何種色調的粉底來修飾？❶明色；❷暗色；❸基本色；❹綠色。

（3）421. 簡易的補妝法粉底宜採用：❶ 粉條；❷ 水粉餅；❸ 粉餅；❹ 粉霜。

（4）422. 為顧客裝戴假睫毛顧客眼睛宜：❶ 緊閉；❷ 往上看；❸ 平視；❹ 往下看　會較容易裝戴。

（2）423. 圓型臉的人，在兩側面應以何種色調的粉底來修飾：❶ 明色；❷ 暗色；❸ 基本色；❹ 綠色。

（4）424. 可掩蓋臉上斑點瑕疵之粉底是：❶ 粉蜜；❷ 粉霜；❸ 蜜粉；❹ 蓋斑膏。

（1）425. 菱型臉的人，在下顎處應使用何種色調的粉底來修飾？❶ 明色；❷ 暗色；❸ 基本色；❹ 綠色。

（2）426. 粉膏擦勻後，為固定化妝宜再使用：❶ 腮紅；❷ 蜜粉；❸ 粉條；❹ 粉霜按勻。

（2）427. 圓型臉的腮紅宜刷何種形狀：❶ 三角形；❷ 狹長形；❸ 水平線；❹ 圓形。

（3）428. 濃眉給人的感覺是：❶ 溫柔的；❷ 純真的；❸ 剛毅的；❹ 嫵媚的。

（3）429. 為達化妝效果化妝前宜先做：❶ 敷臉；❷ 按摩；❸ 基礎保養；❹ 去角質。

（2）430. 刷腮紅時，應順顴骨刷帶圓形的是：❶ 正三角型臉；❷ 菱型臉；❸ 圓型臉；❹ 逆三角型臉。

（1）431. 可以使眼部增添顏色、創造印象，且修飾眼型的是：❶ 眼影；❷ 眼線；❸ 眉毛；❹ 鼻影。

（2）432. 能表現理智、練達的眼影色彩是：❶ 藍色；❷ 褐色；❸ 紅色；❹ 粉紅色。

（1）433.雙眼皮的人，畫眼影時宜畫在雙眼皮：❶內側；❷外側；❸眼頭；❹眼尾處。

（2）434.適合乾性皮膚的化妝是：❶水化妝；❷油性化妝；❸濃妝；❹粉化妝。

（4）435.適合大或圓的眼睛眼線畫法是：❶眼睛中央描粗；❷眼頭包住；❸上眼尾的眼線向下畫；❹上、下眼線在眼尾處要拉長。

（1）436.化妝品的保存期限：❶視各製造之製造技術而有不同；❷由衛生署視產品別統一訂定；❸由公會統一制定；❹相同產品即有相同的保存期限。

（4）437.❶軟化劑；❷界面活性劑；❸乳化劑；❹防腐劑　亦稱抗菌劑，可避免一些微生物在產品中滋生。

（2）438.方型臉的人，在兩上額角及下顎處應以何種色調的粉底來修飾？❶明色；❷暗色；❸基本色；❹綠色。

（4）439.對於初學化妝的人，宜用：❶水化妝；❷油性化妝；❸濃妝；❹粉化妝。

（2）440.正三角型的人，在兩頰及下顎部應以何種色調的粉底來修飾：❶明色；❷暗色；❸基本色；❹綠色。

（3）441.適合春、秋季或喜愛清爽粉底者應選：❶膏狀粉底；❷油性粉底；❸霜狀粉底；❹蓋斑膏。

（1）442.倒三角型臉的人，在下顎處應使用何種色調的粉底來修飾？❶明色；❷暗色；❸基底色；❹綠色。

（4）443.表現少女的青春、活潑、眼部化妝色彩宜彩用：❶寶藍；❷咖啡；❸深紫；❹橙色。

（1）444.長型臉適合的眉型是：❶平直的眉型；❷有角度的眉型；❸下垂的眉型；❹上揚的眉型。

（1）445.選用粉底應依：❶膚色；❷唇型；❸臉部；❹鼻型　來選擇。

（3）446.夏季化妝欲表現出健美的膚色粉底可選擇：❶象牙白；❷粉紅色系；❸褐色系；❹綠色系。

（1）447.參加宴會時，粉底宜選擇：❶粉紅色系；❷褐色系；❸黃色系；❹咖啡色系　可使肌膚顯得白皙。

（4）448.哪一種化妝設計因鑑於場合與光線的因素，必須以較濃厚、鮮艷的方式來展現：❶居家妝；❷外出妝；❸上班妝；❹宴會妝。

（4）449使用含汞化妝品有害健康會造成：❶皮膚白皙；❷皮膚細嫩；❸皮膚光滑；❹皮膚中毒。

（3）450.給人年輕、可愛感覺的臉型是：❶方型臉；❷長型臉；❸圓型臉；❹菱型臉。

（1）451.膚色偏黃者，應避免選用：❶橙色系；❷玫瑰色系；❸紅色系；❹紫色系　的口紅。

（2）452.化妝品係指施於人體外部，以潤澤髮膚、刺激嗅覺、掩飾體臭或：❶增進美麗；❷修飾容貌；❸促進健康；❹保持身材　之物品。

（1）453.唇型的描畫首先是要決定出唇的哪個部位：❶唇峰；❷嘴角；❸上唇；❹下唇。

（1）454.皮膚白皙者可選用：❶粉紅色；❷深膚色；❸咖啡色；❹白色　的粉底。

（1）455.濃妝的假睫毛宜選擇：❶濃密型；❷稀長型；❸自然型；❹交叉型。

（1）456.唇型在描劃輪廓時，宜採用比所用之唇膏顏色略：❶濃色調；❷淡色調；❸亮色調；❹淺色調。

（2）457.運用髮型、服飾、化妝，再用配飾做設計稱之為：❶工業設計；❷造形設計；❸服裝設計；❹材料設計。

（2）458.塗用指甲油時：❶應來回塗抹；❷由甲根向甲尖塗抹；❸由甲尖向甲根塗抹；❹左右來回塗抹。

（2）459.擦粉底的化妝用具是：❶粉撲；❷海棉；❸化妝紙；❹化妝棉。

（3）460.為加強眼部立體感，可在眉骨抹上何種眼影？❶暗色；❷灰色；❸明亮色；❹褐色。

（4）461.美容從業人員在化妝設計前為求設計完美最好的工作原則是：❶技術者個人喜好；❷顧客個人喜好；❸模仿流行；❹與顧客互相溝通。

（2）462.畫眉之前應先使用哪種化妝用具除去附著在眉毛上的粉底？❶眉筆；❷眉刷；❸眉夾；❹眉刀。

（3）463.宴會妝的明亮冷艷表現，眼部化妝色彩宜採用：❶粉紅色；❷咖啡色；❸寶藍色；❹黃色。

（1）464.白天外出為表現出自然感化妝的眼影宜選擇：❶金黃色系；❷紅色系；❸紫色系；❹藍色系。

（3）465.粉底色調中，可使臉部看起來較削瘦的是：❶基本色；❷明色；❸暗色；❹白色。

（2）466.指甲美化應配合何處之化妝色彩：❶眼影；❷口紅；❸

眼線；❹睫毛。

（2）467.水化妝所用的粉底是：❶粉霜；❷水粉餅；❸粉條；❹
粉蜜。

（2）468.拜訪親友或長輩時化妝宜選擇：❶綠色；❷粉紅色系；
❸珍珠色；❹金色　的色彩。

（4）469.欲使圓形臉稍拉長，服裝衣領宜選用：❶圓形領；❷船
形領；❸高領荷葉邊；❹V字形領。

（2）470.塗用指甲油時，應從指甲的：❶左邊；❷中間；❸右
邊；❹無所謂　塗起。

（4）471.選擇粉底的顏色是將粉底與何部位膚色比對：❶額頭；
❷眼皮；❸手心；❹下顎。

（2）472.能給人可愛感印象的眉型是：❶眉毛較長；❷眉毛較
短；❸眉弓較高；❹兩眉較近。

（2）473.黑眼圈、眼袋，在撲粉前必須先在眼圈周圍按壓上：❶
粉紅色；❷象牙白；❸咖啡色；❹巧克力色　之粉底。

（2）474.筆狀色彩化妝品最衛生的使用方法是：❶當天消毒；❷
使用前、後消毒；❸使用前消毒；❹使用後消毒。

（3）475.鼻頭過大，鼻影修飾重點部位為：❶眉頭；❷眼窩；❸
鼻翼；❹眼頭。

（4）476.標準眼長的比例，應是臉寬的幾分之幾：❶1/3；❷1/2；
❸1/4；❹1/5。

（3）477.化妝要表現華麗感時，唇膏可採用：❶褐色系；❷橘色
系；❸玫瑰色系；❹粉紅色系。

（2）478.正三角型臉的上唇線應描：❶低些；❷高些；❸平些；

❹尖些。

（4）479.欲表現剛強個性眉型設計最好採用：❶標準眉；❷直線眉；❸箭形眉；❹角度眉。

（4）480.正三角形臉其唇形適宜設計的是：❶以薄為原則；❷唇峰宜採尖形；❸下唇較厚；❹上唇稍描高。

（2）481.化妝色彩中，最能表現華麗或樸素的主要因素是色彩的：❶明度；❷彩度；❸色相；❹色溫。

（3）482.日光燈下的化妝，應選擇何種色系為宜？❶咖啡色；❷金黃色；❸粉紅色；❹灰色。

（1）483.為表現理智而具有個性的造型，眉毛宜畫成：❶角度眉；❷弓型眉；❸平凡眉；❹下垂眉。

（1）484.表現青春、活潑的設計，色彩宜採用：❶明朗、自然柔和的色彩；❷較暗淡的色彩；❸較濃艷的色彩；❹華麗的色彩。

（4）485.穿著黃色或黃綠色的服裝，為使色彩一致，口紅宜選用：❶桃紅色；❷粉紅色；❸玫瑰色；❹橘色。

（3）486.需裝假睫毛的化妝，眼線液應在何時描畫為宜：❶裝戴前；❷裝戴後；❸裝戴前、後都要；❹不要描畫。

（4）487.服裝宜採船型領的臉型是：❶方型臉；❷圓型臉；❸三角型臉；❹長形臉。

（1）488.薄唇者欲表現熱情的造型，可將唇型描繪得：❶厚些；❷薄些；❸上唇厚、下唇薄；❹下唇厚、上唇薄。

（2）489.取下假睫毛時應從下列何處小心的取下：❶眼頭；❷眼尾；❸眼中；❹均可。

（3）490.為使裝戴的假睫毛看起來較自然，其假睫毛修剪的寬幅
最好是眼睛長度的：❶1/3；❷1/2；❸稍短；❹一樣長
為宜。

（2）491.方型臉在上額角、下顎角及兩頰處加以修飾，使輪廓柔
和可採用：❶明色粉底；❷暗色粉底；❸膚色粉底；❹
綠色粉底。

（2）492.宴會妝適合的假睫毛式樣是：❶自然型；❷濃密型；❸
稀長型；❹星光型。

（1）493.用來擦油性粉底能使化妝勻稱的化妝用具是：❶海棉；
❷化妝棉；❸修容刷；❹眼影刷。

（1）494.取用蜜粉時，下列何者不宜？❶直接以粉撲沾取；❷倒
在盒蓋後沾取；❸倒在紙上後沾取；❹倒在手心後沾
取。

（3）495.在色相環中，以何種顏色最明亮；❶紅；❷綠；❸黃；
❹藍。

（2）496.橫向的腮紅可使臉型看來較為：❶長；❷短；❸窄；❹
瘦。

（3）497.方型臉在服飾方面應選擇：❶大的領囗；❷窄的領囗；
❸U型領；❹高型領。

（4）498.淡妝粉底的顏色宜選擇：❶象牙白；❷深棕色；❸比膚
色紅一點；❹與膚色相同。

（3）499.能使眼睛的輪廓更加清晰、迷人的是：❶眼影；❷睫毛
膏；❸眼線；❹眉型。

（2）500.圓型臉的眉型應畫成：❶直線眉；❷有角度眉；❸短

眉；❹下垂眉　為宜。

（3）501.長型臉在畫眉時眉峰應：❶畫高；❷畫低；❸以平直為準；❹畫圓型。

（1）502.能表現出年輕、活潑的眉型為：❶短而平穩的眉型；❷有角度眉；❸細而彎的眉型；❹下垂眉。

（1）503.圓型臉人在上額及下巴處應以何種色調的粉底來修飾：❶明色；❷暗色；❸基底色；❹綠色。

（2）504.無彩色除了白與黑之外，還包括了：❶綠；❷灰；❸黃；❹紅。

（2）505.為防止眼影暈開，可在擦眼影之前先在眼睛周圍按擦：❶修容餅；❷蜜粉；❸粉膏；❹蓋斑膏。

（1）506.要使唇型輪廓更明顯且做唇型修飾時，最適宜的化妝品是：❶唇線筆；❷唇膏；❸油質唇膏；❹眼線筆。

（2）507.一般妝通常可以不使用：❶粉底面霜；❷假睫毛；❸眼影；❹眼線　。

（4）508.除了牙齒外：❶肌肉；❷血液；❸神經；❹骨骼　是人體最硬的結構，人體中共有206塊骨頭。

（4）509.頭骨分成兩部分，即8塊顱骨及：❶10；❷9；❸8；❹14塊顏面骨，與頭皮及臉皮的運動有關。

（3）510.肌肉具有收縮性的纖維組織，但與美容師有關的肌肉有頭部、臉部、手臂及手部的：❶神經；❷骨骼；❸隨意肌；❹不隨意肌。

（2）511.美容師按摩時施壓的方向通常是由：❶起始端向終止端；❷終止端向起始端；❸任何方向皆可；❹由下往上

用力。

（3）512.❶分泌；❷呼吸；❸神經；❹消化　系統是負責身體各
　　　　部組織、器官和系統的協調並行使整體的工作。

（3）513.❶分泌；❷呼吸；❸神經；❹消化　系統可分中樞神
　　　　經、末梢神經、自主神經系統。

（1）514.❶腦；❷肌肉；❸皮下組織；❹骨骼　是人體中最大的
　　　　神經組織體。

（3）515.腦神經有：❶10；❷11；❸12；❹13　對而與臉部護理
　　　　最有關係的是第5對三叉神經、第7對顏面神經及第11對
　　　　副神經。

（1）516.血管可分為三大類即動脈、靜脈：❶微血管；❷淋巴
　　　　管；❸真皮；❹脂肪。

（4）517.❶消化；❷神經；❸分泌；❹淋巴系統　可說是人體組
　　　　織的廢物處理與排水系統。

（1）518.皮膚的厚度以手掌及腳掌最厚，而❶眼瞼；❷兩頰；❸
　　　　下巴；❹脖子　為最薄。

（4）519.皮膚的構造由表皮❶微血管；❷脂肪；❸皮脂腺；❹真
　　　　皮　及皮下組織以及附屬器官所構成。

（1）520.❶表皮：❷真皮：❸皮下組織：❹皮脂　中的角質層是
　　　　由已經完全角質化的死細胞所構成。

（1）521.角質層的細胞是一種：❶無核；❷有核；❸含苞待放；
　　　　❹半脫落　的死細胞。

（1）522.透明層只存在於手掌與：❶腳底；❷腳盤；❸手臂；❹
　　　　膝蓋。

（2）523. 基底層內含基底細胞和黑色素細胞，其比大約為：❶1：10；❷10：1；❸10：2；❹2：10。

（2）524. ❶表皮；❷真皮；❸皮下組織；❹皮脂腺　細胞含有微血管可供皮膚營養。

（3）525. 當顧客使用化妝品後產生嚴重症狀時：❶應請顧客用清水洗淨即可；❷用儀器治療；❸請醫師治療；❹以化妝水輕拍皮膚。

（4）526. ❶顆粒層；❷角質層；❸網狀層；❹有棘層　與基底層合稱為馬氏層，亦稱生發層。

（3）527. 從地板上拾起東西時，應該使用：❶背部；❷小腿；❸大腿；❹手臂　部位的肌肉。

（4）528. 纖維母細胞產生的纖維為：❶表皮；❷皮下組織；❸皮脂腺；❹真皮　的最大部分，成份包括：膠原纖維、網狀纖維。

（3）529. 日光中含有紫外線能使細菌的：❶RNA；❷DHA；❸DNA；❹RHA　產生變化，而喪失繁殖能力以達到消毒殺菌的目的。

（1）530. ❶愛滋病；❷糖尿病；❸高血壓；❹頭痛　經感染後就沒完沒了，因無藥可完全去除細胞外病毒粒子及細胞內原病毒。

（2）531. 發現愛滋病含HIV感染患者，依台灣地區性病防治通報系統應依：❶非法；❷法定；❸間接；❹接觸　傳染病的系統報告。

（2）532. 以95%藥用酒精，稀釋為75%酒精總重量為100C.C.時，

則原液與蒸餾水所需的量各為：❶75C.C.、25C.C.；❷79C.C.、21C.C.；❸76C.C.、24C.C.；❹65C.C.、35C.C.。

（2）533.❶含藥化妝品；❷一般化妝品；❸健康食品；❹食療品 是施於人體外部以潤澤髮膚、刺激嗅覺、掩飾體臭或修飾之物品。

（1）534.由退伍軍人所造成的疾病是：❶肺炎；❷肝炎；❸ AIDS；❹梅毒。

（1）535.以10%漂白水欲稀釋為500C.C.時，則原液與蒸餾水所需的量各為：❶1C.C.、499C.C.；❷5C.C.、495C.C.；❸4C.C.、496C.C.；❹3C.C.、497C.C.。

（2）536.以10%苯基氯卡銨溶液欲稀釋為200C.C.時，則原液與蒸餾水所需的量各為：❶8C.C.、192C.C.；❷10C.C.、190C.C.；❸15C.C.、185C.C.；❹5C.C.、195C.C.。

（2）537.不論化學消毒法或物理消毒法在進行消毒前，皆：❶不需；❷需要；❸隨便；❹由自己決定　將所欲消毒之物品先行清洗乾淨。

（2）538.進行藥劑調配時，要取出所需藥劑時，其瓶蓋必須：❶朝下；❷朝上；❸隨便；❹沒有規定。

（2）539.進行藥劑調配時，萬一多倒出的藥劑：❶可再倒回；❷不可倒回；❸視情況而定；❹隨便　藥劑內，每樣藥劑取完後，必須立即加蓋。

（1）540.進行藥劑調配時，不論所調配的量為多少？在選擇量筒時應：❶取適用的量筒來使用；❷可任意取用量筒，沒

有一定的規定；❸隨美容師高興；❹視情況而定來選擇
個人習慣用的量筒來使用。

（2）541.盤尼西林是一種：❶維他命；❷抗生素；❸健康食品；
❹保養品。

（3）542.細胞的休止期稱為：❶胞子期；❷細胞；❸細菌；❹角
質層。

（2）543.能阻礙或消除細菌的物質是：❶維生素；❷抗生素；❸
保養品；❹健康食品。

（1）544.甲醛蒸氣使用在：❶消毒櫃；❷電冰箱；❸蒸氣；❹烤
箱　時，效果最佳。

（1,3）545.電極器可用：❶酒精；❷氯液；❸煤餾油；❹漂白水
來消毒。

（4）546.美容中心裡所使用的化學消毒液：❶可任意放置；❷不
可任意放置；❸祇要有地方即可；❹必須存放在固定的
位置。

（1）547.細菌較平常的名稱是：❶微生物；❷動物；❸細胞；❹
孢子。

（1）548.大部分細菌的本質是：❶植物性；❷動物性；❸維生
素；❹病理性　，且無害的。

（2）549.病理性的細菌是：❶無害的；❷有害的；❸有時有害、
有時無害；❹視情況而定。

（1）550.桿菌的形狀是：❶桿狀的；❷線條狀；❸圓形；❹三角
形狀。

（2）551.愈潮濕、骯髒的環境，細菌成長得：❶愈不好；❷愈

好；❸完全不長；❹有時長、有時不長。

（3）552.細菌到達生長極限時，會：❶死亡；❷不長；❸繁殖；
　　　　❹長一點點。

（2）553.引起疥癬的細菌是：❶植物性；❷動物性；❸家禽類；
　　　　❹鳥類。

（4）554.細菌繁殖是分裂成：❶一倍；❷二倍；❸三倍；❹一
　　　　半。

（4）555.要仰賴活細胞生物生長的病理性細菌又稱：❶微生物；
　　　　❷動物；❸植物；❹寄生物。

（1）556.微笑和溫馨的言語是表示：❶親切；❷笑裡藏刀；❸虛
　　　　偽；❹厭惡。

（4）557.舉起重物時，應該儘量使用：❶大腿；❷小腿；❸手
　　　　臂；❹背部　部位的肌肉。

（2）558.生氣和憤怒的情緒會使心臟活動：❶停止；❷增加；❸
　　　　暫時休息；❹停停走走。

（2）559.定期牙齒護理：❶無法；❷可；❸或許會；❹不一定
　　　　保持健康的牙齒。

（1）560.健康的飲食習慣是：❶定時定量；❷暴飲暴食；❸不
　　　　吃；❹視情況而定。

（2）561.工作過度且缺乏休息：❶不會；❷會；❸不一定會；❹
　　　　可能會　消耗身體的活力。

（3）562.美容中心：❶不需要；❷不一定要；❸需要；❹視情況
　　　　而定　用長袍來保護女性顧客。

（1）563.眼墊應該：❶足夠大到；❷一點點；❸不需要；❹視情

況而定　可以蓋住整個眼部。

（3）564.按摩會增進皮膚溫度是因為血液供給及循環：❶減弱；
❷不差；❸增加；❹發燒　的關係。

（1）565.進行按摩時，最重要的是讓顧客完全：❶放鬆；❷緊
張；❸昏倒❹休克。

（4）566.美容師應該維持：❶喜歡；❷任意；❸彎曲；❹正確姿
勢　以減少疲勞。

（2）567.臉部有擦傷的情形：❶可以；❷不可以；❸視情況而
定；❹不一定　進行按摩動作。

（2）568.撫摸是用手指和手掌進行持續且：❶快速；❷緩慢；❸
拍打；❹掐　的按摩動作，也稱撫摸按摩。

（1）569.進行臉部按摩時，手部動作最重要的是保持：❶規律；
❷快速；❸喜歡就好；❹交響樂　的節奏。

（4）570.紫外線消毒箱照明強度至少要達到每平方公分85微米瓦
特的有效光量，照射時間要：❶5；❷10；❸15；❹20
分鐘以上。

（4）571.先將器材清洗乾淨再完全浸泡於含0.1～0.5%陽性肥皂液
內，消毒時間：❶5；❷10；❸15；❹20　分鐘以上，再
予以清水清洗、瀝乾或烘乾後，置於乾淨櫥櫃。

（1）572.消毒前先清洗乾淨，塑膠類完全浸泡於75%酒精內，時
間：❶10；❷15；❸20；❹25　分鐘以上，金屬類則選
用擦拭數次的方法，經瀝乾後置於乾淨的櫥櫃。

（3）573.面膜中所用的一種有溫和防腐及收斂性質的成份是：❶
鎂；❷鈣；❸氧化鋅；❹硫。

（2）574.面膜中能夠溶解死的表面細胞的成份是：❶杏仁油；❷硫；❸鎂；❹鈣。

（1）575.加入基本面膜成份內的非乾燥性物質，有溫和刺激效果的是：❶杏仁油；❷鎂；❸款冬；❹蜂蜜。

（1）576.面膜成份有調理、緊繃及乳化效果的是：❶蜂蜜；❷水解苯琨；❸鎂；❹玻尿酸。

（4）577.款冬及薄荷茶的使用，對下列何種皮膚特別有益？❶過度乾燥皮膚；❷老化皮膚；❸面皰皮膚；❹微血管破裂的皮膚。

（2）578.暫時性除毛可用：❶電針；❷蠟；❸刀片；❹剪刀　除毛。

（4）579.化學除毛劑通常都必須停留在皮膚大約：❶30～40；❷20～30；❸15；❹5～10分鐘。

（4）580.用電鑷除毛法時，一分鐘大約拔除：❶5～10；❷5；❸4；❹1～2　根。

（1）581.使用刮除法除毛，體毛仍然又會：❶快速；❷不會；❸長一點點；❹永不會　長出。

（3）582.面皰治療中常用的殺菌劑是：❶甘菊；❷對苯二酚；❸水陽酸；❹黏土醣體。

（3）583.具有安撫並緩和皮膚作用的是：❶殺菌劑；❷水陽酸；❸甘菊；❹P.C.A.覆合劑。

（4）584.親水性保養品的水或酒精成份含量較高，使用的感覺較清爽，因此適用於：❶乾性肌膚；❷老化肌膚；❸嬰兒肌膚；❹油性肌膚。

（2）585.親油性保養品的油脂成份含量較高，使用的感覺較油膩，因此適合於：❶油性皮膚；❷乾性皮膚；❸面皰皮膚；❹一般皮膚。

（4）586.缺乏維生素：❶D；❷E；❸C；❹A　時，皮膚會產生乾燥、角化異常，令皮膚產生皮屑及粗糙。

（4）587.缺乏維生素：❶D；❷E；❸C；❹A　時，皮膚即會失去濕潤性。

（2）588.缺乏維生素：❶D；❷E；❸C；❹A　時，易造成細胞破裂及影響生殖腺運作。

（1）589.缺乏維生素：❶F；❷E；❸C；❹A　時，皮膚會乾燥裂痕、皺紋、毛髮易變脆。

（3）590.❶表皮；❷真皮；❸皮下組織；❹顆粒層　的皮下脂肪厚度因人而異，通常女性較男性為厚。

（4）591.表皮的角化過程，由新生至剝落大約是：❶4天；❷10天；❸20天；❹28天。

（3）592.❶角質層；❷表皮；❸皮膚；❹真皮　是人體最外層器官與我們的情緒及身體健康皆極為重要。

（2）593.含藥化妝品其含量若超過該基準範圍者，則以：❶一般化妝品；❷藥品；❸健康食品；❹保養品化妝品　管理之。

（3）594.❶皮下組織；❷表皮；❸真皮；❹皮脂腺　的微血管藉著擴張和收縮的動作，調節血液的流量，讓人體保持一定的體溫。

（1）595.修剪指甲時應由：❶側邊；❷正面；❸隨便；❹高興就

好　先修。

（2）596.為保護指甲可在指甲上一層：❶紅色；❷護甲油；❸褐色；❹粉紅色。

（1）597.化妝品的皮膚試驗是先以少量化妝品塗於手肘內側或耳後待：❶24～48小時；❷一星期；❸30分鐘；❹60分鐘後，沒有任何不良反應，表示可以完全使用。

（1）598.粉撲使用後，不可直接蓋在粉餅上，如此才能對粉餅品質有：❶保護作用；❷無影響；❸破壞；❹使粉餅更新鮮。

（3）599.色彩鮮艷的程度，色彩愈鮮艷彩度：❶愈低；❷平平；❸愈高；❹愈暗。

（2）600.用木質銼刀時，呈：❶90度；❷45度；❸30度；❹15度由兩側往中間修，但以單向修手，修完後再以銼刀上下磨下。

（4）601.下列述說何者為誤？❶組織是由成群相同種類的細胞所組成；❷凝血除了必須靠血小板外，亦須有維生素K的輔助；❸能接受刺激並傳遞消息至身體各部門的是神經組織；❹細胞→器官→組織→系統→人體。

（2）602.下列述說何者為誤？❶核仁是由蛋白質與核醣核酸所組成；❷對於冷、熱、觸摸、壓力、疼痛有反應的是運動神經；❸可使頭部做轉向及向前的是胸鎖乳突肌；❹位於眼睛周圍可使眼睛閉上的是眼輪匝肌。

（1）603.下列述說何者為正確？❶隨意肌是指臉部、手臂及腳部的肌肉；❷人體中共有202塊骨頭；❸組織是由上皮組

織、肌肉組織、神經組織及結締組織所集合而成；
❹DNA又稱核醣核酸。

（1）604.下列述說何者為正確？❶可使唇閉口張口的是口輪匝
肌；❷平滑肌是屬於隨意肌❸上臂最大的骨頭是肩骨；
❹每個手指都有3塊指骨。

（2）605.下列述說何者為正確？❶人體的肺是先吸收二氧化碳然
後再排出氧；❷汗腺分泌是受神經控制；❸血管可分為
白血管、紅血管及微血管等三種；❹腦、心臟、肺是屬
於系統 。

（3）606.下列述說何者為誤？❶器官中的腎可以排出水份與廢
物；❷皮膚是一種組織也是一種器官；❸汗腺之所以能
排出汗是受毛囊的控制；❹臉部骨骼中最小的骨為淚
骨。

（1）607.下列述說何者為誤？❶健康細緻的皮膚即表示真皮中角
質層含有10-20的含水量；❷透明層位於表皮的第二層；
❸產品中若含有保濕因子成份即代表具有保濕的效果；
❹網狀層位於真皮層。

（2）608.當電氣發生火災時為避免電氣報廢最好選用❶泡沫滅火
器；❷二氧化碳滅火器；❸乾粉滅火器；❹含氧滅火
器。

（3）609.下列何種滅火器在使用前必須先倒過來才能使用？❶乾
粉滅火器；❷二氧化碳滅火器；❸泡沫滅火器；❹含氧
滅火器。

（4）610.下列何種滅火器由於具有毒性所以已經打算不再生產？

❶乾粉滅火器；❷二氧化碳滅火器；❸泡沫滅火器；❹海龍滅火器。

（4）611.原裝進口的化妝品若自行分裝銷售可被處以新台幣❶三萬元；❷九萬元；❸壹拾貳萬元；❹壹拾伍萬元。

（3）612.下列何者類型的器材適用紫外線消毒法但卻不適用氯液消毒法？❶毛巾類；❷化妝品用刷類；❸金屬類；❹塑膠類。

（3）613.當塑膠類挖棒選用煤餾油酚消毒法來進行時，其消毒的條件與程序下列何者最正確？❶先清洗乾淨、完全浸泡在含6%煤餾油酚肥皂液內消毒時間為5分鐘以上、再次用清水洗淨、然後瀝乾或烘乾並放置乾淨櫥櫃；❷先清洗乾淨、完全浸泡在含3%煤餾油酚肥皂液內消毒時間為10分鐘以上、再次用清水洗淨、然後瀝乾或烘乾並放置乾淨櫥櫃；❸先清洗乾淨、完全浸泡在含6%煤餾油酚肥皂液內消毒時間為10分鐘以上、再次用清水洗淨、然後瀝乾或烘乾並放置乾淨櫥櫃；❹先清洗乾淨、完全浸泡在含6%煤餾油酚肥皂液內消毒時間為20分鐘以上、再次用清水洗淨，然後瀝乾或烘乾並放置乾淨櫥櫃。

（4）614.當金屬挖棒選用煮沸消毒法來進行時，其進行消毒的條件與程序下列何者最正確？❶先清洗乾淨、水量一次給足但不須完全浸泡、在水溫100℃煮沸時間連續達5分鐘以上、再次用清水洗淨、然後瀝乾或烘乾並放置乾淨櫥櫃；❷先清洗乾淨、水量分次給足須完全浸泡、在水溫100℃煮沸時間連續達5分鐘以上、再次用清水洗淨、然

319

後瀝乾或烘乾並放置乾淨櫥櫃；❸ 先清洗乾淨、水量一次給足須完全浸泡、在水溫80℃煮沸時間連續達5分鐘以上、再次用清水洗淨、然後瀝乾或烘乾並放置乾淨櫥櫃；❹ 先清洗乾淨、水量一次給足須完全浸泡、在水溫100℃煮沸時間連續達5分鐘以上、再次用清水洗淨、然後瀝乾或烘乾並放置乾淨櫥櫃。

（4）615.下列何者類型的器材適用陽性肥皂液消毒法，但卻不適用任何一種的物理消毒法？❶ 毛巾；❷ 金屬剪刀；❸ 金屬挖棒；❹ 塑膠挖棒。

（3）616.下列哪一種果酸其所含的酸性最強？❶ 檸檬酸；❷ 酒石酸；❸ 乳酸；❹ 柑桔酸。

（1）617.其實皮膚使用含果酸成份的產品最明顯的效用就是❶ 能阻止角質層的內聚力；❷ 容易使角質增生；❸ 可達到局部減肥的效果；❹ 可避免小腿產生靜脈曲張。

（2）618.下列何種不屬於海藻中具有的成份？❶ 維生素B1、B2；❷ 維生素E；❸ 碘；❹ 鈣。

（3）619.下列哪一種產品成份最不適合油性面皰肌膚所選用？❶ 金縷梅；❷ 水揚酸；❸ 蛋黃素；❹ 維生素C。

（2）620.下列述說何者為誤？❶ 蘋果酸是由蘋果提煉；❷ 檸檬酸是由檸檬提煉；❸ 檸檬酸是由柑桔提煉；❹ 酒石酸是由葡萄提煉。

（4）621.下列哪一種器材皆不適用任何一種物理消毒法？❶ 金屬挖棒；❷ 毛巾；❸ 金屬髮夾；❹ 塑膠髮夾。

（3）622.為避免化妝品因取用的方法不正確致使產品受到污染，

下列何者的取用法不正確？❶使用化妝水時，可直接將化妝水倒在化妝棉上再擦拭於臉部皮膚；❷取用霜狀面霜時必須先用挖棒取出；❸擦拭粉底時，為求快速應直接將粉條塗抹於臉部皮膚；❹皮膚擦拭粉餅後，因將接觸皮膚面的粉撲朝上存放才可避免粉餅直接受到污染而變質。

（2）623.下列述說何者是不正確的？❶為避免化妝品變質，在不用時應存放在陰涼處且太陽無法直接照射的地方；❷美容從業人員只要向合法的化妝品公司進貨，然後再自行分裝銷售給顧客就不會觸犯衛生管理條例；❸藥性化妝品的標示內容除了與一般化妝品相同外，亦必須標示注意事項；❹所謂的基礎保養係指：皮膚擦拭化妝水及乳液。

（2）624.下列述說何者正確？❶未經核准輸入的化妝品含有醫療或有劇毒藥品者，則依違反衛生管理條例處一年以下有期徒刑或新台幣壹拾萬元的罰金，其妨害衛生之物品沒入銷燬；❷未經核准輸入化妝品色素者，則依違反衛生管理條例處一年以下有期徒刑或新台幣壹拾伍萬元的罰金，其妨害衛生之物品沒入銷燬；❸製造化妝品含有醫療或劇毒藥品者，應聘請藥師駐廠監督調配製造，否則依違反衛生管理條例處一年以下有期徒刑或新台幣壹拾萬元的罰金，其妨害衛生之物品沒入銷燬；❹無故拒絕抽查或檢查之工廠，則依違反衛生管理條例處新台幣壹拾伍萬元的罰金。

（1）625.下列述說何者不正確？❶化妝品不得於報紙、刊物、傳
單、廣播、幻燈片、電影、電視及其它傳播工具登載或
宣傳有傷風俗或虛偽誇大之廣告，如違反者，則依違反
衛生管理條例處新台幣柒萬元的罰金；❷無故拒絕抽查
或檢查之工廠，則依違反衛生管理條例處新台幣柒萬元
的罰金；❸來路不明的化妝品或化妝品色素，不得販
賣、供應或意圖販賣供應及陳列，如違反者，則依違反
衛生管理條例處新台幣壹拾萬元的罰金；❹化妝品的種
類基本上可劃分為一般化妝品及含藥化妝品。

（3）626.下列哪個部位的肌肉紋理不是屬於縱向的？❶額肌；❷
鼻根肌；❸頰肌；❹闊頸肌。

（2）627.當從業人員在為顧客進行臉部按摩時，應以下列何部位
做為結束最為適宜？❶頸部；❷耳部；❸額部；❹眼
部。

（3）628.進行臉部按摩所需要的時間是依據❶顧客的要求；❷從
業人員時間上的許可；❸顧客皮膚性質；❹現場有多少
顧客　來決定。

（1）629.當從業人員正為顧客進行蒸臉的同時，突然發現蒸器開
始有滴水的情形應立即：❶先移開蒸臉器噴頭再關掉電
源開關；❷先關掉臭氧燈再關掉電源開關；❸直接關掉
電源；❹先關掉電源開關再拔掉插頭　，以免燙傷顧客
的臉部。

（4）630.不論是任何一種機型的蒸臉器都絕對不會有❶插頭；❷
臭氧燈；❸電源開關；❹紅外線　存在。

（1）631.有關敷面的操作方法，下列何者述說是不正確的？❶ 從業人員可依據顧客的皮膚性質自行調配出適合使用的敷面霜；❷ 要取用霜狀包裝的敷面霜，最正確的方法就是用挖棒取出；❸ 塗抹頸部敷面的方法是由鎖骨處塗向下顎部；❹ 塗抹臉部敷面霜時，所謂的留白部位是指眼睛周圍及唇部的地方。

（1）632.進行臉部護膚療程中的哪一個步驟後，務必要用濕的海綿清洗乾淨否則易使皮膚產生不適的反應：❶ 去角質霜；❷蒸臉器；❸隔離霜；❹乳液霜。

（4）633.下列何者不屬於從業人員為顧客進行皮膚保養前的準備項目之一？❶大、小毛巾；❷產品；❸諮詢；❹收取費用。

（4）634.進行臉部皮膚按摩時，下列哪一個部位的操作法是不正確的？❶眼部皮膚的按摩法是用雙手中指、無名指的指腹，繞著眼睛周圍操作；❷ 額部皮膚的按摩法是用雙手中指、無名指的指腹，從額頭中間同時向兩側以繞小圓圈的方式至太陽穴再輕按；❸ 鼻部的按摩法是用雙手中指、無名指的指腹，輪流由鼻根滑至鼻頭或者在鼻頭、鼻翼處輕繞小圓圈；❹ 頸部皮膚的按摩法是用雙手手掌在頸部左右來回的按摩。

（1）635.以專業護膚的過程來說，蒸氣消毒箱內的白色毛巾是用來擦拭下列哪一種產品？❶敷面霜；❷按摩霜；❸去角質霜；❹清潔霜。

（3）636.為避免引起火災的發生是每個❶ 大人；❷ 小孩；❸ 國民；❹媽媽　的責任。

（4）637.下列何者不包括在發生火災時的三項措失內？❶滅火；
❷報警；❸逃生；❹昏倒。

（3）638.當火災發生時，屋內的人若無法立即逃出且必須在室內
待救，此時何者行為是不妥當的？❶打119電話；❷用沾
濕的毛巾塞住門縫及通風口，以防止煙流進來；❸趕緊
躲在棉被內；❹站在窗口或陽台，並用明顯顏色的衣物
或手帕不停的揮動。

（1）639.在家烹煮食物時，若遇油鍋起火但又無滅火器時應用何
種方法滅火？❶用鍋蓋蓋上；❷用沙拉油；❸用味素；
❹用醬油。

（4）640.以濃煙密部的火災現場來說，在離地面：❶100公分；
❷70公分；❸50公分；❹30公分　以下的地方還是有空
氣存在，所以逃生者在此時應儘量採取低姿勢爬行。

（4）641.每個營利事業單位應具備幾支滅火器？❶2支；❷3支；
❸4支；❹視營利事業單位坪數的大小決定。

（3）642.下列何者物品不適合存放在預防地震來臨時所準備的急
救袋內？❶可飲用的水；❷乾糧；❸麻將；❹簡易急救
必需品。

（1）643.滅火器進行滅火時，為使火源快速撲滅其噴嘴應朝向：
❶火燄的底部；❷火燄的中間；❸火燄的最上方；❹可
任由自己決定。

（1）644.發生電器火災時不適用下列何者成份的滅火器來撲滅火
源？❶含氧滅火器；❷四氯化碳滅火器；❸乾粉滅火
器；❹二氧化碳滅火器。

（3）645.倘若將電燈裝設在天花板裡面，那麼當溫度達到：❶100
℃；❷200℃；❸300℃；❹400℃　時即會引起燃燒。

（2）646.下列何者不屬於一家美容沙龍的固定開支與非固定開支
的項目內？❶從業人員的薪資；❷從業人員的髮飾配
件；❸電話費；❹裝潢費。

（4）647.下列何者不適合記錄在顧客資料卡內？❶顧客的姓名、
年齡；❷顧客的職業、住址；❸顧客的皮膚性質、狀
況；❹顧客的隱私。

（4）648.一個美容沙龍由於經營者有周詳的計畫及管理者的徹底
執行，下列何者的情形是有可能會產生的：❶經營不
善；❷貨源短缺；❸店中無顧客；❹生意興隆。

（1）649.由於美容沙龍所用的化妝品來源大都是向合法的化妝品
公司進貨，因此大部分的化妝品公司會在：❶每月月
底；❷每三個月的月底；❸每半年的月底；❹每一年的
年底　先寄對帳單給美容沙龍之經營者，如無誤時即可
進行收款。

（3）650.以大部分的化妝品代理廠商來說，為協助所簽約的美容
沙龍客戶辦理週年慶活動並由化妝品公司贊助人員、特
價產品或贈品是：❶每月一次；❷每三個月一次；❸每
年一次；❹視客戶的需要無限制。

（1）651.一個美容沙龍服務的品質與口碑好或不好，下列何者與
其最有直接的關係？❶顧客的口碑；❷電視宣傳；❸電
臺廣告；❹DM廣告。

（4）652.當美容沙龍在舉辦節日活動或週年慶時，應以：❶杯

組；❷耳環；❸家電；❹保養產品　做為回饋的贈品，
待顧客所得的贈品用完後才可能有回籠購買相同物品的
機會。

（3）653.美容沙龍的經營者若要快速地在營業場所附近建立良好
的知名度與口碑，下列何者方法是正確的？❶經常串門
子；❷談顧客的隱私給他人聽；❸經常在社區內辦理定
期的美容講座；❹不與左右鄰居打招呼。

（1）654.當從業人員接到陌生顧客來電諮詢時，下列哪一種的行
為是不對的？❶告知顧客必須來店內，否則拒絕回答任
何問題；❷先詳細聆聽顧客的需要並耐心回答每一個問
題；❸先自我介紹再請教對方姓名；❹告知顧客不同的
皮膚性質、狀況，其所使用的產品亦不相同，所以建議
顧客若能親自至店內才能為自己選出最適合的產品。

（1）655.經營成功的美容沙龍其經營者大都有一個共同點，那就
是除了有專業護理的手技外，亦擁有個人獨特的：❶經
營手法；❷外貌；❸個型；❹習慣。

（4）656.進行臉型修飾時，暗色粉底應塗抹於：❶臉部較凹陷部
位；❷鼻子中央處；❸唇部周圍；❹臉部凸出部位　，
而明色粉底則適合塗抹於臉部較凹陷部位。

（1）657.若用明色粉底來修飾菱形臉時其塗抹的位置應位於：❶
上顎部及下顎部；❷下巴處；❸雙頰處；❹顴骨處。

（3）658.在進行一般外出妝時其粉底可選用較清爽的粉霜，但在
進行大舞台妝時其粉底就應選用❶蜜粉；❷粉餅；❸粉
條；❹兩用粉餅　會比較適合。

乙級學科歷屆試題

85年度乙級學科試題

是非題

（×）1.羊毛脂的親水性比甘油佳，且易被皮膚滲透吸收，因此廣泛被使用。　　　　　　　　　〔甘油親水性較佳〕

（○）2.乾性皮膚可利用按摩的方式來促進皮脂分泌及血液循環，即可防止皮膚乾燥。

（×）3.一位美容從業人員為充份利用時間，因此；可同時為兩位顧客服務。　　　　　〔不可同時為兩個顧客服務〕

（○）4.為表現臉部的立體感，兩眉的距離要近。

（○）5.弓型眉可使瘦臉顯得較豐滿。

（○）6.臉部有瑕疵時，在水銀燈下比較看不出來。

（○）7.使用氯液消毒法時，會令病原體死亡但不會使蛋白質凝固。

（×）8.中暑時最好的處理方式是：用乾毛巾包裹身體，並用電風扇吹向患者直到體溫降至38℃。　　　　〔濕毛巾〕

（×）9.在營業場所內發現法定傳染病時，應在48小時內通報衛生主管機關。　　　　　　　　　〔24小時內〕

（○）10.要稀釋陽性肥皂液總重量230C.C.時，其原液與蒸餾水的量各為11C.C.、219C.C.。

（○）11. 陽光中紫外線會對皮膚造成傷害甚至破壞皮膚的組織是 UVC 波長為280~320mm。

（×）12. 為使臉部呈現立體效果，照相時燈光的光源最好從頭頂照下來。　　　〔燈光從側面照才能呈現立體感〕

（○）13. 色彩若加入白色時，則會令彩度降低、明度增高。

（×）14. 美容從業人員若自行自製化妝品銷售給顧客時，依化妝品管理條例處一年以下有期徒刑、拘役、或科或併科新台幣10萬元以下罰鍰。　　　〔15萬元〕

（○）15. 防晒產品所標示的系數，即代表對陽光紫外線防禦的倍數。

（×）16. 高大的人在服裝穿著上更應該選擇高明度高彩度。

　　　　　　　　　　　　　　　　　　　〔低明度低彩度〕

（×）17. 為預防法令紋的產生，應加強頰肌部位的按摩。

　　　　　　　　　　　　　　　　　　　　　〔口部三角肌〕

（○）18. 蒸臉器正確使用的程序為：查看水量→插上插頭→打開電源開關→待蒸氣已出，打開臭氧燈→調整噴頭方向與距離由下巴往上吹，鼻尖至噴頭距離約40公分。

（×）19. 長座瘡的正確順序為：皮脂分泌旺盛→閉鎖性粉刺→毛囊性丘疹→毛孔角化→發炎性膿皰。

　　〔皮脂分泌旺盛→毛孔角化→閉鎖性粉刺→毛囊性丘疹→發炎性膿皰〕

（×）20. 果酸目前不被證實的效果是換膚。　　　〔皺紋〕

（×）21. 所謂退伍軍人症候群的傳染途徑為接觸傳染。

　　　　　　　　　　　　　　　　　　　　〔冷氣空調〕

（○）22.下列所指皆為導體，如：人體、濕毛巾、金屬類。

（○）23.脊柱中腰椎骨擁有最大椎體而椎孔最小。

（×）24.修飾短鼻型時，只需在鼻樑中間擦拭淺色即可。

〔從眉頭至鼻翼處擦拭深色粉底即可，

鼻樑中可不需塗抹淺色粉底〕

（×）25.含50％原液濃度的煤餾油酚，欲稀釋0.5公升的總重量
時，原液量與蒸餾水量各為60C.C.、440C.C.。

〔原液量為30C.C.，蒸餾水量為470C.C.〕

（×）26.表皮細胞沒有神經但是有血管。〔沒有血管但是有神經〕

（○）27.蠟脫毛的正確使用方式是：順毛塗，逆毛撕。

（○）28.胸外按壓與人工呼吸的正確比例為：15：2。

（×）29.美容從業人應每二年接受一次的健康檢查，若發現患有
傳染疾病時，則需立即停止營業。 〔一年檢查一次〕

（×）30.暈倒的原因就是腦部在短時間內血液突然供應不足，但
意識卻又很清楚。 〔意識不清楚〕

（○）31.要進行急救時，一定要先確定患者與本身有無進一步的
危險，才能開始進行施救。

（○）32.人類腦部細胞缺氧若超過4-6分鐘就會死亡。

（×）33.在日光燈下，粉紅色的彩妝會變成較濃豔感。

〔變得較自然柔嫩〕

（○）34.塗抹金黃色系的彩妝，在電燈泡下會變成橘色調的色
彩。

（○）35.皮膚角質內含有脂肪酸。

86年度乙級學科試題

是非題

（○）1.美容師若自行調配化妝品來銷售販賣者，可處以新臺幣15萬元整。

（○）2.面膜成份中可進行溶解角質的是硫磺。

（○）3.金縷梅在成份中可做為收斂劑。

（○）4.可進行電針脫毛的是醫生。

（○）5.缺乏維生素B$_2$時，會產生口角炎。

（○）6.四種化學消毒劑中，皆可採用來消毒的是塑膠類。

（○）7.經營與管理，其中經營代表籌劃，管理則代表執行。

（○）8.杏仁油屬非油性之產品，因此可做為產品的成份。

（×）9.心肺復甦術，即是用雙手肘關節打直，上身前傾，兩臂垂直，用力往下壓6至7公分，並以每分鐘80至100之速率，連續做15次。　　　　　　　　　　　〔4至5公分〕

（○）10.異物梗塞又稱海氏法。

（×）11.類似色為紅、黃、綠。　　　　　　　　〔紅、橙、黃〕

（○）12.皮脂膜為O/W，而皮膚汗水為W/O。

（×）13.手掌具有皮脂腺與汗腺。　　〔不具皮脂腺但具有汗腺〕

（×）14.彈力蛋白在表皮中佔最大部分。

　　　　　　　　　　　　　〔有棘層在表皮中佔最大部分〕

（×）15.長期使用某一種產品，會使皮膚造成過敏，所以產品使用一段時間後，即要更換產品。

　　〔不一定會過敏，但皮膚需依季節不同選用適當的保養品〕

（×）16.黑皮膚比白皮膚者，含更多黑色素細胞。

〔與黑色素數目的多寡無關〕

（○）17.可使頭部轉向，或做點頭狀的是胸鎖乳突肌。

（○）18.扣敲法的按摩，其力道最重。

（○）19.進行消毒時，器具的清潔與否，會影響消毒的成果。

（×）20.比標準體重多10％~20％稱之為過重，大於20％稱之為肥
胖。　　　　　　　〔比標準體重超出5％稱為過重〕

（×）21.肝斑是因為肝臟機能障礙所引起的。

〔肝斑是因形狀與顏色而命名，與肝臟機能毫無關係〕

（○）22.空氣中的氧吸入肺部，待吐氣時，在空氣中仍佔有16％
的氧與二氧化碳。

（○）23.癩病是一種慢性傳染病，又叫做痲瘋病。

（○）24.化妝品包裝上除了需有品名、地址、重量或容量、批號
外，尚須有成份及用法。

（○）25.輸入的化妝品不可自行分裝，否則處罰新臺幣10萬元。

（○）26.氯液欲稀釋為2000C.C.，其原液則須4C.C.。

（○）27.台灣電源為110/60W。

（○）28.交流電要變換為直流電，則需要有整流器。

（×）29.AIDS存在於人體內，必須待空窗期後，才會發病。

〔潛伏期──指三個月已上，甚至數年〕

（○）30.無藥劑師駐廠服務，處罰新台幣10萬元整。

（×）31.蒸臉器使用前須先檢視水量，水量不可低於最小刻度，
若鐵生銹可直接括除。

〔可用白醋加水先浸泡一夜，再清洗〕

（×）32.紅血球可吞食侵入人體的細菌，來保護身體。〔白血球〕

（×）33.環狀包紮法適用肢體不等的包紮，但必須每隔30分鐘拆
　　　除一次，讓其休息。

　　　　　　　〔適用於定帶或結帶，及包紮傷口不大且等粗的肢體〕

（×）34.男性化妝為表現穩重，其唇膏描繪以自然型最為適合。

　　　　　　　　　　　　　　　　　　　　　　〔唇型應描寬厚些〕

（×）35.化妝品廣告之申請，每次可維持2年。　　　　　〔1年〕

（○）36.水質可分永久硬水及暫時硬水，暫時硬水即代表可經過
　　　煮沸後，即變成軟水。

（×）37.色彩化妝品中，除了睫毛膏與眼線液仍需申請備查外，
　　　其餘之一般化妝品均免予申請備查。

　　　　　　〔自87年5月20日起，此二種化妝品已屬於免備查〕

（○）38.防晒霜屬於含藥化妝品。

（○）39.皮膚會化膿，其病原體為葡萄球菌。

（×）40.米燭光的單位為PPM，而濃度的單位為UP。

　　　　　　　　　　　　〔米燭光為LUX，PPM為濃度的單位〕

（○）41.蠟脫毛方法，應是順毛塗，逆毛撕。

（×）42.表皮結構共有5層，其裡面所含的是細胞。　〔神經末梢〕

（○）43.化妝品衛生管理條例在中央為行政院衛生署，在省（市）
　　　為省（市）政府衛生處（局）；在縣（市）為縣（市）
　　　政府。

（○）44.陽性肥皂液與肥皂有拮抗的特性，而降低殺菌效果。

（×）45.可使頭部做轉向、向前或點頭狀是因為頸部闊肌。

　　　　　　　　　　　　　　　　　　　　　　〔胸鎖乳突肌〕

89年度乙級學科試題

是非題

（×）1.滅火器進行滅火時，其噴嘴應向火焰中間。〔火焰底部〕

（○）2.蜂窩組織是鬆散的結締組織，且分佈全身。

（×）3.經營是執行，而管理則是目標。

〔經營是籌劃，管理是執行〕

（○）4.以環保的立場來說，化妝品是屬於衛用產品。

（×）5.由於天然化妝品不加防腐劑，所以可存放很久。

〔亦有保存期限〕

（○）6.色相的呈現是由物體表面折射率決定，彩度是由可見光的波長來決定。

（×）7.淋巴結有一凹處——結門，淋巴管由此進入，血管亦由此流出。

（○）8.化妝品裡由於有光敏感劑所以會引起過敏。

（○）9.地震時，應立即關掉瓦斯，但必須馬上將門、窗打開。

（×）10.老化是因染色體變性所致，常使用含核酸的產品可改善老化的現象。〔老化與染色體變性無關〕

（×）11.皮膚呼吸約為肺部呼吸的20%。〔1%〕

（○）12.頂光的光源來自頭頂上，會造成臉部陰影。

（○）13.長波紫外線uv-a對皮膚的傷害會曬黑但不會曬傷。

（×）14.角質層中從基底細胞分裂到角質層不包括生長需要28天。〔14天〕

（×）15.角質層中的皮脂分泌游離脂肪會抑制皮脂細菌成長。

（×）16.膽固醇是由食物攝取而不是人體自行合成。

〔人體亦會自行合成〕

（×）17.喝下強酸或強鹼要立即洗胃。

〔先喝下牛奶但不可催吐，然後送醫〕

（×）18.雀斑是因紫外線引起而形成左右對稱的斑所以比黑斑容易淡化。

〔雀斑並非紫外線引起，但紫外線會使其顏色更明顯〕

（○）19.香水是屬於免備查的化妝品。

（○）20.玻尿酸是與真皮層乳頭層與皮下組織黏結。

（○）21.滲透是水分子經由半導體低濃度移向高濃度。

（○）22.甘油比石臘散發能力強。

（○）23.同等重量下，脂肪比醣類及蛋白質的熱量更多。

（○）24.除汗劑及除臭劑可抑制汗水的分泌。

（○）25.電器著火時，滅火應用乾燥粉及四氯化碳滅火。

（○）26.臭氧是無色、有臭味的氣體。

（○）27.黑白攝影妝的描繪重點是強調立體感，而不是強調所用的色彩。

（○）28.皮脂中含量最高者為三酸甘油脂。

（○）29.角質細胞是由死細胞推積而成。

（×）30.肺結核、德國麻疹是藉由空氣傳染，因此要保持四周環境空氣流通。　　　　〔肺結核病會藉由空氣傳染〕

（×）31.缺乏維生素B1會得口角炎，而缺乏維生B2素時則會得腳氣病。　〔缺VitB1會得腳氣病，缺乏VitB2則會得口角炎〕

（○）32.皮膚常用重金屬化妝品是造成黑皮症的原因。

（○）33.人在沒有運動時，肌肉是呈現收縮狀。

（×）34.預防登革熱若使用噴灑消毒劑會比平時清潔花盆效果
　　　　好。　　　　〔平時做好清潔會比偶爾噴灑清毒劑效果好〕

（○）35.正常皮膚的皮脂膜PH值呈O/W，出油多時其PH值呈
　　　　W/O。

（○）36.一般而言，高明度的暖色系是屬於膨脹色，而低明度的
　　　　冷色系是屬於收縮色。

（×）37.變壓器是將交流電轉換成直流電，整流器是將直流電轉
　　　　換成交流電。　　　　　　　　　　　　　　　〔相反〕

（×）38.紫外線殺菌力強，即使有油污也不影響其殺菌力。
　　　　　　　　　　　　〔有油污的器材會降低殺菌的效果〕

（×）39.蠟敷是溶點高較溶點低能達到溫熱發汗的效果。
　　　　　　　　　　　　　〔溶點過高的蠟敷是會燙傷皮膚的〕

（×）40.腎上腺亢進是使皮膚變深的主要原因。

（×）41.黑白攝影妝的腮紅若選擇高彩度、高明度更能表現立體
　　　　感。　　　　　　　〔應選中彩度、中明度的色彩〕

（○）42.呼吸是由延腦所調節，大腦控制意識。

（○）43.一般家庭常用的滅火器種類可為乾粉、四氯化碳及泡沫
　　　　等三種。

選擇題

（2）1.在整體化妝上區別華麗與樸實是：❶時間；❷彩度；❸明
　　　度；❹燈火。

（1）2.白化症患者稱為白子是因為缺乏：❶酪胺脢；❷空氣；❸
　　　角質層；❹顆粒層。

（1）3.皮膚表皮細胞的分裂狀況和人體的哪個部位相似：❶肝臟
　　　細胞；❷脊髓細胞；❸肌肉細胞；❹神經細胞。

（3）4.二度傷害的燙傷皮膚會造成：❶紅腫；❷組織焦黑；❸起
　　　水泡；❹灼傷。

（2,4）5.皮膚產生化膿時，其病原體為：❶黴菌；❷葡萄球菌；❸
　　　雙球菌；❹鏈球菌。

（1）6.直接加壓止血法是在傷口施以壓力：❶5-10分鐘；❷10-15
　　　分鐘；❸15-20分鐘；❹30分鐘　。

（1,2）7.初次與朋友見面，其時間為幾分鐘最適宜？❶10分鐘；
　　　❷30分鐘；❸60分鐘；❹100分鐘。

> **說明：** 純禮貌性拜訪應為10分鐘較為適合，但是若已
> 經事先與對方約好見面，則以30分鐘較為恰
> 當，或者甚至會更長，因此答案無法明確。

（4）8.有關梅毒的傳染途徑，下列何者為誤？❶性接觸傳染；❷
　　　輸血傳染；❸經由患有梅毒者潰瘍之分泌物接觸黏膜傷口
　　　傳染；❹由患者的痰或飛沫傳染。

（2）9.下列哪個骨的長度最長？❶額骨；❷肱骨；❸肋骨；❹恥
　　　骨。

（4）10.下列述說何者為是？❶石蕊試紙PH3呈藍色為鹼性；❷石蕊試紙PH5呈藍色為酸性；❸石蕊試紙PH5呈藍色為鹼性；❹石蕊試紙PH3呈紅色為酸性。

（2）11.口紅的成份為：❶鯨蠟；❷棕梠蠟；❸石蠟；❹蜂蠟。

（4）12.果酸中的蘋果酸是由蘋果提煉，柑橘是由：❶酒石酸；❷乙醇酸；❸乳酸；❹檸檬酸 所提煉。

（2）13.純色加入黑色時，顏色會變為：❶彩度高、明度低；❷彩度低、明度低；❸彩度低、明度高；❹彩度高、明度高。

（4）14.當唇部已經呈現乾燥時，其保養的方法下列何者為誤？❶擦拭護唇膏；❷擦拭唇霜；❸用按摩的方式；❹多用舌頭舔唇部。

（2）15.經營與管理之不同，在於經營是籌劃，管理是：❶人員；❷執行；❸金錢；❹財力。

（1）16.當各種互不均勻的液體要融合在一起時，則必須將一種液體均勻分散在另一液體，此種狀況稱為：❶乳化；❷硬化；❸軟化；❹液化。

（4）17.舉起重物時，應該儘量使用：❶大腿；❷小腿；❸手臂；❹背部 部位的肌肉。

（2）18.員工在工作中如造成職業傷害需多久時間內提出申請？❶一年；❷二年；❸三年；❹四年 否則視同放棄。

（2）19.美容院設立申請需在各縣市政府建設局辦理申請手續，應會同當地：❶教育局、勞工局；❷衛生局、警察局；❸勞工局、警察局；❹社工局、衛生局。

（4）20.商業用途的攝影需考慮的因素為：❶攝影技巧；❷化妝技

巧；❸模特兒的型；❹企劃主題。

（2）21.人體的發電廠是指：❶核醣體；❷粒線體；❸細胞質；❹細胞膜。

（4）22.到中年時由於下巴呈現鬆弛現象，此時要以何種手法來按摩最有效？❶摩擦；❷敲和；❸輕撫；❹揉捏。

（1）23.在工作場所中若發現傳染疾病，依傳染之規定要在：❶24小時；❷36小時；❸48小時；❹60小時　內報告主管機關。

（1）24.日光中殺菌力強的是？❶UV-A；❷UV-B；❸UV-C；❹UV-D。

（1）25.美容沙龍的室內溫度與室外溫度不可相差：❶10度；❷20度；❸30度；❹40度　。

（2）26.化妝品中禁止使用氟氯碳化物係因它在大氣層中會消耗：❶二氧化碳；❷臭氧；❸氟氣；❹維生素D　並使皮膚受到紫外線的傷害。

（3）27.依波長而論，紫外線、可見光及紅外線的順序應為：❶紫外線＞可見光＞紅外線；❷可見光＞紫外線＞紅外線；❸紅外線＞可見光＞紫外線；❹紫外線＞紅外線＞可見光。

（4）28.與血液凝固有關的是：❶維生素A；❷維生素B；❸維生素E；❹維生素K。

（1）29.漂白水是屬於：❶鹼性；❷酸性；❸中性；❹強酸性　物質。

（3）30.與皮膚氧化還原有關的是：❶維生素A；❷維生素B；❸維生素C；❹維生素D　。

（4）31.沒有申請美容營利事業登記者即自行開業，會被處以新台幣：❶2仟元；❷3仟；❸5仟元；❹9仟元 　。

　　　說明： 沒有申請美容營利事業登記即自行開業者在84年時的罰金為9仟元，但事隔多年不知是否有調整？

（3）32.不屬於人體組織的是：❶肌肉；❷骨骼；❸心臟；❹神經。

（2）33.長期用含副腎皮脂的產品會使皮膚呈現：❶黑斑；❷萎縮；❸飽滿；❹光澤、亮麗。

（1）34.原裝進口的化妝品若自行分裝銷售可被處以新台幣：❶3仟元；❷1萬2千元；❸9仟元；❹5萬元 　。

　　　說明： 由於原裝進口的化妝品若自行分裝銷售之罰鍰在84年5月已修正為罰鍰10萬元正，但此題之答案未見10萬元所以無法作答。

（1）35.勞工安全衛生主管機關為：❶行政院勞工委員會；❷行政院衛生署；❸省黨部（市）衛生局；❹縣（市）衛生所。

（1）36.指甲在接受營養後，哪個部位具有增生的能力：❶甲根；❷甲床；❸甲板；❹甲母上皮。

（1）37.有色毛巾適用何種消毒法？❶蒸氣消毒法；❷紫外線消毒法；❸酒精消毒法；❹煤餾油酚消毒法。

（2）38.陽性肥皂液屬於陽子界面活性劑之一種，其有效殺菌濃度對病原體的殺菌機轉為蛋白質會被：❶氧化；❷溶解；❸凝固；❹變質。

（2）39.對大多數病原體而言，PH質在多少是最適宜生長與活動？
❶9-8；❷7.5-6.5；❸3.5-4.5；❹4.5-5.5。

（　）40.在美容營業場所，滅火器應具備幾支為理想？❶二支；❷
三支；❸四支；❹四支。

> 說明：　滅火器支數與營業場所坪數大小有關，所以無法
> 做答。

（4）41.β胡蘿蔔素是下列何者的衍生物？❶維生素B；❷維生素
C；❸維生素K；❹維生素A。

（2）42.美容工作除了要為顧客進行臉部保養外，亦要為顧客：❶
管理帳務；❷諮詢居家護理；❸諮詢家務事；❹割雙眼
皮。

（1）43.交談的禮儀應避免一直提到：❶以我為中心的話題；❷以
他人為中心的話題；❸對方有興趣瞭解的話題；❹對方隱
私的話題。

（4）44.漂白水要使用前才稀釋的原因為：❶因具腐蝕性；❷避免
浪費時間；❸節省時間；❹有效餘氯之濃度會隨時間而降
低。

90年度乙級學科試題

是非題

（×）1.天然保濕因子（NMF）存在於皮膚的真皮層。

（○）2.麗芬開設護膚沙龍，販賣含有維生素A酸的產品給顧客，麗芬的這種行為，違反了藥事法。

（○）3.公共場所之管理者，平時須訂定防火避難逃生計畫，並時常進行實際之演練。

（○）4.職業道德是美容從業人員除了專業知識、技術外，賴以生存發展的要素之一。

（×）5.化妝品中添加維生素E，具有美白及抗氧化的功能。

（○）6.人體皮膚的表皮由四種不同細胞組成，其中以角質細胞的數目最多。

（×）7.市場營運中所稱的市場，即是貨品或勞務買賣的場所；化妝品市場屬於抽象市場，美容院則屬於具體市場。

（○）8.皮膚的表皮（Epidermis）屬於角質化複層鱗狀上皮組織，而真皮（Dcrmis）則主要是由結締組織所組成。

（○）9.在皮膚表皮的各細胞層中，基底層與棘狀層細胞皆有分裂能力。

（×）10.為謀求更多的顧客，必須進行大量的推銷方式，所使用的推銷方式有：廣告、銷售促進與公共關係，而三者中以銷售促進最為重要。

（×）11.肥皂是一種陽離子界面活性劑。

（○）12.人體的骨骼系統大致可區分為中軸骨骼（Axial Skclcton）

與附肢骨骼（Appendicular Skclctoa）兩大類，肋骨與胸骨屬於中軸骨骼。

（×）13. 高濃度果酸換膚，屬於非侵入性的行為，所以美容從業人員可以從事。

（×）14. 台灣地區所使用之地震震度標準，依內政部消防署之分級共可分為八級。

（　）15. 化裝時色彩需協調，當您穿著彩度高的衣服時化妝不宜太濃。

（×）16. 西元十七世紀英人牛頓利用凸透鏡使太陽產生了曲折現象，顯現出紅、橙、黃、綠、青、紫的顏色。

（×）17. 皮膚中的酪胺酸酵素（Tyrosinase），可經紫外線照射而合成維生素D。

（○）18. 蜂窩組織位於皮下層，主要由疏鬆結締組織與脂肪組織所組成。

（○）19. 小明在五月二日感染登革熱治療一段時間後，不小心在六月三日又感染不同型的登革熱，重複感染使小明可能發展成嚴重的白血性登革熱。

（×）20. 白化症患者（白子）的皮膚內缺乏黑色素細胞，故無法形成黑色素。

（○）21. 梅毒是一種可經由性接觸傳染的慢性傳染病，如果不小心接觸到患有梅毒顧客的潰瘍分泌物，經由從業人員的皮膚擦傷處也有可能感染到梅毒。

（×）22. 中明度色彩的配色，明度小，給人較輕快的感覺。

（○）23. 美容從業人員不可應顧客要求幫顧客掏耳朵，以免造成

顧客耳道的黴菌感染。

（○）24.腸病毒是許多不同病毒的總稱，例如：小兒麻痺病毒、沙奇病毒，腸病毒71型等共有許多不同種類病毒。

（×）25.進行心肺復甦術時，手按壓的部位是在胸骨下端二分之一處。

（　）26.利用超音波進行導入時，超因波的頻率可決定導入的深度，頻率越高穿透越深。

（×）27.少量出血的創傷傷口，可使用優碘由傷口四周向傷口中心，小心環形擦拭。

（×）28.所謂化妝品係指施於人體內外部以潤澤髮膚，刺激嗅覺，掩飾缺點或修飾容貌之物品，可分為保養品、色彩化妝品及芳香品。

（○）29.吳氏燈（Wood's Light）之光源為波長在350至400nm（UVA）的紫外光，可應用作為膚質檢查燈，一般健康肌膚在吳氏燈下呈現淺藍色。

（×）30.管理的五大功能中，不包括規劃功能。

（×）31.舞台化妝為要求立體感，最好選擇色相、明度、彩度相近的粉底來修飾。

（×）32.使用過於刺激的清潔用品、收斂劑或是過份油膩的保養品，都會抑制皮脂腺的過度活動或阻礙皮脂正常排泄，使面皰更惡化。

（×）33.色彩是由光線而來的且存在於物體本身，所以紅色是蘋果的物體色，而綠色是檸檬的物體色。

（○）34.所謂色立體是把色的三屬性色相、明度、彩度做有系統

的排列與組合所形成的結果。

（×）35.剃刀脫毛是屬於暫時性脫毛法，這種脫毛法會導致毛髮
越剃越粗。

（○）36.純色色相加了無彩色所形成的新色彩，其色相是不會改
變的。

（○）37.腎上腺皮脂功能不足時，可能會造成皮膚的色素沉澱，
使皮膚呈現古銅色。

（　）38.美容院的管理制度中，資材管理制度化是屬於財務管理
的範圍。

（×）39.太陽所發射出的光線為一種電磁波，當電磁波較長時，
折射率就跟著變大；在單色光中以紅色的波長為最長，
折射率也最大。

（○）40.使用噴氣式的化妝品時，需注意氣體的壓力和溫度成正
比，所以噴氣式化妝品不可放置於高溫處。

（×）41.同樣的黃色在不同的背景下所產生的視覺效果會有所不
同，在橙紅色背景下的黃色會變得偏向橙黃，而在黃綠
色背景下的黃色會變得偏向黃綠。

（○）42.皮膚會起雞皮疙瘩是由於豎毛肌所致，而豎毛肌是平滑
肌也是不隨意肌，由交感神經所控制。.

（○）43.互為補色的色彩，其面積相同或近似時，對比效果最
強。

（×）44.人體淋巴循環的動力，主要是由平滑肌收縮與呼吸運動
來維持。

（○）45.油性變形化妝適用於舞台化妝及新娘化妝。

（×）46.防曬化妝品中常添加二氧化鈦，二氧化鈦屬於化學性的防曬劑。

（○）47.營業場所設有滅火器的樓層，自樓面居室任一點至滅火器的步行距離不得超過20公尺。

（×）48.小莉的晚霜放置於冰箱中儲存，需使用時再取出塗抹，這樣的保存方法較不會使化妝品變質。

（○）49.脫毛膏最大的缺點是內含硫化物而且具有惡臭，所以應該選擇較溫和及臭味少的脫毛膏，使用前避免使用肥皂或鹼性化妝水。

（○）50.美容從業人員必須以誠信對待顧客，並且提供顧客所花金錢等值或甚至超值的服務，才能使顧客下次樂意再光臨。

PS：是非題第15題、26題、38題一律給分。

選擇題

（2）1.關於皮膚功能的敘述，下列何者錯誤？❶皮膚為人體的第
一道防線，可以保護皮下組織，抵抗細菌的入侵；❷皮膚
的冷、熱、觸、壓覺主要由皮膚的游離神經末稍負責感
應；而痛、癢覺則由專門的接受器負責；❸外界環境寒冷
時，皮膚血管會收縮，且減緩血液流速，以保留體溫；❸
人體皮膚的吸收途徑，主要有表皮吸收與皮脂腺吸收。

（4）2.我國對營利社團之設立，民法及公司法是採用：❶放任主
義；❷特許主義；❸核准主義；❹準則主義 。

（2）3.油類及化學物品火災時，不可使用下列哪一種物質或滅火
器滅火？❶乾粉滅火器；❷水；❸二氧化碳滅火器；❹消
防砂。

（4）4.某廠商未經核准擅自輸入防曬日霜，這樣的行為？❶因為
防曬日霜屬於一般化妝品，所以毋須經中央衛生主管機關
核准；❷違反化妝品衛生管理條例，處新台幣七萬元以下
罰鍰；❸違反化妝品衛生管理條例，處新台幣十萬元以下
罰鍰；❹違反化妝品衛生管理條例，處一年以下有期徒
刑、拘役或科或併科新台幣十五萬元以下罰金。

（4）5.預防營業場所意外傷害，最重要的是：❶學會急救技術；
❷減少用電；❸維持患者生命；❹建立正確的安全觀念並
養成良好的習慣。

（1）6.下列關於骨骼肌的敘述，何者錯誤？❶細肌絲主要由肌凝
蛋白組成；❷骨骼肌又稱橫紋肌；❸骨骼肌又稱隨意肌；
❹骨骼肌纖維是多核細胞。

（1）7.某一防曬化妝品進行防曬指數測試時，得到以下之結果：
在特定短波紫外燈照射下，未塗抹防曬品時，經15分鐘皮
膚產生發紅現象（MED）；而塗抹該防曬品時，經90分鐘
皮膚才產生發紅現象，則此產品可標示為：❶SPF6；
❷SPF12；❸PA＋；❹PA＋＋。

（2）8.所謂有限公司為：❶3人以上，17人以下；❷5人以上，21
人以下；❸7人以上，23人以下；❹9人以上，25人以下
之股東，依公司法規定而組成。

（3.4）9.下列有關粉底的敘述何者錯誤？❶W/O乳化型粉底之持久
性較O/W乳化型粉底佳；❷兩用粉底的粉體需經過特殊的
疏水處理；❸兩用粉底主要是秋冬季使用；❹O/W乳化型
粉底之滋潤性較W/O乳化型粉底佳。

（3）10.下列有關皮膚黑色素的敘述何者錯誤？❶黑色素會吸收紫
外線，所以對皮膚有保護作用；❷皮膚的黑色素由表皮基
底層的黑色素細胞所產生；❸黑人黑色素細胞的數量比白
人多，所以皮膚較黑；❹黑色素是酪胺酸經由酪胺酸酵素
（Tyrosinase）作用而生成。

（3）11.淑芳開設護膚沙龍，購買某合法進口化妝品，廠商贈送許
多化妝品樣品給她，淑芳為了增加收入，將這些包裝上標
示有「樣品」的化妝品販賣給顧客，這樣的行為？❶因為
樣品為合法輸入，此種行為並不違法；❷違反化妝品衛生
管理條例，處新台幣七萬元以下罰鍰；❸違反化妝品衛生
管理條例，處新台幣十萬元以下罰鍰；❹違反化妝品衛生
管理條例，處一年以下有期徒刑、拘役或科或併科新台幣

十五萬元以下罰鍰。

（4）12.下列有關皮膚的敘述何者正確？❶表皮中最厚的一層是顆粒層；❷表皮是一種乾燥的單層柱狀上皮；❸角質層的角化細胞生命力極強，可促使皮膚新陳代謝；❹人類的表皮也可以利用環境中的氧氣進行呼吸。

（1）13.下列有關化妝品標示的敘述何者正確？❶進口化妝品的包裝可以無中文廠名；❷無論含藥或一般化妝品都需標示所添加成份的含量或含量百分比；❸化妝品的保存期限，由衛生署視產品類別統一訂定；❹合法化妝品都有衛生署的核准字號。

（1）14.在燈光強烈的攝影棚內：❶腮紅；❷眉型；❸唇彩；❹眼線　對輪廓的突顯非常重要。

（3）15.下列何種皮膚症狀不屬於皮脂腺的毛病？❶黑頭粉刺；❷酒糟鼻（Rosacea）；❸痱子；❹疣（Steatoma）。

（2）16.下列何種美白成份，不得添加於化妝品中？❶麴酸（Kojic Acid）；❷對苯二酚（Hydroquinone）；❸維生素C衍生物（Ascorbyl Glacuronatc）；❹熊果樹（Arbutin）。

（4）17.下列有關各類型肝炎感染的敘述，何者正確？❶感染B型肝炎後應注射疫苗；❷A型肝炎可經由血液感染；❸B型肝炎可因接觸病人的糞便而感染；❹E型肝炎主要經由腸道感染。

（1）18.有關真皮的結構，下列敘述何種錯誤？❶真皮中乳頭層佔4/5，網狀層佔1/5；❷真皮中含有纖維、血管、腺體、神經、毛髮等；❸真皮的網狀層由精密不規則結締組織所組

成；❹真皮內之膠原纖維衰退則皮膚亦呈現縐紋。

（3）19.下列有關果酸的敘述何者錯誤？❶果酸的PH值越低，表示相對濃度越高；❷果酸的分子越小，越容易滲透皮膚；❸果酸的PH值越高，對角質細胞的更新作用越好；❹果酸可促進真皮膠原蛋白與黏多醣體的再生。

（3）20.人體的毛髮有一定的生長週期，依序為生長期、萎縮期和休息期，下列各項敘述何者錯誤？❶毛髮的生長週期隨著年齡增加而逐漸縮短；❷女性毛髮的生長速度比男性快；❸睡眠時毛髮的生長速度比工作時慢；❹天氣炎熱時，毛髮生長速度比天氣寒冷時快。

（1）21.下列敘述何者錯誤？❶狐臭為人體小汗腺所造成的特殊體味；❷一般而言大汗腺在青春期才開始有功能；❸皮脂腺分泌的皮脂成份，主要包括：脂肪酸、三酸甘油脂及細胞碎屑的混合物；❹指甲為人體皮膚的附屬器官，指甲並不含有神經，但需要仰賴血液供給營養。

（3）22.採行「生活化的複合店→有形商品（化妝品）＋無形商品（服務、形象、技術）→顧客管理組織化」，乃行銷策略中的：❶商品戰略；❷價格戰略；❸推廣戰略；❹通路戰略的步驟。

（4）23.下列關於血液與血球的敘述，何者錯誤？❶血液約佔人體體重的80％；❷血漿約佔總血量的55％；❸成熟的紅血球細胞不具有細胞核；❹無顆粒性白血球主要在紅骨髓中製造。

（1）24.關於急救的敘述，下列何者正確？❶施行心肺復甦術時，

胸外按摩的頻率為每分鐘80-100次；❷心絞痛患者應使其平躺，下肢抬高20-30公分；❸使用熱水不慎燙傷顧客臉部，應立即塗抹牙膏或綠油精散熱；❹挫傷或扭傷時，應輕柔患部或施以熱敷，以減少皮下出血、腫脹及疼痛。

（3）25.王小娟於民國88年6月開始從事美容師的工作，請問他最遲應該於何時前往醫院進行健康檢查？❶88年12月；❷89年3月；❸89年6月；❹89年12月。

（3）26.下列關於營業場所常見傳染病的敘述何者正確？❶登革熱的病媒為三斑家蚊，嚴重者可能出血或休克；❷B型肝炎的病原體為B型肝炎桿菌，主要經由體液或血液傳染；❸結核病的病原體為結核桿菌，可以經由飛沫傳染傳播給健康人；❹皮膚化膿病的病原體為葡萄桿菌及鏈球菌，常造成急性毛囊炎與化膿痂疹。

（2）27.下列有關去角質與皮膚的關係何者錯誤？❶正常皮膚本身即會角化，所以毋需去角質；❷去角質可加速表皮內各細胞層細胞的新陳代謝；❸角質過度增厚時容易出現皮溝淺、膚紋粗的現象；❹果酸是一種化學性的去角質方法。

（2）28.關於美容營業場所，下列各項何者正確？❶營業場所室內的光度，應該維持在100米燭光以上；❷如果目前室外溫度為36℃，則可以將空調溫度調整為28℃，使顧客感覺舒適；❸營業場所室內的相對濕度，應該保持在40-60之間，空氣才不會太乾燥；❹營業場所使用的瓦斯桶，應該裝置於室外，以防瓦斯外洩造成二氧化碳中毒。

（4）29.使用唇膏時，欲使嘴大厚唇的唇型產生收縮的效果，宜選

擇：❶明度高、彩度低；❷明度高、彩度高；❸明度低、彩度高；❹明度低、彩度低　的唇膏。

（3）30. 營業場所常見傳染病之敘述，下列何者正確？❶砂眼為營業場所常見之慢性傳染性眼疾，其病原體為砂眼桿菌；❷病毒性結膜炎的感染，只侷限於眼結膜，不會侵犯眼角膜；❸肺結核的病原體為結核桿菌，可侵犯人體所有組織，其中最普遍的感染部位是肺部；❹淋病的病原體為淋病螺旋體，嬰兒可能在分娩時經過產道而被感染　。

（1）31. 在純色中加入與純色明度相同的灰色，則：❶明度不會提高也不會降低，彩度會降低；❷明度、彩度都會降低；❸明度、彩度都會提高；❹明度會提高，彩度不會降低　。

（1）32. 關於各種傳染病病原體的敘述，下列何者錯誤？❶引起斑疹傷寒的病原體為傷寒桿菌；❷流行性感冒的病原體為流行性感冒病毒；❸引起香港腳的病原體為黴菌；❹水痘的病原體為水痘病毒。

（2）33. 使用紫外線照射消毒法進行消毒時，紫外線燈的波長範圍：❶200-240nm；❷240-280nm；❸280-320nm；❹320-400nm。

（4）34. 下列有關乾燥型油性皮膚的敘述何者錯誤？❶膚紋粗，整張臉看起來油油的；❷油脂分泌量多，角質水分卻極少；❸皮溝淺而不太清楚；❹毛孔小而淺。

（4）35. 人體皮膚的組織結構中，請問哪一部位是決定全身皮膚厚度的主要關鍵因素？❶表皮的角質層；❷表皮的棘狀層；❸真皮的乳頭層；❹真皮的網狀層。

（2）36.下列何種成份屬於柔膚酸（-hydroxy Acid）？❶甘醇酸；
❷水揚酸；❸維生素A酸；❹乳酸。

（3）37.唇膏色彩的選擇重點：❶小麥的膚色，使用桔色唇膏較自
然；❷帶黃的膚色，使用褐色唇膏較自然；❸帶紅的膚
色，避免選用顏色太淡的唇膏；❹唇色淺的人，最好選擇
顏色較深的唇膏。

（1.2）38.我國最早在：❶南唐時期；❷秦漢時期；❸明朝時期；
❹清朝時期　已有論述按摩的書籍。

（2.4）39.下列手部按摩的目的何者錯誤？❶促進手部血液循環；
❷加速指甲的生長；❸增加手部的美觀；❹防止手部產
生異常。

（2）40.下列有關蒸臉的敘述何者錯誤？❶臭氧燈的臭氧分子，對
皮膚有很好的殺菌作用；❷臭氧是由二個氧原子結合而
成；❸為了毛孔的深層清潔，蒸臉可安排在皮膚清潔之後
施行；❹蒸臉器使用完畢後，當日如果不再需要使用，最
好倒淨餘水，以免導致機器生鏽及污染的形成。

（2）41.採自然光進行室內人像攝影時，下午若利用：❶西邊；❷
東邊；❸北邊；❹南邊　的窗戶，可以控制光線的反差。

（3）42.下列有關按摩的敘述何者錯誤？❶揉擦法藉著刺激血管、
淋巴腺，來促進動脈、靜脈、淋巴之循環；❷敲打法可增
加肌肉的收縮；❸壓迫法持續短時間的按壓，具有鎮靜作
用；❹輕擦法直接或間接的刺激，能給予觸覺神經或肌肉
良好的影響。

（2）43.在色相中，彩度的高低，依序為：❶紫＞藍＞綠＞黃＞橙

>紅；❷紅＞橙＞黃＞綠＞藍＞紫；❸黃＞紅＞橙＞紫＞
綠＞藍；❹紅＞黃＞綠＞橙＞紫＞藍。

（3）44.光的波長長短可以區別色彩的：❶明度；❷彩度；❸色
相；❹形式。

（4）45.下列使用於化妝品的有機酸，何者屬於油溶性？❶乳酸；
❷甘醇酸；❷醣醛酸（Hyaluronlc Acid）；❹硬脂酸。

（3）46.下列關於神經系統的敘述，何者錯誤？❶神經系統架構與
功能的基本單位是神經元；❷神經元與神經元及神經元與
作用器之間所存在的空隙稱為突觸；❸外來刺激傳達時，
神經細胞膜上的鈉離子通道快速關閉，造成膜電位快速去
極化；❹外來刺激如果未達關閉，無法引起神經衝動。

（1）47.下列按摩方式何者錯誤？❶額頭肌是橫向成長，所以按摩
要由下往上；❷眼睛周圍是環狀紋理，所以要用環狀法來
按摩；❸臉頰是斜向紋路，所以要用往上或斜向方式按
摩；❹口部周圍是環狀紋理，所以要用環狀法來按摩。

（3）48.美容院的設立者若有變更或消滅時，皆須在：❶30日；
❷20日；❸15日；❹10日　內提出變更。

（1）49.❶弓型眉；❷直線眉；❸短眉；❹箭型眉　不適合圓型臉
及長型臉。

（2）50.下列有關對面皰性皮膚保養的敘述何者正確？❶陽光會加
速面皰惡化，所以建議塗抹高SPF值的防曬霜；❷面皰產
生化膿，是因為白血球聚集而形成黃色的膿；❸面皰肌膚
保養時，宜多按摩促進新陳代謝以防止面皰再產生；❹面
皰肌膚嚴重發紅或化膿時，可以濃粧加以掩飾。

91年度乙級學科試題

是非題

（×）1.美容從業人員向顧客推薦產品時，為了達到銷售的目的，可批評顧客原來所使用產品的缺失。　　〔不可批評〕

（○）2.若要成為美容院的經營者或經理，除了具備適當資格及專業訓練外，還要有實際的工作經驗以及與顧客間的良好關係。

（×）3.美容從業人員可將自行製造之化妝品提供顧客使用。

〔不可自行製造〕

（○）4.肺循環包括由右心室流到肺臟及肺臟回到左心房的血液循環，藉以移去二氧化碳，而吸收氧氣。

（×）5.腎上腺皮質激素是類固醇的一種，其消炎作用很強，美容從業人員可用來治療青春痘。

〔治療青春痘產品成分非類固醇的一種〕

（×）6.黑斑及雀斑是因為黑色素細胞增加所致。〔與增加無關〕

（○）7.日曬後皮膚變黑，乃是一種皮膚自然保護作用，藉以過濾紫外線，以保護內部之組織。

（×）8.生命週期最長的血球細胞是白血球，有抵抗侵入人體微生物之功能。　　　　　　　　　　〔有消滅病原體的功能〕

（○）9.化妝品中的香料或防腐劑是造成皮膚過敏的原因之一。

（×）10.同一時間內，人類皮膚的呼吸作用約為肺呼吸的百分之十。　　　　　　　　　　　　　　　　　〔百分之一〕

（×）11.富貴手是女性荷爾蒙分泌不足導致角化增生所致。

〔與女性荷爾蒙分泌不足無關〕

（○）12.長波紫外線（UV-A）會造成皮膚細胞傷害與加速老化。

（○）13.性伴侶不固定或和他人共用針頭，均可能感染愛滋病。

（○）14.美容院不得調配、分裝或改裝化妝品供應顧客。

（×）15.經營者或經理只要有生意頭腦就可以了，不需要專業知識。〔需要〕

（×）16.皮膚上的自律神經可以掌管皮膚的溫覺、冷覺、觸覺、痛覺。〔中樞神經〕

（○）17.皮脂腺分泌物受陽光照射後可形成維生素D。

（×）18.輕微灼燙傷立即塗抹油膏或油脂類塗劑以減少疼痛。

〔不可塗抹油膏〕

（×）19.製造含藥化妝品，無須聘請藥師駐廠監督製造。

〔需聘請藥師〕

（×）20.膠原蛋白及彈力蛋白是人體固有成分，因此外用時容易為皮膚真皮所吸收。〔表皮〕

（×）21.酒槽鼻為鼻部皮脂腺異常增生所致，患者多為酗酒者。

〔五成與天氣熱有關，其他各占四成的有喝酒、食用辣味刺激性食物……等等〕

（○）22.淋巴管有許多瓣膜的存在，這種瓣膜可以防止淋巴液的逆流。

（×）23.雀斑為過度暴露在陽光及空氣中所造成之棕色小點，因色澤較淡故較黑斑易於淡化。

〔雀斑的形成與遺傳也有關係〕

（○）24.新娘攝影應配合場景、風格、色彩與空間的綜合運用。

（○）25.橫紋肌收縮快速且可受意志控制，故又稱隨意肌。

（○）26.皮膚中黑色素細胞經紫外線照射產生黑色素反應，是皮膚保護的天然機制。

（○）27.成人期腎上腺皮質分泌過盛時，則會有女性男性化，男性女性化的徵兆發生。

（×）28.舞台化妝是不受舞台大小、高低與觀眾遠近等因素的影響。
〔舞台化妝受舞台大小、高低與觀眾遠近等因素的影響〕

（○）29.煤餾油酚肥皂液消毒是運用其殺菌機轉造成病源體白質變化，使其發揮殺菌作用。

（○）30.舞台妝須配合腳本，並與導演藝術指導溝通、試妝、定妝才能完成。

（×）31.拍照畫面色調成暈黃的新娘妝，其化妝顏色宜採用高明度與高彩度的色彩。　　　　　　　〔低明度低彩度〕

（×）32.一般說來，肥皂在水中分解後呈弱酸性時，對皮膚的洗淨力最強，也最沒有刺激性。
〔肥皂在水中分解後呈鹼性〕

（○）33.黑色素細胞是表皮內代謝最旺盛的細胞。

（○）34.維生素A存在於魚肝油、蛋黃、牛奶、乳酪、牛油、深綠色蔬菜等食物中。

（×）35.顏面凸起的部位是眉骨、頰骨、淚骨、下顎骨等，故彩妝時應予強調。　　　　　　　〔淚骨為凹陷〕

（○）36.從常態來看，人類表皮脂質所含化學成分以三酸甘油脂

（triglyceride）含量最多，具有天然的保濕作用。

（○）37.蒸臉器所使用的水，必須是清潔的蒸餾水或去離子水。

（○）38.骨骼肌之兩端為肌腱，一為起始端，一為終止端，當肌肉收縮時是由終止端向起始端靠攏。

（○）39.對中暑者可先將其移至陰涼通風處，並用濕冷毛巾降低其體溫。

（×）40.當皮膚脫皮時要用去角質的方法將皮屑脫去，以幫助新細胞加速的生成。　〔應使用按摩的方法〕

（×）41.化妝品之標籤只要寫明：廠名、品名、功能即可。
〔尚有廠址、容量、出廠日期或批號、保存期限、使用方法……等等〕

（×）42.化妝品的果酸成分，嚴格說來在化學上也是屬於一種強酸。　〔須視果酸所含的濃度而定〕

（×）43.化妝品所使用的蒸餾水、雜質少、成本低，更可提供部分養分。　〔與養分無關〕

（×）44.欲使臉部顯得豐滿之化妝設計，不宜採用淺色調粉底。
〔暗色調粉底〕

（○）45.愛滋病、B型肝炎、德國麻疹病毒均可能由受病毒感染的母親，傳給新生兒。

（×）46.血液中的紅血球具有吞噬病原體的機能。　〔白血球〕

（×）47.黑白攝影妝，眼影的色彩宜選用明度高且鮮豔的顏色。
〔低彩度低明度〕

（○）48.攝影化妝時，眼影不宜採用含銀粉的顏色。

（×）49.兩合公司是由兩個無限責任股東所組成。
〔有限責任〕

（×）50.將電壓110V的電器插頭插在電壓220V的插座上，會產生
馬力減弱的現象。　　　　　　　　　　〔插座會燒掉〕

選擇題

（ 3 ）1. 美容院已成為生活化之經濟活動，應歸類為下列何種行為？❶製造業；❷自由業；❸服務業；❹零售業。

（ 3 ）2. 蒸臉器正常使用時，噴口與顧客臉部之距離約保持：❶10公分以下；❷20公分；❸40公分；❹60公分。

（ 1 ）3. 一般保養乳液中，不得含有下列何種成分？❶類固醇；❷香料；❸保濕劑；❹界面活性劑。

（ 3 ）4. 下列何者不是「公司組織」的優點：❶可以永久存在；❷股東債務有限；❸權力分散；❹股東權益容易轉移。

（ 3 ）5. 美容業新進員工之教育訓練宜優先重視：❶產品之銷售技巧；❷經營管理；❸職業道德；❹療程的銷售技巧。

（ 4 ）6. 骨骼的成分中，礦物質約：❶占1/2；❷占1/3；❸占1/4；❹占2/3。

（ 1 ）7. 皮膚含水量會受到何種礦物質的影響？❶鉀；❷鋁；❸鈣；❹鎂。

（ 3 ）8. 下列敘述何者錯誤？❶淋巴系統就像人體組織的排水系統；❷淋巴組織之功能可產生抗體、抵抗傳染病；❸過濾淋巴液的細菌和異物是淋巴管的功能之一；❹淋巴引流的功能是可以防止水腫。

（ 2 ）9. 香水常用之溶濟為何？ ❶甲醇；❷乙醇；❸丙醇；❹水。

（1.2）10. 美容院在經營與管理的不同處，乃經營著重在籌劃方面，而管理著重在：❶人員；❷執行；❸理財；❹生產方面。

（ 3 ）11. 下列何種人體成分，有最強的吸水性？ ❶天然保濕因

子；❷膠原蛋白；❸玻尿酸（hyaluronic acid）；❹角蛋白（keratin）。

（2）12.聚集於皮脂腺導管內的皮脂被氧化時，會形成：❶疱疹；❷黑頭粉刺；❸痤瘡；❹水疱。

（1）·13.缺乏那種維生素最易引起便祕：❶維生素B群與鎂；❷維生素C群與鈉；❸維生素D群與鎂；❹維生素E群與鉀。

（2）14.有關鼻型的修飾，下列何者有誤？❶鼻子短是由眉頭一直線修飾到鼻翼，而鼻樑中央處則修飾以高明度色彩；❷長鼻型之鼻影係由眉頭擦到眼頭，接著在鼻翼兩側以鼻影修飾；❸鼻子過高時是在鼻樑中央以稍暗的色彩修飾，在鼻子兩側使用淺色的修飾；❹基本鼻型修飾是由眉頭開始在鼻樑兩側修飾陰影。

（1）15.下列何種維生素缺乏，容易造成廣泛性皮膚乾燥、脫皮及毛囊角化：❶維生素A；❷維生素C；❸維生素E；❹維生素F。

（4）16.舞台妝影響眼部形狀最重要的化妝技巧是：❶眉型的配合；❷鼻影的配合；❸腮紅的表現；❹眼線的表現。

（1）17.營業場所注意空調及其冷卻塔之定期清洗、消毒、維護，可避免何種傳染病？❶退伍軍人症；❷破傷風；❸鼠疫；❹氣喘。

（2）18.有關攝影妝的敘述，下列何者正確？❶彩色攝影妝，粉底應擦淡些，使膚色更漂亮；❷黑白攝影妝，宜選用修飾技巧，而不以多色彩來強調；❸黑白攝影妝，為求自然效果，可選用淡色唇膏；❹彩色攝影妝宜將腮紅強調

在顴骨上。

（ 1 ）19. 下列何者係由黴菌所引起的傳染病？❶白癬；❷麻瘋；
❸阿米巴痢疾；❹恙蟲病。

（ 4 ）20. 微笑時，除笑肌外尚須運用到的肌肉是：❶頰肌；❷口
輪匝肌；❸下唇方肌；❹頸肌。

（ 4 ）21. 有關蒸臉器之使用，下列何者敘述正確？❶乾性皮膚因
缺乏活力，故蒸臉距離應較近，時間較為長；❷過敏皮
膚可利用蒸臉器加強血管管壁之張力，增加皮膚抵抗
力；❸油性皮膚因毛孔粗大，故蒸臉時間應較短，以避
免毛孔擴張；❹蒸臉之時間與距離應視皮膚之類型及狀
況而有所不同。

（ 3 ）22. 下列何者不是維生素A的缺乏症？❶皮膚乾燥症；❷夜盲
症；❸脫毛症；❹乾眼症。

（ 1 ）23. 下列何者在表皮中具有防止水分散失的功能？❶角蛋白
；❷醣蛋白；❸碳水化合物；❹黑色素。

（ 3 ）24. 面皰形成的程序何者正確：A.游離脂肪酸生成；B.毛囊
角化惡化；C.毛囊孔內形成角質栓塞；D.皮脂過剩；E.皮
脂分解，細菌侵入：❶B→C→D→A→E；❷B→A→C→
E→D；❸D→E→A→B→C；❹E→D→A→B→C　　最
後面皰形成。

（ 3 ）25. 皮膚經過陽光紫外線照射後，所產生之物質是何種維生
素？❶維生素A；❷維生素C；❸維生素D；❹維生素B。

（ 3 ）26. 蠟脫毛下列何者正確？❶蠟溫愈高愈好；❷毛囊會愈長
愈粗；❸可能將毛根除去；❹蠟溫愈低愈好。

（2）27.不能用其他單色混合而形成的色彩是指：❶顏色；❷原色；❸原料；❹色料。

（4）28.天然香料中下列何者不是動物性香料？❶麝香；❷靈貓香；❸龍涎香；❹迷迭香。

（4）29.果酸包括蘋果酸、柑橘中的：❶乳酸；❷乙醇酸；❸酒石酸；❹檸檬酸。

（1）30.由於光線的作用，使物體有了陰影，假設光源是由右上側光，則投影的方向在：❶左下方；❷右下方；❸左上方 ❹後方。

（4）31.以下何種色光的波長最短，折射率最大？❶紅光；❷橙光 ；❸黃光；❹紫光。

（4）32.有關蒸臉器的維護，下列何者錯誤？❶蒸臉器的用水，必須使用蒸餾水；❷水面低於最小容量刻度時，應先關掉電源再加水；❸使用時應先插插頭，再打開電源；❹電熱管如黏有雜質時，應以酒精擦拭即可。

（3）33.顧客皮膚有青春痘應如何處理？❶用消毒過的器械擠破；❷用洗淨的指尖擠破；❸不可擠破；❹擠破後塗抹藥膏。

（4）34.位於鼻骨之後外側，構成眼框一部分，且為顏面骨中最小的骨骼是：❶顴骨；❷黎骨；❸下鼻甲；❹淚骨。

（1）35.金縷梅廣泛應用於化妝品上，因其可做為：❶收斂劑；❷消毒劑；❸除臭劑；❹抑汗劑。

（4）36.下列何者為 β-胡蘿蔔素（β-Carotene）的衍生物？❶維生素D；❷維生素C；❸維生素B；❹維生素A。

（1）37.化妝品使用過後，如有皮膚發炎、發癢、紅腫、水泡等情況發生：❶應立即停止使用；❷立刻換品牌；❸用大量化妝水冷敷；❹用大量的收斂水冷敷。

（3）38.任何純色添加了無彩色，所成的新色彩何者不變？❶明度；❷彩度；❸色相；❹色味。

（4）39.下列有關油在水中（o/w）型乳化的敘述，那一項是錯誤的？❶牛乳屬於油在水中（o/w）型；❷容易有導電性；❸屬於水包油，水在外側將油粒子包含於內；❹不會導電。

（3）40.表皮層約有20-30層角質化上皮細胞的是：❶顆粒層；❷透明層；❸角質層；❹基質。

（4）41.有關化妝的敘述，下列何者有誤？❶戶外化妝，腮紅可採用淺色調的修容餅；❷眼皮浮腫，眼窩處宜使用暗色眼影修飾；❸乾燥的眼皮，宜採用含保濕成分的眼影；❹眼尾下垂者，眼線只須在眼頭處描上即可。

（4）42.下列何者不是蜜粉常用的白粉？❶二氧化鈦；❷氧化鋅；❸鈦白；❹硫酸鎂。

（4）43.自由基與皮膚老化有關，下列何者物質無法防止自由基對人體之傷害？❶維生素C；❷ β 胡蘿蔔素；❸硒（Selenium）；❹維生素B群。

（3）44.控制眼瞼關閉的肌肉是：❶頰肌；❷顴肌；❸眼輪匝肌；❹皺眉肌。

（4）45.下列何者不是彩妝用化妝品（Make up Cosmetics）之粉底原料？ ❶滑石粉（Talc）；❷二氧化鈦（Titanium

dioxide）；❸碳酸鎂（Magnesium carbonate）；❹氧化
錫。

（2）46.營養場所預防意外災害，最重要的是：❶學會急救技
術；❷建立正確的安全觀念養成良好習慣；❸維持患者
生命；❹減少用電量。

（3）47.暈倒是因為腦部：❶血管破裂；❷過度放電；❸短時間
缺氧；❹長時間缺氧。

（1）48.供給肌肉運動時所須之能量，主要係由存在於肌肉中
的：❶葡萄糖；❷水分；❸脂肪；❹纖維素　氧化分解
而來。

（3）49.那一種醣類，可促進腸內細菌合成維生素B群？❶葡萄
糖；❷果糖；❸乳糖；❹蔗糖。

（3）50.電器火災，可用：❶自來水；❷消防水；❸海龍、乾粉及
二氧化碳滅火器；❹海水、濕粉及一氧化碳　撲滅。

92 年度乙級學科試題

是非題

（×）1.為了增加人體肌肉量，多吃優良蛋白質即可達到目的。

〔除了攝取均衡營養外，尚須適度的運動〕

（×）2.經常使用含殺菌成分的化妝品可保持肌膚的健康，且使肌膚不容易老化。 〔與老化無關〕

（○）3.美容院採連鎖經營的好處是在進貨、倉儲、教育訓練及管理等工作均採取統合的方法。

（×）4.防曬霜不屬於含藥化妝品。 〔屬於含藥〕

（×）5.輕微灼燙傷立即塗敷油膏或油脂類塗劑以減少疼痛。

〔不可塗抹〕

（×）6.缺乏維生素B2會導致腳氣病，而缺乏維生素B1會導致口角炎、皮膚炎。

〔B1會導致腳氣病，而缺乏維生素B2會導致口角炎、皮膚炎〕

（×）7.透明層僅是一層分泌物並無實際細胞存在。

〔有實際細胞存在〕

（×）8.細胞壁是細胞的控制中心，缺少它細胞無法生存。

〔細胞核〕

（○）9.運動或骨折都會摧毀一些骨骼細胞，但骨骼會自行製造細胞來補充。

（○）10.杏仁油、蓖麻油適合用做化妝品原料。

（○）11.指甲的生長係由指甲根部朝指甲尖的方向生長。

（○）12.若要成為美容院的經營者或經理，除具備適當資格及專業訓練外，還要有實際的工作經驗以及與顧客間的良好關係。

（×）13.通常在空氣中細菌的含量是隨高度的增加而增加。
〔隨高度的增加而遞減〕

（×）14.指甲的生長夏天比冬天快，小孩比大人快，腳趾甲比手指甲快。　〔手指甲比腳趾甲快〕

（○）15.淋巴結主要是由許多淋巴球的網狀組織和淋巴組織構成。

（×）16.合法的化妝品，都有衛生機關的核准字號。
〔一般化妝品不須有核准字號〕

（×）17.欲使臉部顯得豐滿之化妝設計，不宜採用淺色調粉底。
〔暗色調〕

（○）18.化妝時利用陰影與明度，可使臉部看起來較具立體感。

（×）19.蠟敷面時為確保其溫熱發汗之效果，使用之礦物蠟其熔點愈高愈好。　〔熔點太高會使皮膚燙傷〕

（×）20.美容從業人員向顧客推薦產品時，為了達到銷售的目的，可批評顧客原來所使用產品的缺失。　〔不可批評〕

（○）21.麝香（Musk）是雄麝鹿生殖腺分泌物乾燥而成的天然香料。

（×）22.經煤餾油酚浸泡過之美容器具，不須以清水沖洗乾淨，俟消毒操作程序完成後即可使用。〔亦須再用清水洗淨〕

（×）23.為抑制面皰的形成，主要是採用營養劑、皮脂抑制劑、殺菌劑、消炎劑、角質剝離劑等，其中角質剝離劑扮演

重要角色。　　　　　　　　　　　　　　〔不含營養劑〕

（×）24.標準臉縱分五等分，是以唇寬為等分標準。　〔以眼寬〕

（×）25.同一時間內，人類皮膚的呼吸作用約為肺呼吸的百分之
　　　　十。　　　　　　　　　　　　　　　　〔百分之一〕

（×）26.暈倒是因為腦部長時間缺氧。　　　　　〔短時間缺氧〕

（○）27.嘴唇缺乏汗腺及毛囊但有黑色素細胞存在。

（○）28.色彩搭配時，可運用主色（Dominant）、重點（Accent）、
　　　　平衡（Balance）、漸層（Graduation）、對比（Contrast）等
　　　　原則。

（○）29.正午頂光下拍照，因光源集中於頭頂處，會造成且臉部
　　　　有陰暗的現象。

（×）30.防曬係數（SPF）的數值愈小，表示防曬的效果愈好。

　　　　　　　　　　　　　　　　　　　　〔防曬的效果愈差〕

（×）31.長波紫外線（UV-A）在抵達地面之前，已被大氣層擴
　　　　散、吸收殆盡。　　　　　　〔短波長紫外線（UV-C）〕

（×）32.舞台化妝是不受舞台大小、高低與觀眾遠近等因素的影
　　　　響。

　　〔舞台化妝是受舞台大小影響、高低與觀眾遠近等因素的影響〕

（×）33.眉尾上揚使臉型看起來較長、適合方形臉。

　　　　　　　　　　　　　　　　　　　　　〔適合圓形臉〕

（○）34.油性皮膚適合用含酒精成分的化妝水。

（×）35.促銷活動可以立即帶來生意，為提高利潤，可降低服務
　　　　品質。　　　　　　　　　　　　〔不可降低服務品質〕

（○）36.皮膚中黑色素細胞經紫外線照射產生黑色素的反應，是

皮膚保護的天然機制。

（○）37.造形表現中，直線具有明確、硬直的感覺，而曲線有優
雅柔軟之感。

（×）38.人體中最大的兩條靜脈是上腔與下腔靜脈，其所攜帶的
靜脈血是注入左心房。　　　　　　　　　〔右心房〕

（○）39.成人期腎上腺皮質分泌過盛時，則會有女性男性化，男
性女性化的徵兆發生。

（○）40.物理性的防曬劑原理主要是藉著無機物粉體（如ZnO、
TiO）對陽光的反射作用將光線阻擋掉。

（×）41.在凡士林、液態石蠟以及甘油等三種物質中，以甘油對
防止水分從皮膚表面散失的效果最好。

〔甘油作用為皮膚柔軟〕

（×）42.營業衛生管理的目的，係在維護顧客的健康，與從業人
員健康無關。　　　　　　〔與從業人員健康有關〕

（×）43.臉上紅斑是血液循環不良致血液瘀塞，應予以按摩以改
善循環。　　　　　　　　　　　　　　　〔不可按摩〕

（×）44.黑斑及雀斑是因為黑色素細胞增加所致。〔與增加無關〕

（○）45.黑色素形成的痣常見於臉上及身上，其程度可深可淺，
在表皮、真皮，都有可能存在。

（○）46.橄欖油可做為防曬油的基劑，也可做為按摩油使用。

（○）47.從業人員中如患有肺結核應停止從業，並接受治療及衛
生單位輔導列管服藥，以降低其傳染性，直到痊癒後始
得再從業。

（×）48.皺紋之出現係因真皮層內之乳頭狀層變得平坦所致。

〔網狀層〕

（×）49.閉鎖型粉刺又稱白頭粉刺，因其未與空氣接觸氧化，故不易惡化形成痤瘡。　　　　　　〔亦會形成痤瘡〕

（○）50.美容院除了空間要簡潔明朗、空氣流通外，並應備有滅火器及簡易急救箱的安全措施。

選擇題

（4）1. 對於顧客臉上有痤瘡，美容從業人員應如何處理？❶幫其按摩、敷面；❷介紹其買產品；❸幫其治療；❹建議找醫師診治。

（1）2. 對一件工作事先擬妥的具體執行方法稱為：❶計畫；❷策略；❸方案；❹戰略。

（4）3. 一般老人角色的舞台妝，粉膏色彩宜選用：❶明朗的粉紅色系；❷稍暗的玫瑰色系；❸明朗的橘色系；❹稍暗的褐色系。

（3）4. 大型企業必須有精密的分工，每件工作才會有專人負責，以使：❶工作；❷標準；❸權責；❹進度分明。

（4）5. 頭骨是由八塊頭蓋骨及：❶八；❷十；❸十二；❹十四塊顏面骨所構成。

（3）6. 皮膚經過陽光或紫外線照射後，所產生之物質是何種維生素？❶維生素A；❷維生素B；❸維生素D；❹維生素C。

（4）7. 位於鼻骨之後外側，構成眼框一部分，且為顏面骨中最小的骨骼是：❶顴骨；❷犁骨；❸下鼻甲；❹淚骨。

（1）8. 組成人體最小的單位是：❶細胞；❷器官；❸組織；❹系統。

（3）9. 針對粉底的擦拭技巧，下列何者錯誤？❶眼睛周圍，表情紋和細紋明顯時，粉底宜薄，且少量逐次地重複擦勻；❷下巴及下顎鬆弛的部分宜擦上暗色的粉底；❸臉上紋路粗的部位，粉底宜厚厚的擦勻；❹法令紋處，宜將皮膚撫平，再薄薄輕拍上粉底，則摺紋較不明顯。

（3）10.下列何者非人體天然紫外線防禦因子？❶角質層的蛋白（Keratin）；❷犬尿酸（Urocanicacid）；❸彈力蛋白（Elastin）；❹黑色素（Melanin）。

（3）11.化妝師私自調配化妝品，係違反化妝品衛生管理條例，會被處以：❶十萬元以下罰鍰；❷一萬元以下罰鍰；❸一年以下有期徒刑；❹五年以上有期徒刑。

（4）12.人體細胞的最外層為：❶細胞核；❷細胞核膜；❸細胞質；❹細胞膜。

（1）13.下列那一項不是由結締組織所構成：❶表皮層；❷骨骼；❸脂肪；❹血液。

（4）14.皮膚水分揮發損失量（Trans-epidermalwaterloss, TEWL）與下列何者無關：❶季節；❷溫度；❸皮膚的油脂分泌；❹皮膚的厚度。

（2）15.真皮層屬於下列何種組織？❶上皮組織；❷結締組織；❸肌肉組織；❹神經組織。

（2）16.上下肢之肱骨及股骨屬何種骨骼？❶短骨；❷長骨；❸扁平骨；❹不規則骨。

（1）17.供給肌肉運動時所須之能量，主要係由存在於肌肉中的：❶葡萄糖；❷水分；❸脂肪；❹纖維素　氧化分解而來。

（2）18.人體中受中樞神經系統控制的是：❶胃腸；❷聲帶；❸心臟；❹呼吸道。

（4）19.皮膚中的天然保濕因子，含量最多的是：❶電解質；❷乳酸；❸鈉；❹胺基酸。

（3）20.成功的美容業經營者不宜：❶知人善用；❷個性正直；❸個人管理導向；❹心胸寬大。

（2）21.皮膚不同部位之通透性不同，與下列何種因素最有關？❶角質層厚度；❷細胞間脂質含量；❸皮脂腺分泌量；❹毛囊數目。

（2）22.成人的全身骨骼共有：❶106塊；❷206塊；❸306塊；❹406塊。

（1）23.病患突然失去知覺倒地，數分鐘內呈強直狀態，然後抽搐這是：❶癲癇發作；❷休克；❸暈倒；❹中暑 的症狀。

（4）24.有關化妝的敘述，下列何者有誤？❶戶外化妝，腮紅可採用淺色的修容餅；❷眼皮浮腫，眼窩處宜使用暗色眼影修飾；❸乾燥的眼皮，宜採用含保濕成分的眼影；❹眼尾下垂者，眼線只須在眼頭處描上即可。

（3）25.下列哪一項屬於永久性除毛法並應由專科醫師執行的是：❶冷蠟脫毛；❷夾拔除毛；❸電針除毛；❹溫蠟脫毛。

（3）26.長久以來過度曝曬使皮膚失去彈性：❶可用皮膚保養品復原；❷可口服健康食品恢復；❸很難復原；❹可以雷射整治。

（2）27.有關攝影妝的敘述，下列何者正確？❶彩色攝影妝，粉底應擦淡些，使膚色更漂亮；❷黑白攝影妝，宜運用修飾技巧，而不以多色彩來強調；❸黑白攝影妝，為求自然效果，可選用淡色唇膏；❹彩色攝影妝宜將腮紅強調在顴骨上。

（3）28.面皰形成的程序何者正確：A.游離脂肪酸生成；B.毛囊角

化惡化；C.毛囊孔內形成角質栓塞；D.皮脂過剩；E.皮脂
分解，細菌侵入：❶B→C→D→A→E；❷B→A→C→E→
D；❸D→E→A→B→C；❹E→D→A→B→C　最後面皰
形成。

（1）29.有關化妝品對皮膚的效用，下列何者為非？❶保養品可完
全被皮膚吸收來營養皮膚；❷肥皂可去除油脂；❸色彩化
妝品可美化皮膚；❹脂性皮膚可保持皮膚水分。

（3）30.下列色彩何者有前進及膨脹的感覺？❶低明度、高彩度；
❷高明度、低彩色；❸高明度、高彩度；❹低明度、低彩
度。

（4）31.下列何者與維生素C之生理功能有關？❶具乳化性；❷促
進食慾；❸血液凝固；❹促進膠原蛋白的形成。

（4）32.表皮與腺體的表層是屬於何種組織？❶肌肉組織；❷神經
組織；❸結締組織；❹上皮組織。

（4）33.舞台妝影響眼部形狀最重要的化妝技巧是：❶眉型的配
合；❷鼻影的配合；❸腮紅的表現；❹眼線的表現。

（3）34.有關新娘攝影妝之敘述，下列何者錯誤？❶電腦影像新娘
妝，較不重視化妝色彩；❷以稻田、海邊為背景的新娘
妝，應呈現出自然不造作的感覺；❸畫面呈暈黃、黑白色
調的新娘妝，其化妝是傾向於高明度與高彩度的色彩；❹
室外的婚紗攝影妝，化妝色彩宜採用淡雅的中性色彩。

（1）35.下列化合物中，哪一個的水溶性最強？❶甘油（丙三
醇）；❷凡士林；❸卵磷脂；❹維生素K。

（4）36.下列有關油在水中（O/W）型乳化的敘述，哪一項是錯

的？❶牛乳屬於油在水中（O/W）型；❷容易有電導性；❸屬於水包油，水在外側將油粒子包含於內；❹不會導電。

（3）37.配製唇膏常用的植物蠟是：❶蜂蠟；❷鯨蠟；❸棕櫚蠟；❹石蠟。

（2）38.進行蠟脫毛時，毛髮表面應保持：❶濕潤；❷乾燥；❸微濕；❹濕熱。

（1）39.設計「類似色相調和」，應使用：❶紅橙、橙、黃橙；❷紅、黃、綠；❸紅、綠、藍；❹黃、藍、綠 來著色。

（1）40.用以軟化甲床四周之硬表皮化妝品內多含：❶氫氧化鉀；❷硝化甘油；❸甘油；❹甲醛。

（1）41.下列何種油脂對皮膚的滲透性最好：❶動物性；❷植物性；❸礦物性；❹合成性。

（4）42.化妝品中的保濕劑不具有下列何種功效？❶延緩水分揮發；❷具柔軟效果；❸作為溶劑；❹清潔作用。

（2）43.防曬劑係屬：❶特用化妝品；❷含藥化妝品；❸一般化妝品；❹日用品。

（2）44.化妝品中的香精，通常最易引起的副作用是：❶胃腸障礙；❷皮膚過敏；❸嘔吐；❹致癌。

（2）45.下列何種傳染病非經蚊蟲叮咬傳染：❶日本腦炎；❷愛滋病；❸瘧疾；❹登革熱。

（1）46.下列何者為化學性防曬劑？❶桂皮酸鹽衍生物；❷氧化鋅；❸硫酸鋇；❹二氧化鈦。

（2）47.營業場所從業人員如發現顧客有傳染性之皮膚病：❶仍可

為其服務；❷應拒絕提供服務；❸先洗淨其受感染的皮膚
再行服務；❹事後再將雙手及器具洗淨即可。

（2）48.有顏色的毛巾採用何種消毒法為宜？❶紫外線；❷煮沸消
毒；❸氯液消毒；❹酒精消毒。

（4）49.成人心肺復甦術一人施救時，其胸外按壓與口對口人工呼
吸次數的比例為：❶5：1；❷10：1；❸10：2；❹15：
2。

（3）50.電氣火災，可用：❶自來水；❷消防水；❸海龍、乾粉及
二氧化碳滅火器；❹海水、濕粉及一氧化碳滅火器　　撲
滅。

乙級美容師學科證照考試指南【第三版】

編 著 者⊠周 玫

出 版 者⊠揚智文化事業股份有限公司

發 行 人⊠葉忠賢

總 編 輯⊠林新倫

登 記 證⊠局版北市業字地第 1117 號

地　　　址⊠台北市新生南路三段 88 號 5 樓之 6

電　　　話⊠(02)2366-0309

傳　　　真⊠(02)2366-0310

郵政劃撥⊠19735365　帳　戶：葉忠賢

印　　　刷⊠偉勵印刷事業有限公司

法律顧問⊠北辰著作權事務所　蕭雄淋律師

三版一刷⊠2004 年 7 月

定　　　價⊠新台幣 500 元

ISBN：957-818-623-1

E－m a i l⊠service@ycrc.com.tw

國家圖書館出版品預行編目資料

乙級美容師學科證照考試指南 / 周玫編著. --
三版. -- 臺北市 ： 揚智文化, 2004[民 93]
　　面 ； 公分

　　ISBN 957-818-623-1（平裝）

　　1.美容 – 手冊, 便覽等 2.美容師 - 考試
指南

424.026　　　　　　　　　　　93006272